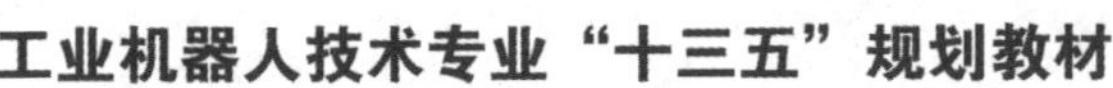

工业机器人技术专业"十三五"规划教材

工业机器人应用人才培养指定用书

工业机器人知识要点解析

(ABB机器人)

张明文 主编

http://www.irobot-edu.com

教学视频+电子教案+技术交流论坛

哈爾濱工業大學出版社
HARBIN INSTITUTE OF TECHNOLOGY PRESS

内 容 简 介

本书基于IRB 120工业机器人编写，采用碎片化教学方式，将ABB工业机器人知识体系分解细化，对ABB工业机器人知识要点做了针对性解析，并配以详细的操作步骤。全书以工业机器人组成为切入点，系统地介绍了ABB工业机器人的主要技术参数、手动操纵方法、坐标系定义流程、I/O配置过程、程序编辑步骤、手动调试技巧以及示教器常用操作等核心内容，同时针对实际使用中常用的指令进行详细的讲解。通过学习本书，读者能够熟练掌握ABB工业机器人的基本操作，对其知识体系具有全面的认识。

本书图文并茂，通俗易懂，具有很强的实用性和可操作性，既可作为机器人技术等相关专业的教学参考资料，也可供从事相关行业的技术人员参考。

本书有丰富的配套教学资源，凡使用本书作为教材的教师可咨询相关机器人实训装备，也可通过书末“教学资源获取单”索取相关数字教学资源。咨询邮箱：edubot_zhang@126.com。

图书在版编目（CIP）数据

工业机器人知识要点解析：ABB机器人/张明文主编. —哈尔滨：哈尔滨工业大学出版社，2017.7（2023.1重印）
ISBN 978-7-5603-6655-5

Ⅰ. ①工… Ⅱ. ①张… Ⅲ. ①工业机器人—基本知识 Ⅳ. ①TP242.2

中国版本图书馆CIP数据核字（2017）第092947号

策划编辑 王桂芝 张 荣
责任编辑 范业婷 刘 威
出版发行 哈尔滨工业大学出版社
社 址 哈尔滨市南岗区复华四道街10号 邮编150006
传 真 0451-86414749
网 址 http://hitpress.hit.edu.cn
印 刷 哈尔滨市石桥印务有限公司
开 本 787 mm×1 092 mm 1/16 印张17.25 字数384千字
版 次 2017年7月第1版 2023年1月第3次印刷
书 号 ISBN 978-7-5603-6655-5
定 价 45.00元

工业机器人技术专业“十三五”规划教材

工业机器人应用人才培养指定用书

编审委员会

序　一

现阶段，我国制造业面临资源短缺、劳动成本上升、人口红利减少等压力，而工业机器人的应用与推广，将极大地提高生产效率和产品质量，降低生产成本和资源消耗，有效提高我国工业制造竞争力。我国《机器人产业发展规划（2016—2020）》强调，机器人是先进制造业的关键支撑装备和未来生活方式的重要切入点。广泛采用工业机器人，对促进我国先进制造业的崛起，有着十分重要的意义。“机器换人，人用机器”的新型制造方式有效推进了工业升级和转型。

工业机器人作为集众多先进技术于一体的现代制造业装备，自诞生至今已经取得了长足进步。当前，新科技革命和产业变革正在兴起，全球工业竞争格局面临重塑，世界各国紧抓历史机遇，纷纷出台了一系列国家战略：美国的“再工业化”战略、德国的“工业 4.0”计划、欧盟的“2020 增长战略”，以及我国推出的“中国制造 2025”战略。这些国家都以先进制造业为重点战略，并将机器人作为智能制造的核心发展方向。伴随机器人技术的快速发展，工业机器人已成为柔性制造系统（FMS）、自动化工厂（FA）、计算机集成制造系统（CIMS）等先进制造业的关键支撑装备。

随着工业化和信息化的快速推进，我国工业机器人市场已进入高速发展时期。IFR 统计显示，截至 2016 年，中国已成为全球最大的工业机器人市场。未来几年，中国工业机器人市场仍将保持高速的增长态势。然而，现阶段我国机器人技术人才匮乏，与巨大的市场需求严重不协调。《中国制造 2025》强调要健全、完善中国制造业人才培养体系，为推动中国制造业从大国向强国转变提供人才保障。从国家战略层面而言，推进智能制造的产业化发展，工业机器人技术人才的培养首当其冲。

目前，结合《中国制造 2025》的全面实施和国家职业教育改革，许多应用型本科、职业院校和技工院校纷纷开设工业机器人相关专业，但作为一门专业知识面很广的实用型学科，普遍存在师资力量缺乏、配套教材资源不完善、工业机器人实训装备不系统、技能考核体系不完善等问题，导致无法培养出企业需要的专业机器人技术人才，严重制约了我国机器人技术的推广和智能制造业的发展。江苏哈工海渡工业机器人有限公司依托哈尔滨工业大学在机器人方向的研究实力，顺应形势需要，产、学、研、用相结合，组织企业专家和一线科研人员开展了一系列企业调研，面向企业需求，联合高校教师共同编写了“工业机器人技术专业‘十三五’规划教材”系列图书。

该系列图书具有以下特点：

（1）循序渐进，系统性强。该系列图书从工业机器人的入门实用、技术基础、实训指导，到工业机器人的编程与高级应用，由浅入深，有助于系统学习工业机器人技术。

（2）配套资源，丰富多样。该系列图书配有相应的电子课件、视频等教学资源，以及配套的工业机器人教学装备，构建了立体化的工业机器人教学体系。

（3）通俗易懂，实用性强。该系列图书言简意赅，图文并茂，既可用于应用型本科、职业院校和技工院校的工业机器人应用型人才培养，也可供从事工业机器人操作、编程、运行、维护与管理等工作的技术人员参考学习。

（4）覆盖面广，应用广泛。该系列图书介绍了国内外主流品牌机器人的编程、应用等相关内容，顺应国内机器人产业人才发展需要，符合制造业人才发展规划。

“工业机器人技术专业‘十三五’规划教材”系列图书结合实际应用，教、学、用有机结合，有助于读者系统学习工业机器人技术和强化提高实践能力。本系列图书的出版发行，必将提高我国工业机器人专业的教学效果，全面促进“中国制造 2025”国家战略下我国工业机器人技术人才的培养和发展，大力推进我国智能制造产业变革。

中国工程院院士 蔡鹤皋

2017 年 6 月于哈尔滨工业大学

序 二

自出现至今短短几十年中，机器人技术的发展取得长足进步，伴随产业变革的兴起和全球工业竞争格局的全面重塑，机器人产业发展越来越受到世界各国的高度关注，主要经济体纷纷将发展机器人产业上升为国家战略，提出“以先进制造业为重点战略，以‘机器人’为核心发展方向”，并将此作为保持和重获制造业竞争优势的重要手段。

作为人类在利用机械进行社会生产史上的一个重要里程碑，工业机器人是目前技术发展最成熟且应用最广泛的一类机器人。工业机器人现已广泛应用于汽车及零部件制造，电子、机械加工，模具生产等行业以实现自动化生产线，并参与焊接、装配、搬运、打磨、抛光、注塑等生产制造过程。工业机器人的应用，既保证了产品质量，提高了生产效率，又避免了大量工伤事故，有效推动了企业和社会生产力发展。作为先进制造业的关键支撑装备，工业机器人影响着人类生活和经济发展的方方面面，已成为衡量一个国家科技创新和高端制造业水平的重要标志。

伴随着工业大国相继提出机器人产业政策，如德国的“工业 4.0”、美国的先进制造伙伴计划、中国的“‘十三五’规划”与“中国制造 2025”等国家政策，工业机器人产业迎来了快速发展态势。当前，随着劳动力成本上涨，人口红利逐渐消失，生产方式向柔性、智能、精细转变，中国制造业转型升级迫在眉睫。全球新一轮科技革命和产业变革与中国制造业转型升级形成历史性交汇，中国已经成为全球最大的机器人市场。大力发展工业机器人产业，对于打造我国制造业新优势、推动工业转型升级、加快制造强国建设、改善人民生活水平具有深远意义。

我国工业机器人产业迎来爆发性的发展机遇，然而，现阶段我国工业机器人领域人才储备数量严重不足，对企业而言，从工业机器人的基础操作维护人员到高端技术人才普遍存在巨大缺口，缺乏经过系统培训、能熟练安全应用工业机器人的专业人才。现代工业是立国的基础，需要有与时俱进的职业教育和人才培养配套资源。

“工业机器人技术专业‘十三五’规划教材”系列图书由江苏哈工海渡工业机器人有限公司联合众多高校和企业共同编写完成。该系列图书依托于哈尔滨工业大学的先进机器人研究技术，综合企业实际用人需求，充分贯彻了现代应用型人才培养“淡化理论，技能培养，重在运用”的指导思想。该系列图书既可作为工业机器人技术或机器人工程专业的教材，也可作为机电一体化、自动化专业开设工业机器人相关课程的教学用书；系列图书涵盖了 ABB、KUKA、YASKAWA、FANUC 等国际主流品牌和国内主要品牌机器人的入门实用、实训指导、技术基础、高级编程等系列教材，注重循序渐进与系统学习，强化学生的工业机器人专业技术能力和实践操作能力。

该系列教材“立足工业，面向教育”，填补了我国在工业机器人基础应用及高级应用系列教材中的空白，有助于推进我国工业机器人技术人才的培养和发展，助力中国智造。

中国科学院院士 韩杰才

2017 年 6 月

前 言

机器人是先进制造业的重要支撑装备，也是未来智能制造业的关键切入点，工业机器人作为机器人家族中的重要一员，是目前技术最成熟、应用最广泛的一类机器人。工业机器人的研发和产业化应用是衡量科技创新和高端制造发展水平的重要标志。发达国家已经把工业机器人产业发展作为抢占未来制造业市场、提升竞争力的重要途径。在汽车工业、电子电器行业、工程机械等众多行业大量使用工业机器人自动化生产线，在保证产品质量的同时，改善了工作环境，提高了社会生产效率，有力地推动了企业和社会生产力的发展。

当前，随着我国劳动力成本上涨，人口红利逐渐消失，生产方式向柔性、智能、精细转变，构建新型智能制造体系迫在眉睫，对工业机器人的需求呈现大幅增长。大力发展工业机器人产业，对于打造我国制造业新优势，推动工业转型升级，加快制造强国建设，改善人民生活水平具有深远意义。《中国制造 2025》将机器人作为重点发展领域的总体部署，推动机器人产业发展上升到国家战略层面。

在全球范围内的制造产业战略转型期，我国工业机器人产业迎来爆发性的发展机遇，然而，现阶段我国工业机器人领域人才供需失衡，缺乏经系统培训的、能熟练安全使用和维护工业机器人的专业人才。《制造业人才发展规划指南》提出：要把人才作为实施制造业发展战略的重要支撑，加大人力资本投资，改革创新教育与培训体系。大力培养技术技能紧缺人才；支持基础制造技术领域人才培养；提升工业机器人应用人才等先进制造业人才关键能力和素质。针对现有国情，为了更好地推广工业机器人技术的运用和加速推进人才培养，亟需编写一本系统、全面的工业机器人技术基础教材。

作为全球四大机器人制造商之一，ABB 在工业机器人领域始终处于领先地位。自从 1969 年售出世界首台喷涂机器人以来，ABB 机器人业务单元已经发展成产品多样、满足各行各业的生产需求，兼具强大的系统集成能力、软硬件开发能力、生产制造能力和市场推广能力的超大型机器人制造商。ABB 可为多个行业提供全方位的解决方案，包括汽车整车及零部件制造、电子 3C、食品饮料、金属加工、基础化工、金属铸造、基础金属等。ABB 掌握各类机器人技术及应用，包括调试和总装、工艺自动化、焊接、搬运、机加工、包装和堆垛等。

基于 ABB 机器人的应用广泛性和品牌优势，本书以 ABB 典型产品 IRB 120 机器人为例，采用碎片化教学方式，将 ABB 工业机器人知识体系分解细化，对 ABB 工业机器人知识要点做了针对性解析，并配以详细的操作步骤说明，使读者能够快速有效地掌握 ABB 机器人的关键技术。本书可作为机器人技术等相关专业的教学参考资料，也可供从事相关行业的技术人员作为技术参考。在学习过程中，建议结合本书配套的教学辅助资源，如：工业机器人实训台、教学课件及视频素材、教学参考与拓展资料等。以上资源可通过书末所附“教学资源获取单”咨询获取。

本书由哈工海渡机器人学院张明文任主编，王伟和宁金任副主编，参加编写的还有王璐欢、庄咸霜和吴冠伟等，由霰学会和于振中主审。全书由王伟和宁金统稿，具体编写分工如下：宁金编写第 1 部分、王伟编写第 2 部分、王璐欢编写第 4 部分、庄咸霜编写第 3、5 部分。本书编写过程中，得到了哈工大机器人集团、上海 ABB 工程有限公司等单位的有关领导、工程技术人员，以及哈尔滨工业大学相关教师的鼎力支持与帮助，在此表示衷心的感谢！

由于编者水平有限，书中难免存在不足，敬请读者批评指正。任何意见和建议可反馈至 E-mail:edubot_zhang@126.com。

编　者

2017 年 1 月

目　录

第1部分 整体介绍

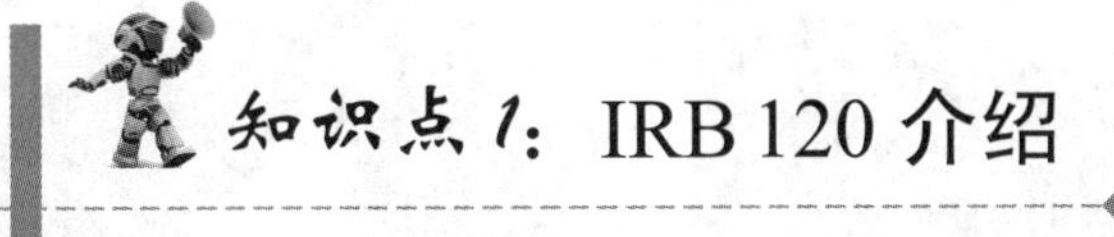

知识点1：IRB 120介绍

1.1 本节要点

- 了解工业机器人常见应用
- 了解工业机器人组成
- 熟悉 IRB 120 主要技术参数
- 熟悉 ABB 机器人资料查询方法

※ IRB120 介绍

1.2 要点解析

1.2.1 工业机器人应用

工业机器人可以替代人从事危险、有害、有毒、低温和高热等恶劣环境中的工作；还可以替代人完成繁重、单调的重复劳动，提高劳动生产率，保证产品质量。其常见应用如图 1.1 所示。

（a）热锻

（b）压铸

（c）搬运

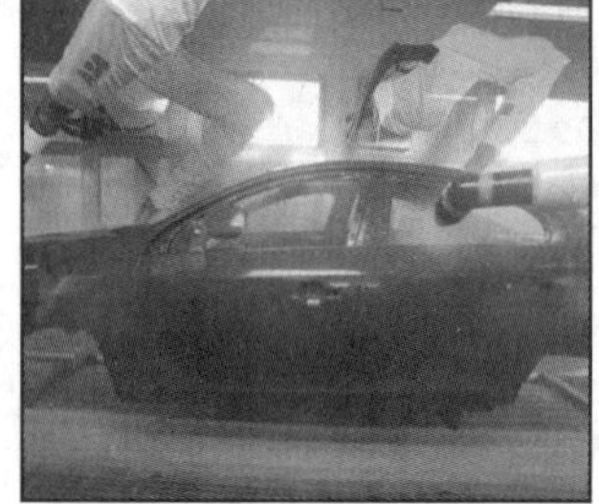

（d）喷涂

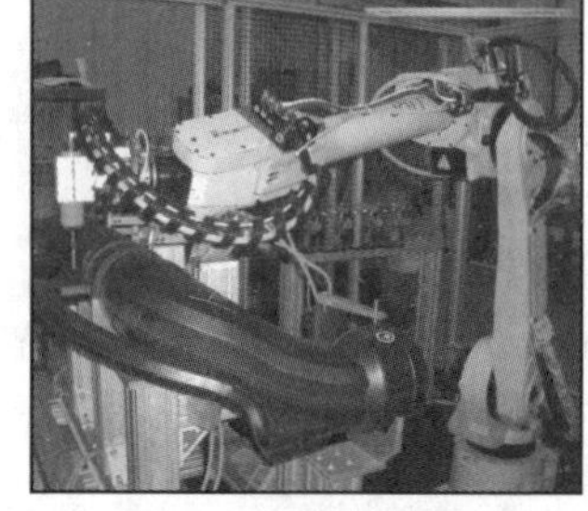

（e）装配

（f）激光雕刻

图 1.1　工业机器人常见应用

1.2.2　工业机器人组成

目前工业机器人主要由 3 部分组成：操作机、控制器和示教器，如图 1.2 所示。各部分功能如下：

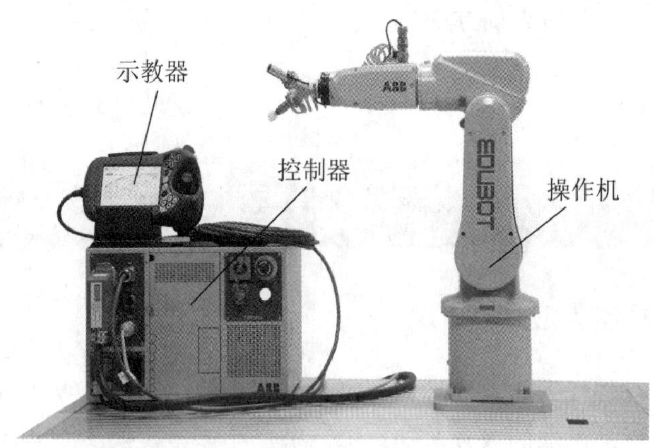

图 1.2　工业机器人的系统组成

※ **操作机**：操作机又称机器人本体，即工业机器人的机械主体，是用来完成规定任务的执行机构。

※ **控制器**：控制器用来控制工业机器人按规定要求动作，是机器人的核心部分，它类似于人的大脑，控制着机器人的全部动作。

※ **示教器**：示教器是工业机器人的人机交互接口，针对机器人的所有操作基本上都是通过示教器来完成的，如点动机器人，编写、测试和运行机器人程序，设定、查阅机器人状态设置和位置等。

1.2.3　主要技术参数

IRB 120 机器人是 ABB 于 2009 年 9 月推出的一款小型多用途机器人，本体质量为 25 kg，额定负荷为 3 kg，工作范围为 580 mm，其规格和特性见表 1.1。

表 1.1　IRB 120 机器人规格和特性

规格			
型号	工作范围	额定负荷	手臂荷重※
IRB 120	580 mm	3 kg	0.3 kg
特性			
集成信号源	手腕设 10 路信号		
集成气源	手腕设 4 路气源（5 bar）		
重复定位精度	±0.01 mm		
机器人安装	任意角度		
防护等级	IP30		
控制器	IRC5 紧凑型		

※手臂荷重指小臂上安装设备的最大总质量。表中指 IRB 120 机器人小臂安装总质量不能超过 0.3 kg

IRB 120 机器人运动范围及性能见表 1.2。

表 1.2　IRB 120 机器人运动范围及性能

运动范围		
轴运动	工作范围	最大速度
轴 1 旋转	+165°　～-165°	250（°）/s
轴 2 手臂	+110°～-110°	250（°）/s
轴 3 手腕	+70°～-90°	250（°）/s
轴 4 旋转	+160°～-160°	320（°）/s
轴 5 弯曲	+120°～-120°	320（°）/s
轴 6 翻转	+400°～-400°	420（°）/s
性能		
1 kg 拾料节拍		
25 mm×300 mm×25 mm	0.58 s	
TCP 最大速度	6.2 m/s	
TCP 最大加速度	28 m/s²	
加速时间 0～1 m/s	0.07 s	

1.2.4 资料查询

ABB 机器人相关技术资料可进入其官网：http://www.abb.com/cn 进行查询，其基本步骤见表 1.3。

表 1.3 机器人相关资料查询基本步骤

<table>
<tr><th>序号</th><th>图片示例</th><th>操作步骤</th></tr>
<tr><td>1</td><td>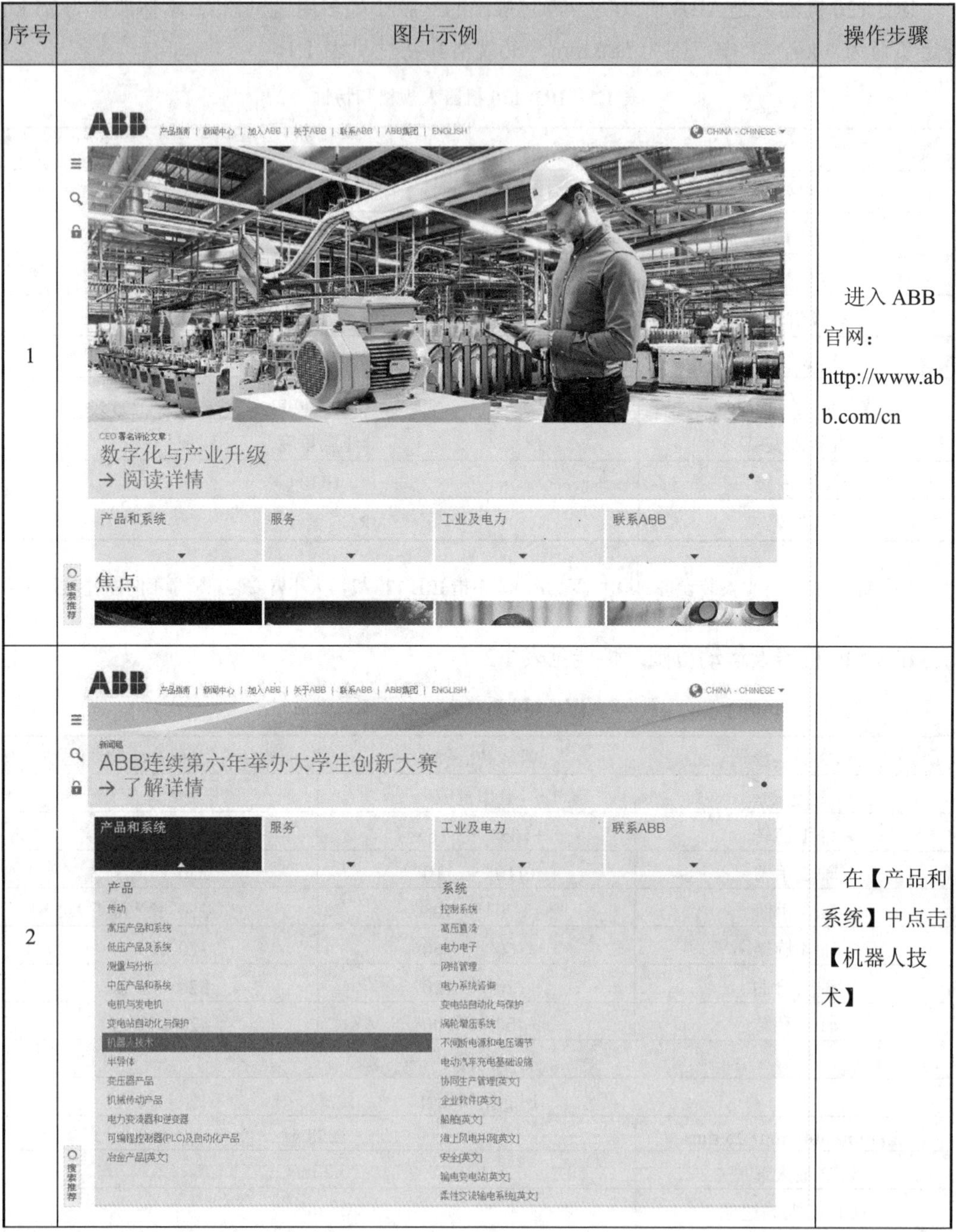
</td><td>进入 ABB 官网：http://www.abb.com/cn</td></tr>
<tr><td>2</td><td></td><td>在【产品和系统】中点击【机器人技术】</td></tr>
</table>

续表 1.3

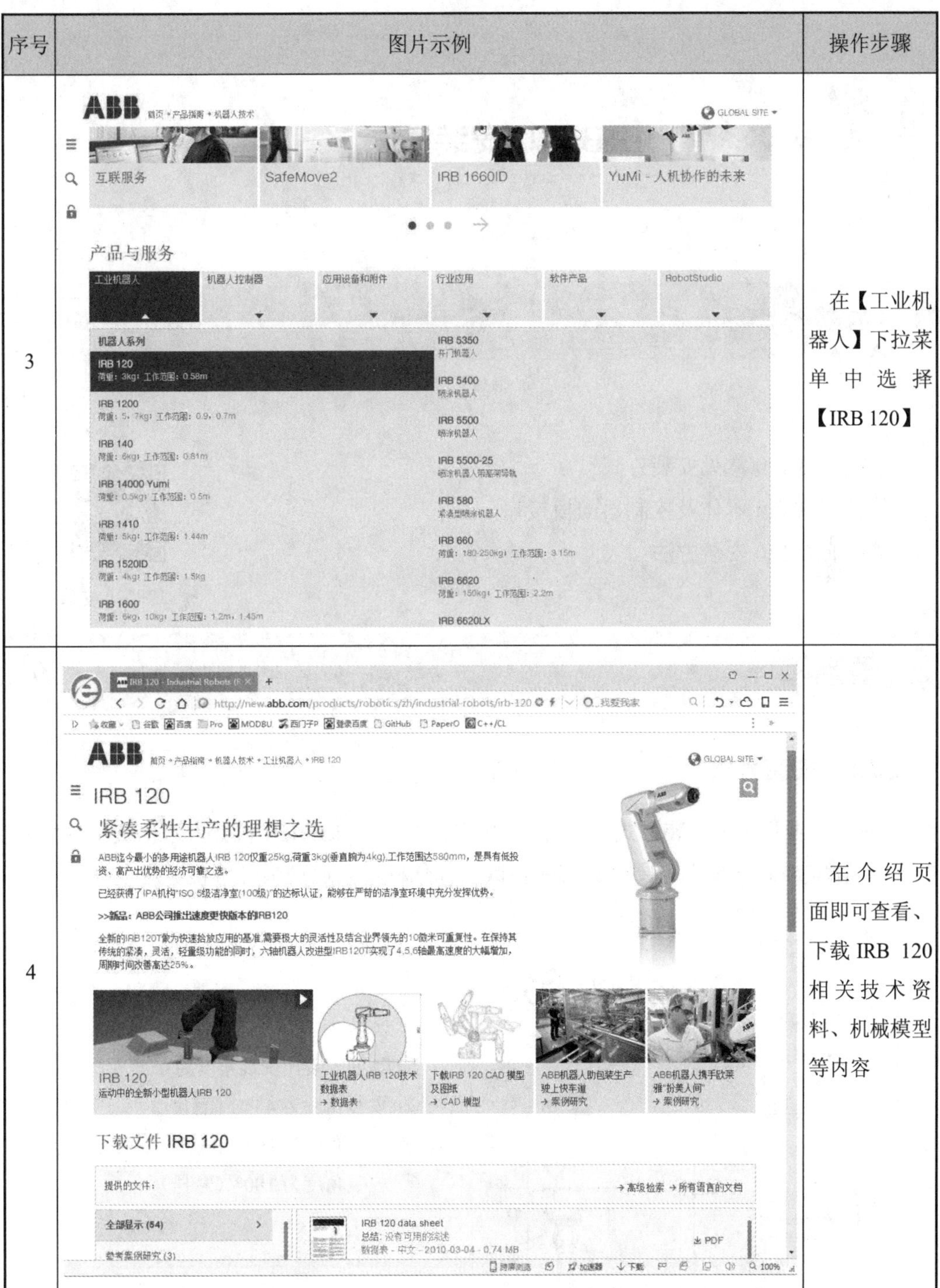

序号	图片示例	操作步骤
3		在【工业机器人】下拉菜单中选择【IRB 120】
4		在介绍页面即可查看、下载 IRB 120 相关技术资料、机械模型等内容

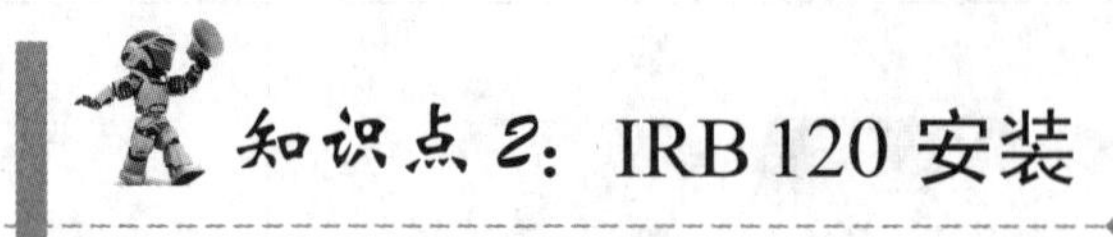

知识点 2：IRB 120 安装

2.1 本节要点

➢ 了解 IRB 120 常见安装方式
➢ 熟悉 IRB 120 本体及控制器面板接口
➢ 掌握 IRB 120 安装方法

※ IRB120 安装

2.2 要点解析

2.2.1 安装方式

常见的工业机器人安装方式有 4 种，如图 2.1 所示。IRB 120 机器人本体支持各种角度的安装，在非地面安装时需要设置相关参数以优化机器人运动最佳性能。

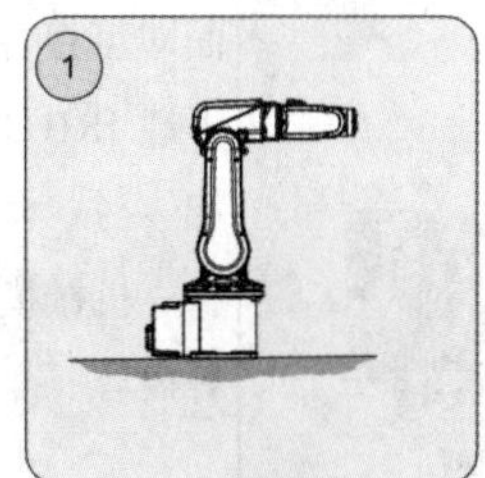

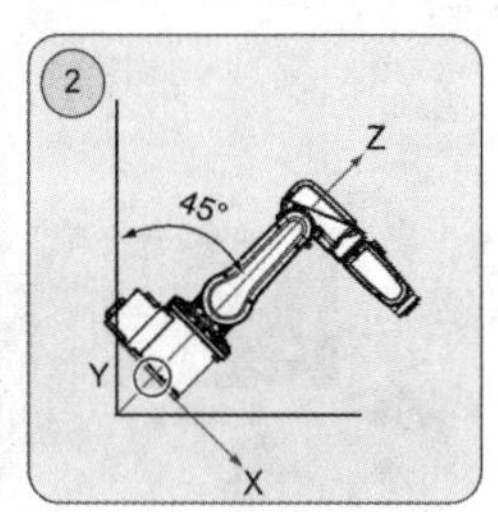

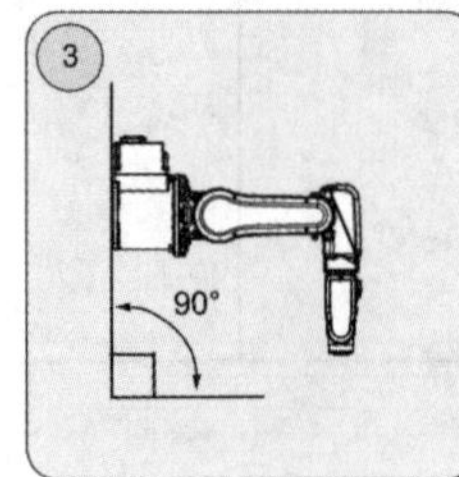

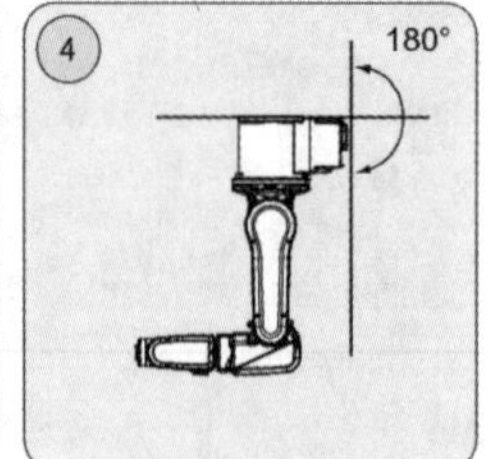

① 地面安装，安装角度为 0°（垂直）
② 安装角度为 45°（倾斜）
③ 安装角度为 90°（壁挂）
④ 安装角度为 180°（悬挂）

图 2.1 工业机器人常见安装方式

2.2.2　本体接口

IRB 120 机器人本体基座上包含动力电缆接口、编码器电缆接口，4 路集成气源接口和 10 路集成信号接口，如图 2.2 所示。

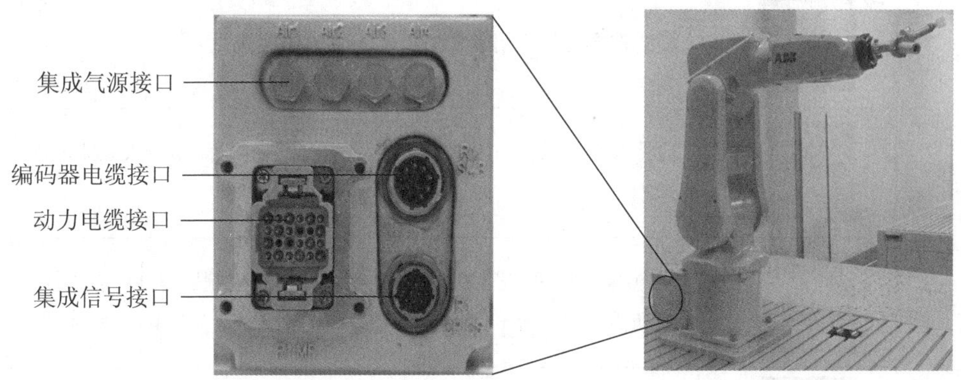

图 2.2　IRB 120 机器人基座接口

IRB 120 机器人四轴上包含 4 路集成气源接口和 10 路集成信号接口，如图 2.3 所示。

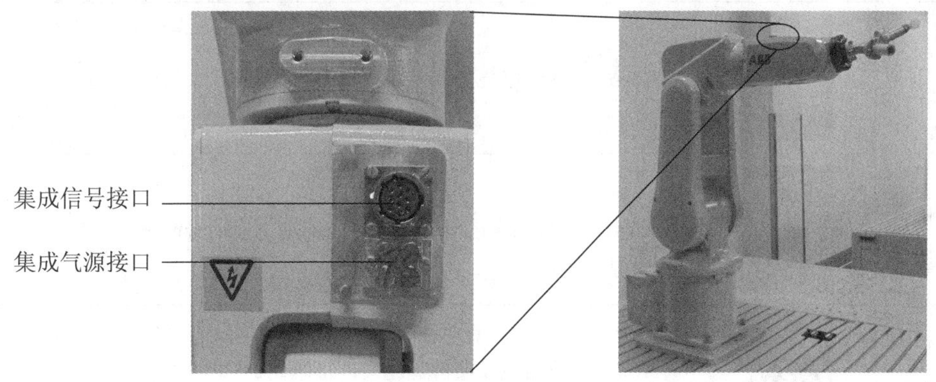

图 2.3　IRB 120 四轴上方接口

2.2.3　控制器面板

IRB 120 机器人采用的是 IRC5 型紧凑型控制器，其面板布局分为**按钮面板**、**电缆接口面板**、**电源接口面板** 3 部分，如图 2.4 所示。

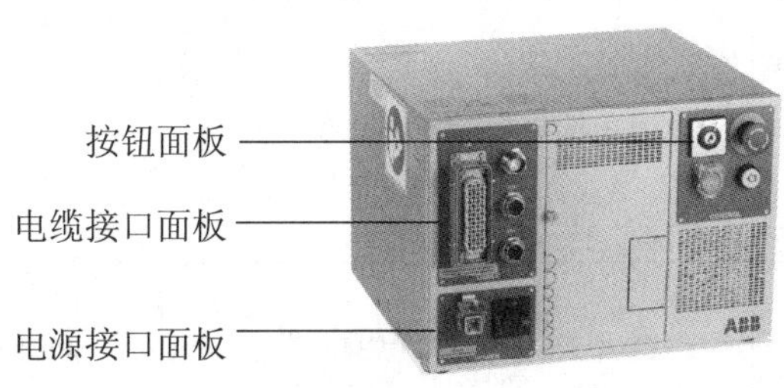

图 2.4　IRC5 型紧凑型控制器

面板各部分功能介绍见表 2.1。

表 2.1　面板各部分功能介绍

面板	图片	说明
按钮面板		**模式选择旋钮**：用于切换机器人的工作模式
		**急停按钮**：在任何工作模式下，按下急停按钮，机器人立即停止，无法运动
		**上电/复位按钮**：发生故障时，使用该按钮对控制器内部状态进行复位，在自动模式下，按下该按钮，机器人电机上电，按键灯常亮
		**制动闸按钮**：机器人制动闸释放单元。通电状态下，按下该按钮，可用手旋转机器人任何一个轴运动
电缆接口面板		**XS4**：示教器电缆接口，连接机器人示教器
		**XS41**：外部轴电缆接口，连接外部轴电缆信号时使用
		**XS2**：编码器电缆接口，连接外部编码器
	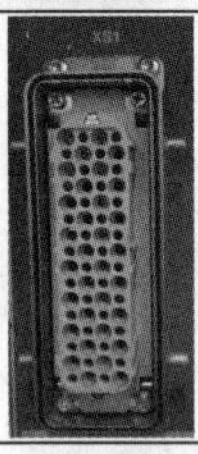	**XS1**：电机动力电缆接口，连接机器人驱动器
电源接口面板		**电源电缆接口**：控制器供电接口
		电源开关：控制器电源开关。ON：开；OFF：关

2.3 操作步骤

IBR 120 机器人安装的操作步骤见表 2.2。

表 2.2 IBR 120 机器人安装操作步骤

序号	图片示例	操作步骤
1	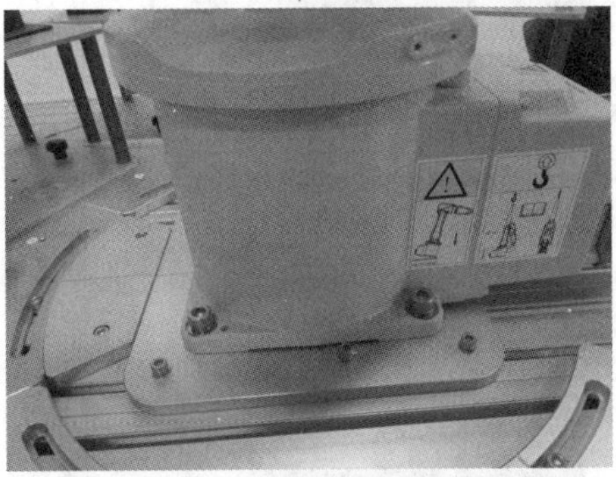	将机器人本体安装在实训台上，锁紧底座螺丝
2		将机器人本体侧动力电缆和编码器电缆分别连接完成
3	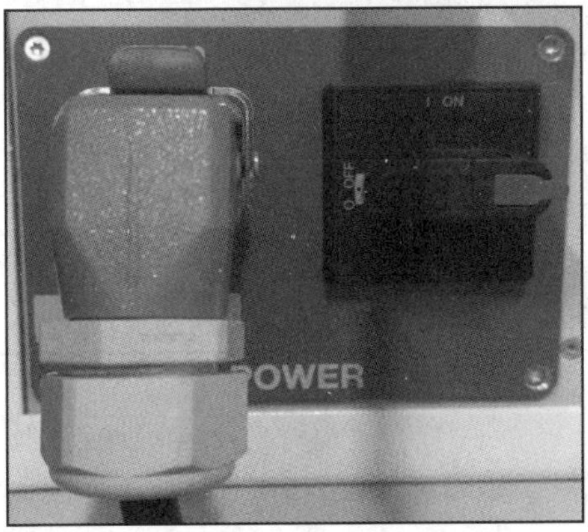	将电源线连接完成

续表 2.2

序号	图片示例	操作步骤
4	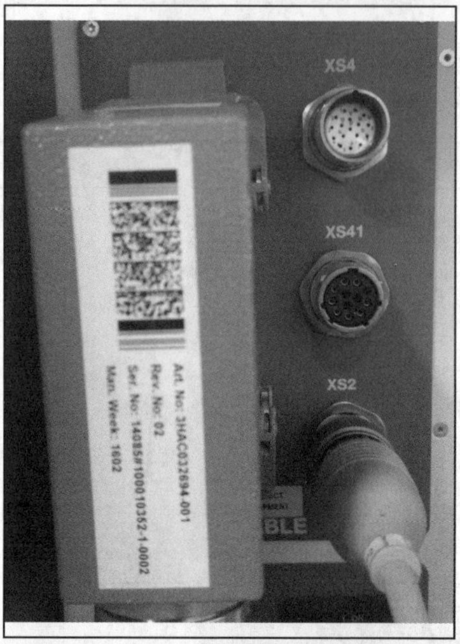	将动力线电缆和编码器电缆连接完成
5	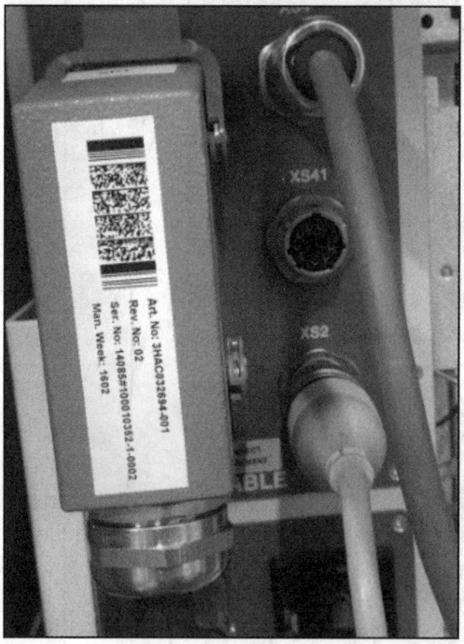	将示教器电缆连接完成，检查线路连接情况，确保连接正确

知识点 3：示教器概述

3.1 本节要点

➢ 了解示教器结构
➢ 熟悉示教器画面
➢ 熟练掌握示教器的使用

※ 示教器概述

3.2 要点解析

3.2.1 示教器规格

示教器是工业机器人的人机交互接口，针对机器人的所有操作基本上都是通过示教器来完成的，如点动机器人，编写、测试和运行机器人程序，设定、查阅机器人状态设置和位置等。它可在恶劣的工业环境下持续运作，其触摸屏易于清洁，且防水、防油、防溅锡。ABB 机器人示教器规格见表 3.1。

表 3.1　ABB 机器人示教器规格

示教器规格	
屏幕尺寸	6.5 英寸彩色触摸屏
屏幕分辨率	640×480
质量	1.0 kg
按钮	12 个
语言种类	20 种
操作杆	支持
USB 内存支持	支持
紧急停止按钮	支持
是否配备触摸笔	是
支持左手与右手使用	支持

3.2.2 示教器结构

ABB 机器人示教器由按键和触摸屏组成，其外形结构如图 3.1 所示，各按键功能如图 3.2 所示。

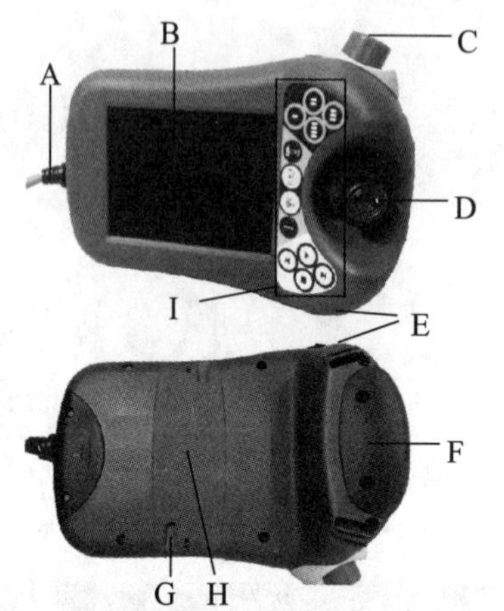

各部分名称如下：

A：电缆线连接器

B：触摸屏

C：紧急停止按钮

D：操纵杆

E：USB 接口

F：使能按钮

G：触摸笔

H：重置按钮

I：按键区

图 3.1 示教器外形结构图

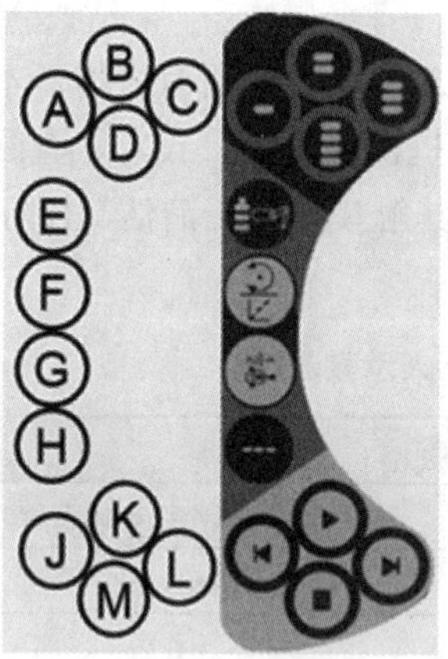

按键区各按键功能如下：

A~D：自定义按键

E：选择机械单元

F、G：选择动作模式

H：切换增量

J：步退执行程序

K：执行程序

L：步进执行程序

M：停止执行程序

图 3.2 示教器按键区各按键功能

3.2.3 示教器画面

（1）开机完成画面。

ABB 机器人开机完成后示教器进入开机完成画面，如图 3.3 所示，打开“控制面板”界面如图 3.4 所示。

图 3.3 开机完成画面

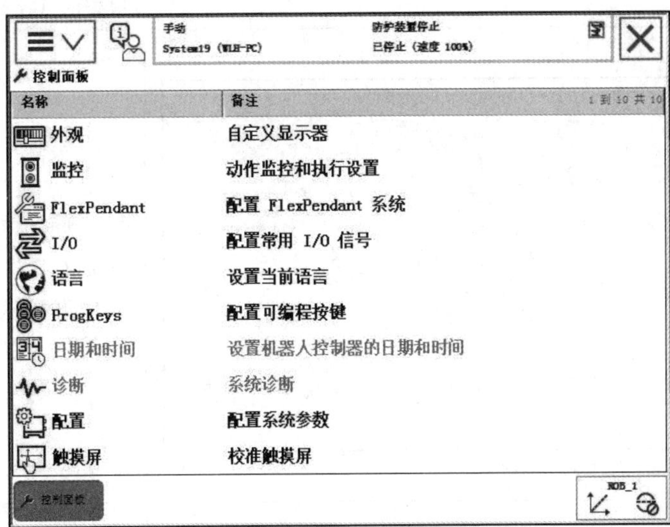

图 3.4 “控制面板”界面

示教器画面各部分说明见表3.2。

表3.2 示教器画面各部分说明

序号	图例	说明
1		**主菜单**：显示机器人各个功能主菜单界面
2		**操作员窗口**：机器人与操作员交互界面，显示当前状态信息
3		**关闭按钮**：关闭当前窗口按钮
4	ROB_1	**快捷操作菜单**：快速设置机器人功能界面，如速度、运行模式、增量等
5	手动 防护装置停止 System19 (WLH-PC) 已停止（速度 100%）	**状态栏**：显示机器人当前状态，如工作模式、电机状态、报警信息等
6	ABB Power and productivity for a better world™	**主画面**：示教器人机交互的主要窗口，根据不同的状态显示不同的信息
7	控制面板	**任务栏**：当前打开界面的任务列表，最多支持打开6个界面

（2）主菜单画面。

点击【主菜单】按钮，弹出示教器“主菜单”界面，如图3.5所示。

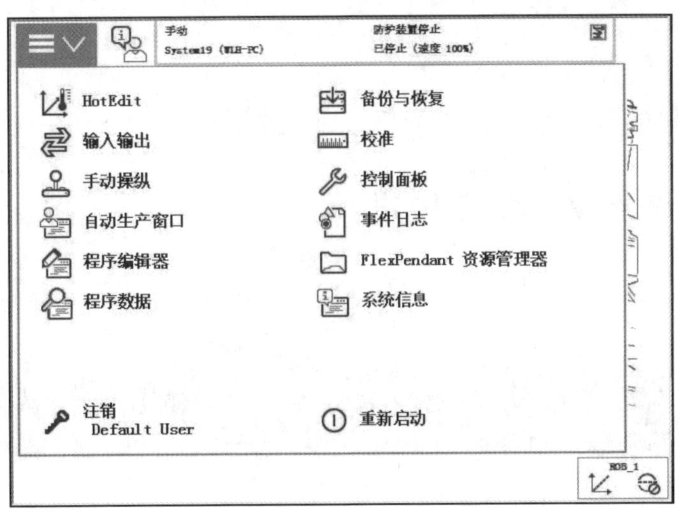

图 3.5 “主菜单”界面

主菜单各部分说明见表 3.3。

表 3.3 主菜单各部分说明

序号	图例	说明
1	HotEdit	用于对编写的程序中的点做一定的补偿
2	输入输出	用于查看并操作 I/O 信号
3	手动操纵	用于查看并配置手动操作属性
4	自动生产窗口	用于自动运行时显示程序画面
5	程序编辑器	用于对机器人进行编程调试
6	程序数据	用于查看并配置变量数据
7	备份与恢复	用于对系统数据进行备份和恢复
8	校准	用于对机器人机械零点进行校准
9	控制面板	用于对系统参数进行配置
10	事件日志	用于查看系统所有事件
11	FlexPendant 资源管理器	用于对系统资源、备份文件等进行管理
12	系统信息	用于查看系统控制器属性以及硬件和软件信息
13	注销 Default User	用于退出当前用户权限
14	重新启动	用于重新启动系统

知识点 4：零点校准

4.1 本节要点

- 了解需校准情况
- 熟悉零点校准原理
- 熟练掌握零点校准方法

※ 零点校准

4.2 要点解析

4.2.1 需校准情况

在以下几种情况下，机器人需要校准机械零点：

（1）新购买机器人时，厂家未进行机器人零点校准。

（2）电池电量不足，更换电池。

（3）更换机器人本体或控制器。

（4）转数计数器数据丢失。

4.2.2 校准原理

IRB 120 机器人本体的 6 个轴均有零点标记，如图 4.1 所示。手动将机器人各轴零点标记对准，记录当前转数计数器数据，控制器内部将自动计算出该轴的零点位置，并以此作为各轴的基准进行控制。

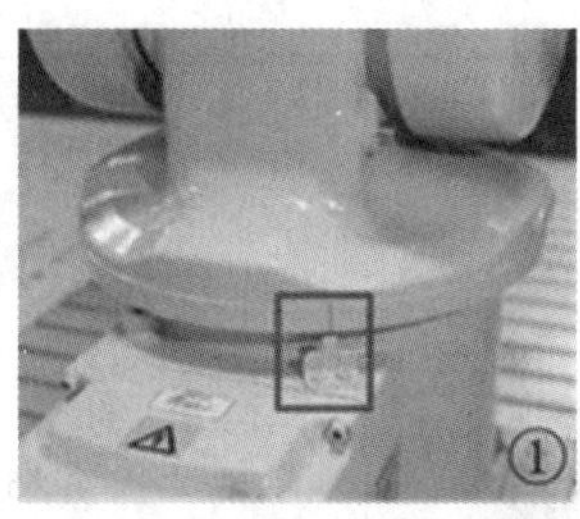
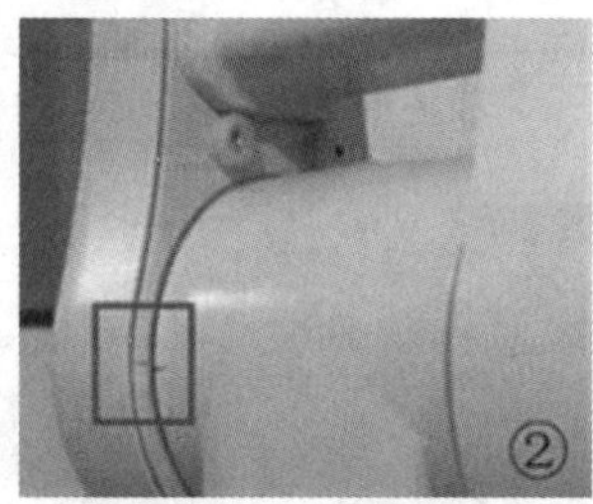
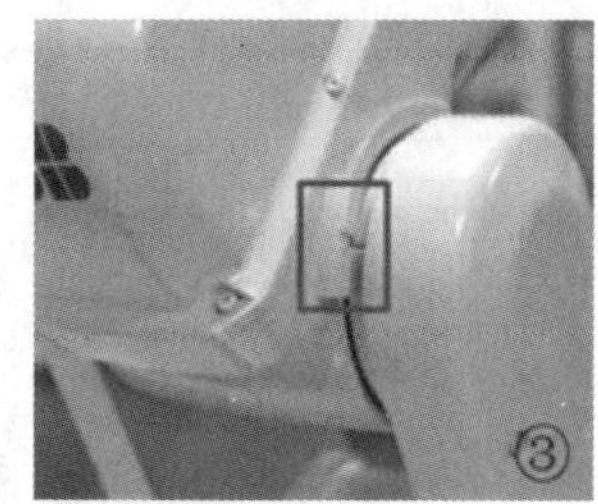

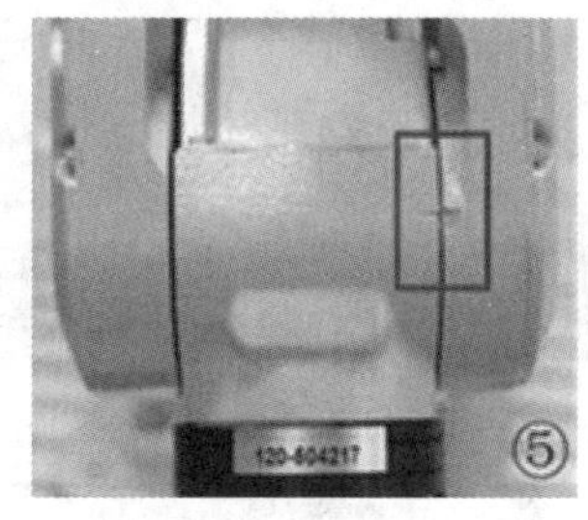

①～⑥分别对应机器人轴1～轴6，方框内显示对应轴机械零点位置

图4.1 零点位置

4.3 操作步骤

零点校准的操作步骤见表4.1。

表4.1 零点校准操作步骤

序号	图片示例	操作步骤
1	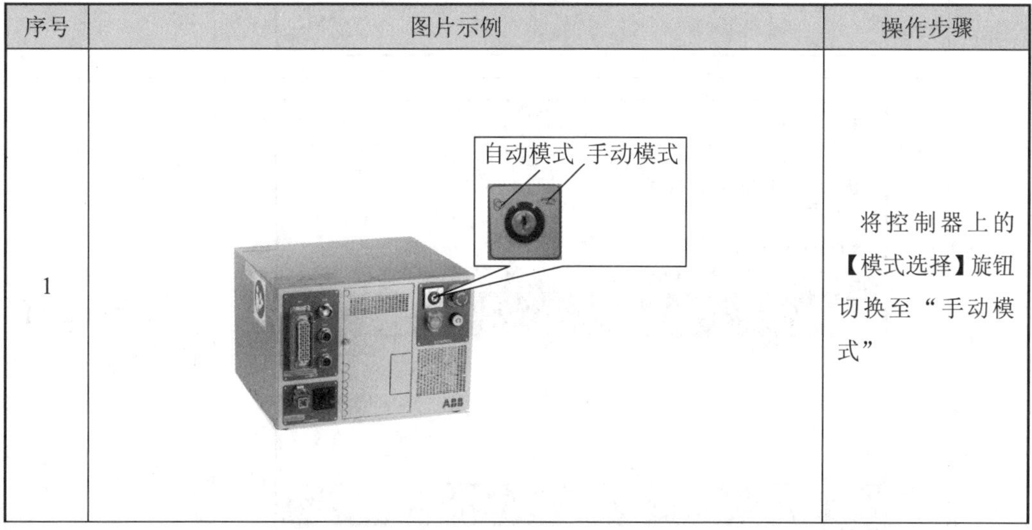	将控制器上的【模式选择】旋钮切换至“手动模式”

续表 4.1

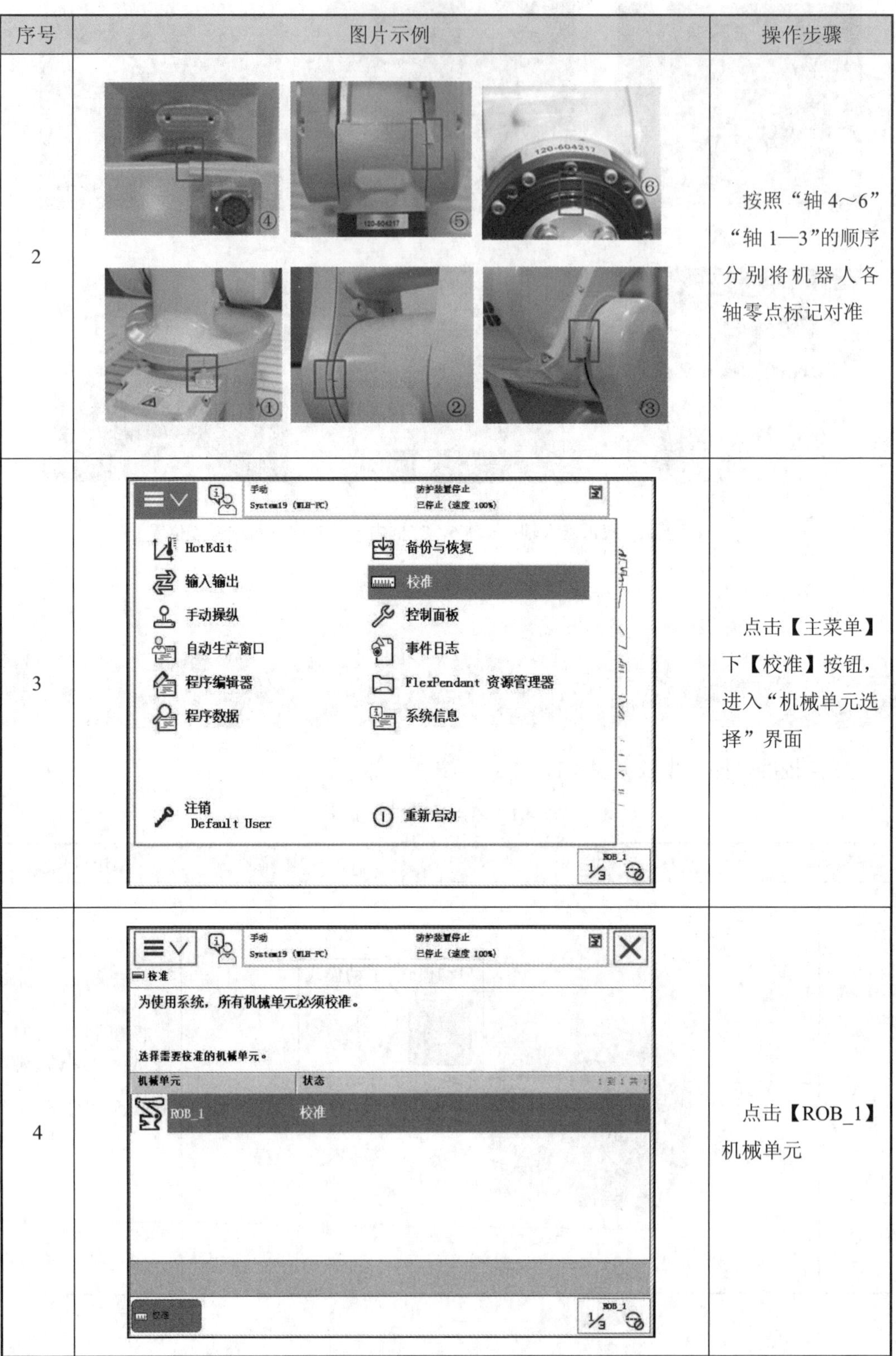

序号	图片示例	操作步骤
2	④⑤⑥①②③	按照“轴 4～6”“轴 1—3”的顺序分别将机器人各轴零点标记对准
3		点击【主菜单】下【校准】按钮，进入“机械单元选择”界面
4		点击【ROB_1】机械单元

续表 4.1

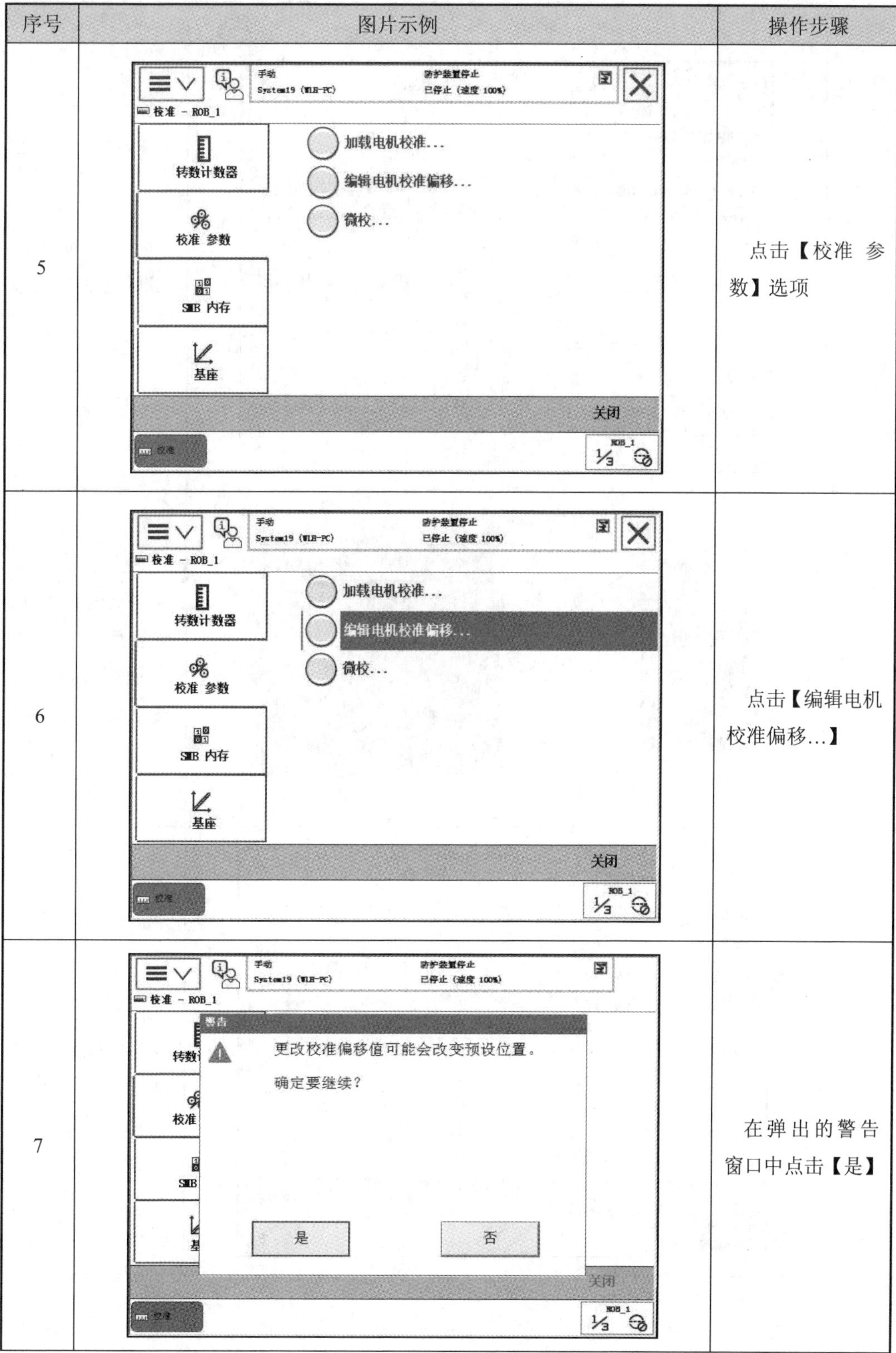

序号	图片示例	操作步骤
5		点击【校准 参数】选项
6		点击【编辑电机校准偏移...】
7		在弹出的警告窗口中点击【是】

续表 4.1

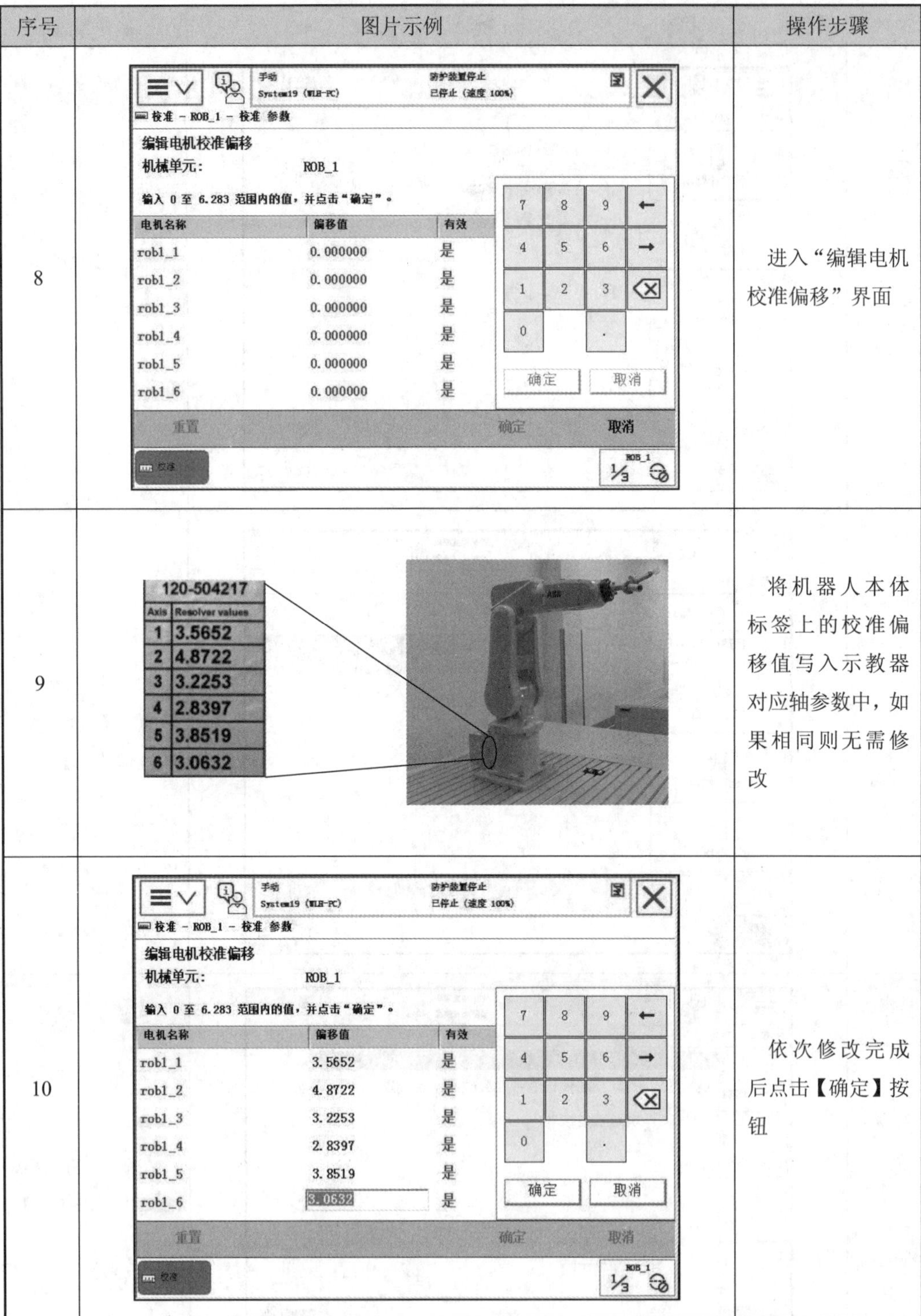

序号	图片示例	操作步骤
8		进入“编辑电机校准偏移”界面
9		将机器人本体标签上的校准偏移值写入示教器对应轴参数中，如果相同则无需修改
10		依次修改完成后点击【确定】按钮

续表 4.1

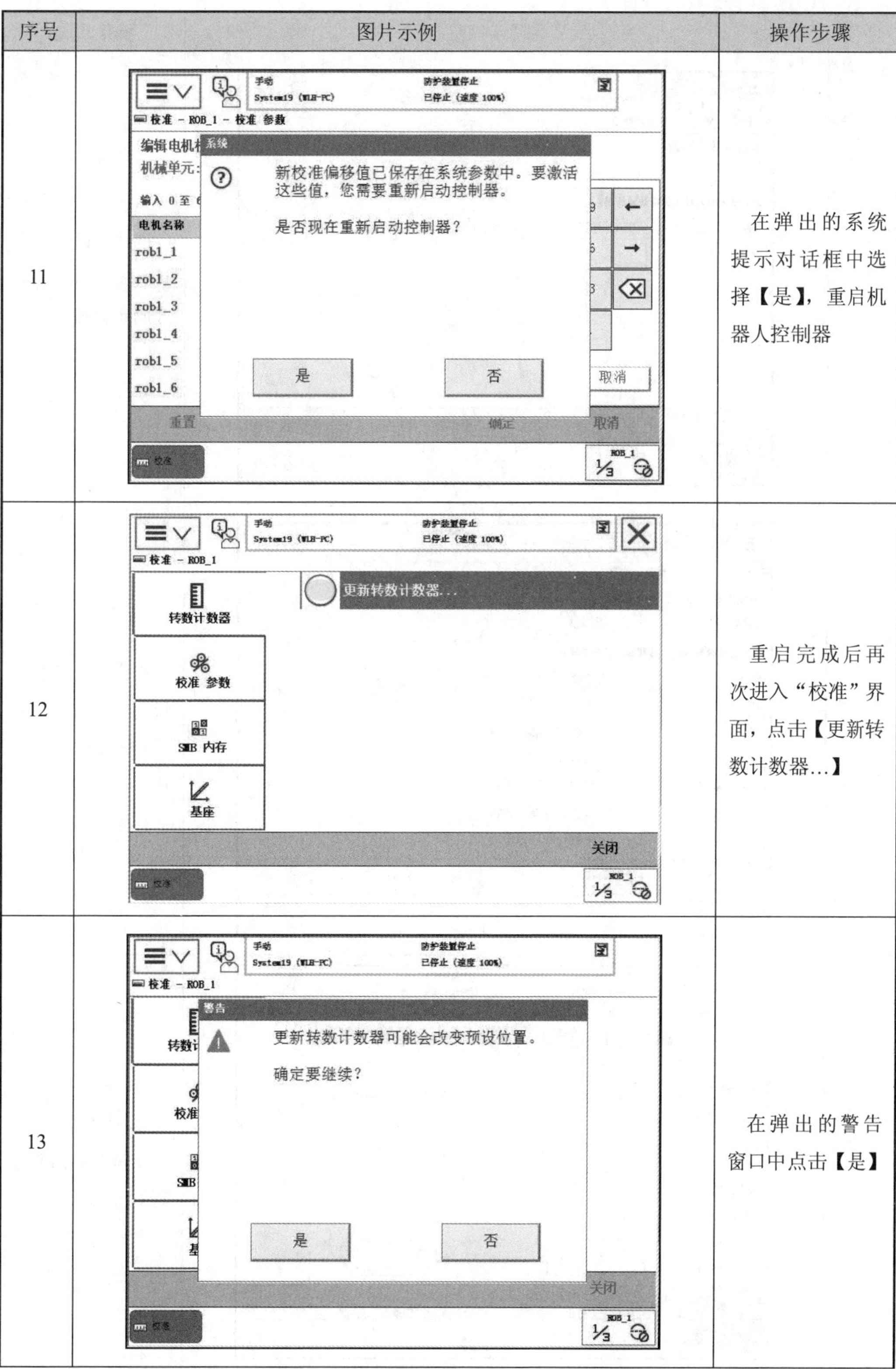

序号	图片示例	操作步骤
11		在弹出的系统提示对话框中选择【是】，重启机器人控制器
12		重启完成后再次进入“校准”界面，点击【更新转数计数器...】
13		在弹出的警告窗口中点击【是】

续表 4.1

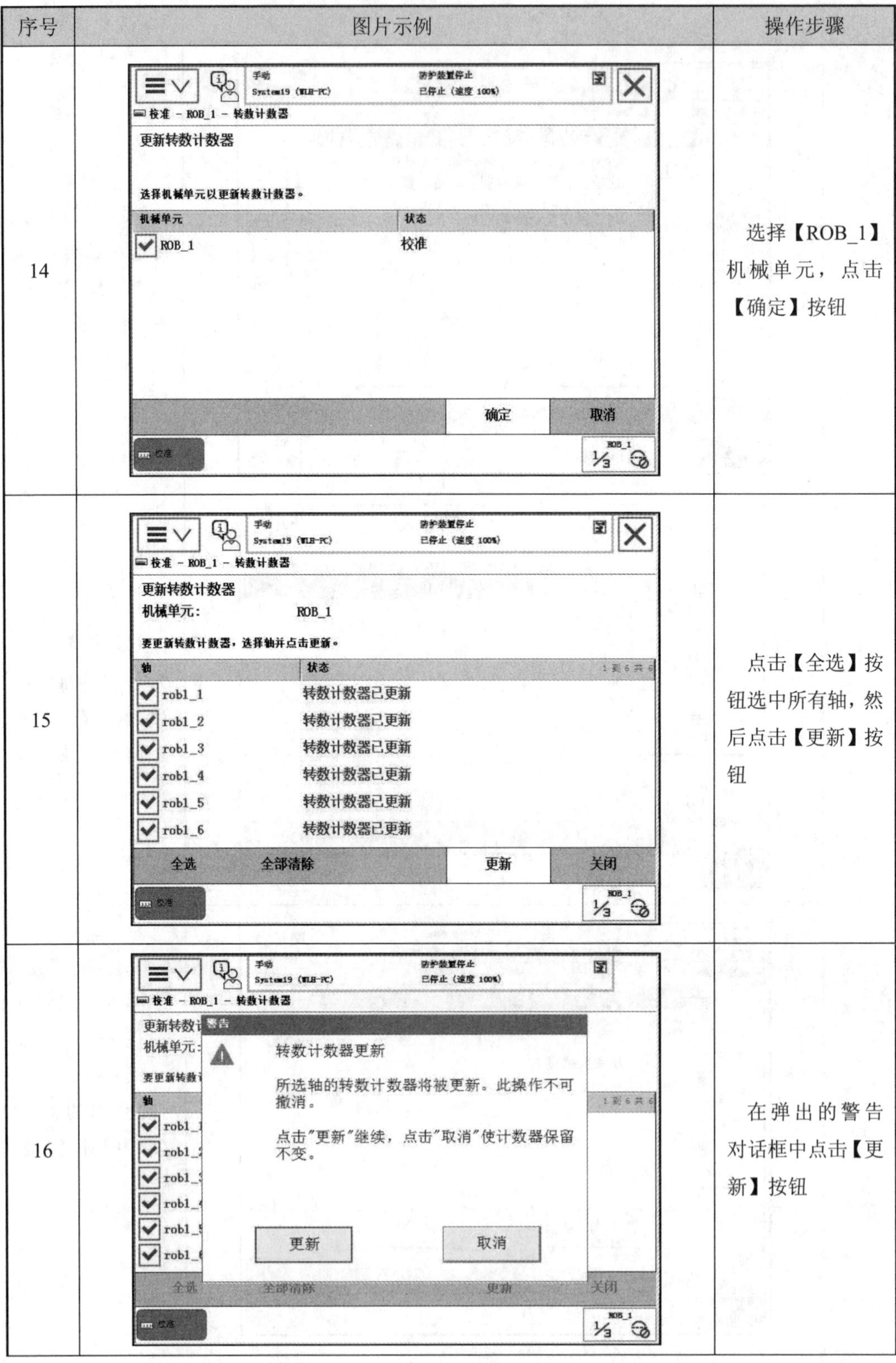

序号	图片示例	操作步骤
14		选择【ROB_1】机械单元，点击【确定】按钮
15		点击【全选】按钮选中所有轴，然后点击【更新】按钮
16		在弹出的警告对话框中点击【更新】按钮

续表 4.1

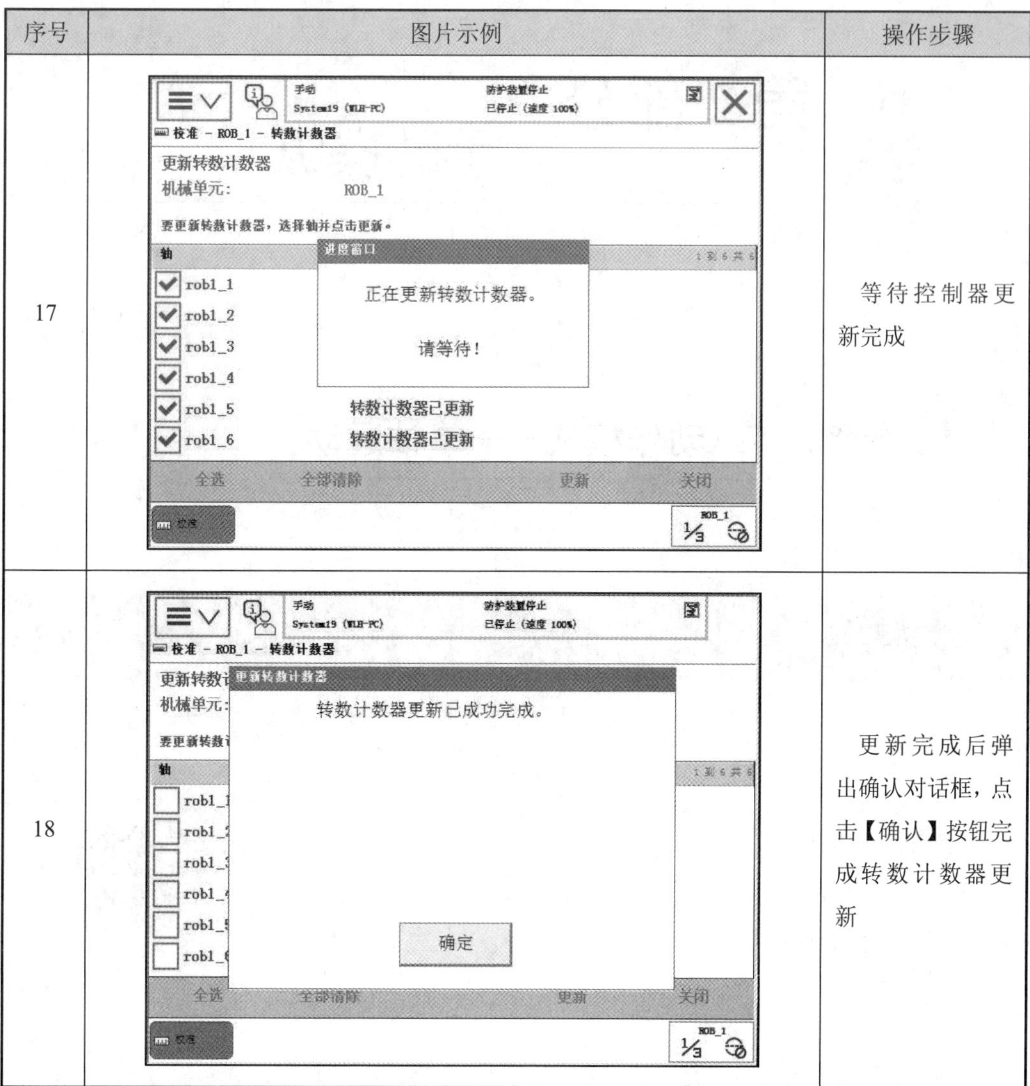

序号	图片示例	操作步骤
17		等待控制器更新完成
18		更新完成后弹出确认对话框，点击【确认】按钮完成转数计数器更新

第 2 部分 手动操纵

知识点 5：动作模式——单轴运动

5.1 本节要点

- 熟悉手动操纵界面
- 掌握单轴运动操作
- 掌握操纵杆的使用

※ 动作模式——单轴运动

5.2 要点解析

5.2.1 单轴运动

单轴运动用于控制机器人各轴单独运动，方便调整机器人的位姿。机器人各轴分布情况如图 5.1 所示。图中箭头所指为机器人各轴运动的正方向，熟记机器人各轴运动方向有助于更加安全高效地操纵机器人。

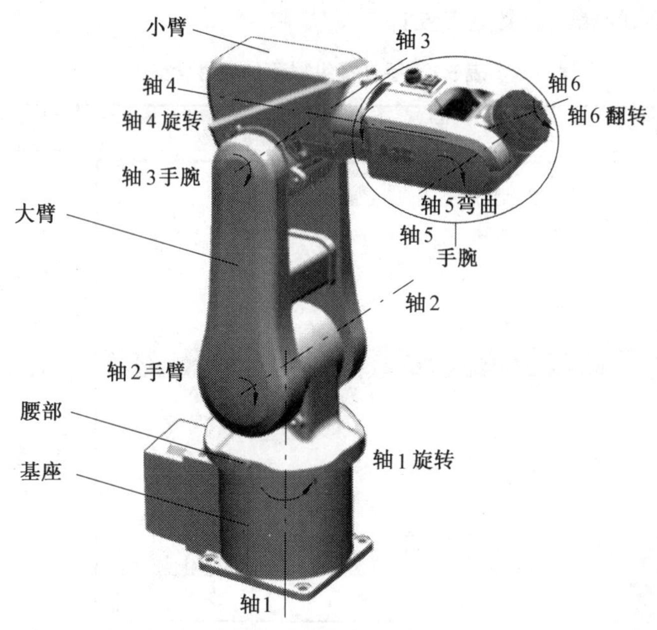

图 5.1　机器人各轴分布情况

5.2.2　手动操纵界面

手动操纵界面可以修改机器人的当前属性，显示机器人的当前位置，并指示机器人的当前操纵杆方向，如图 5.2 所示。

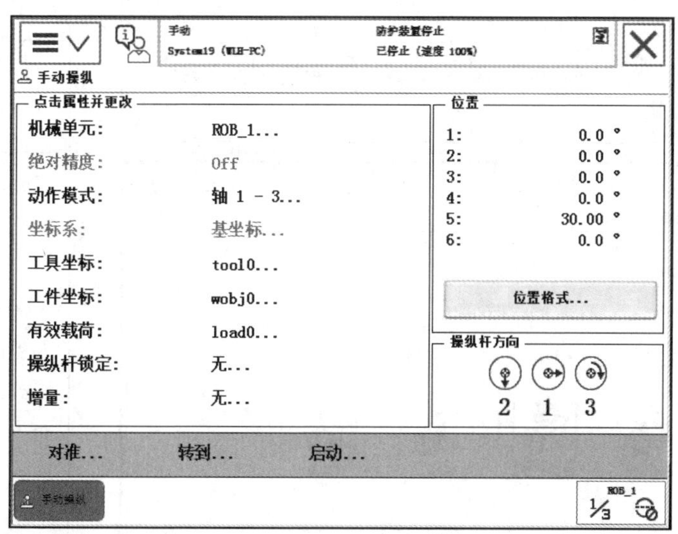

图 5.2　手动操纵界面

手动操纵界面的属性含义见表 5.1。

表 5.1　手动操纵界面的属性含义

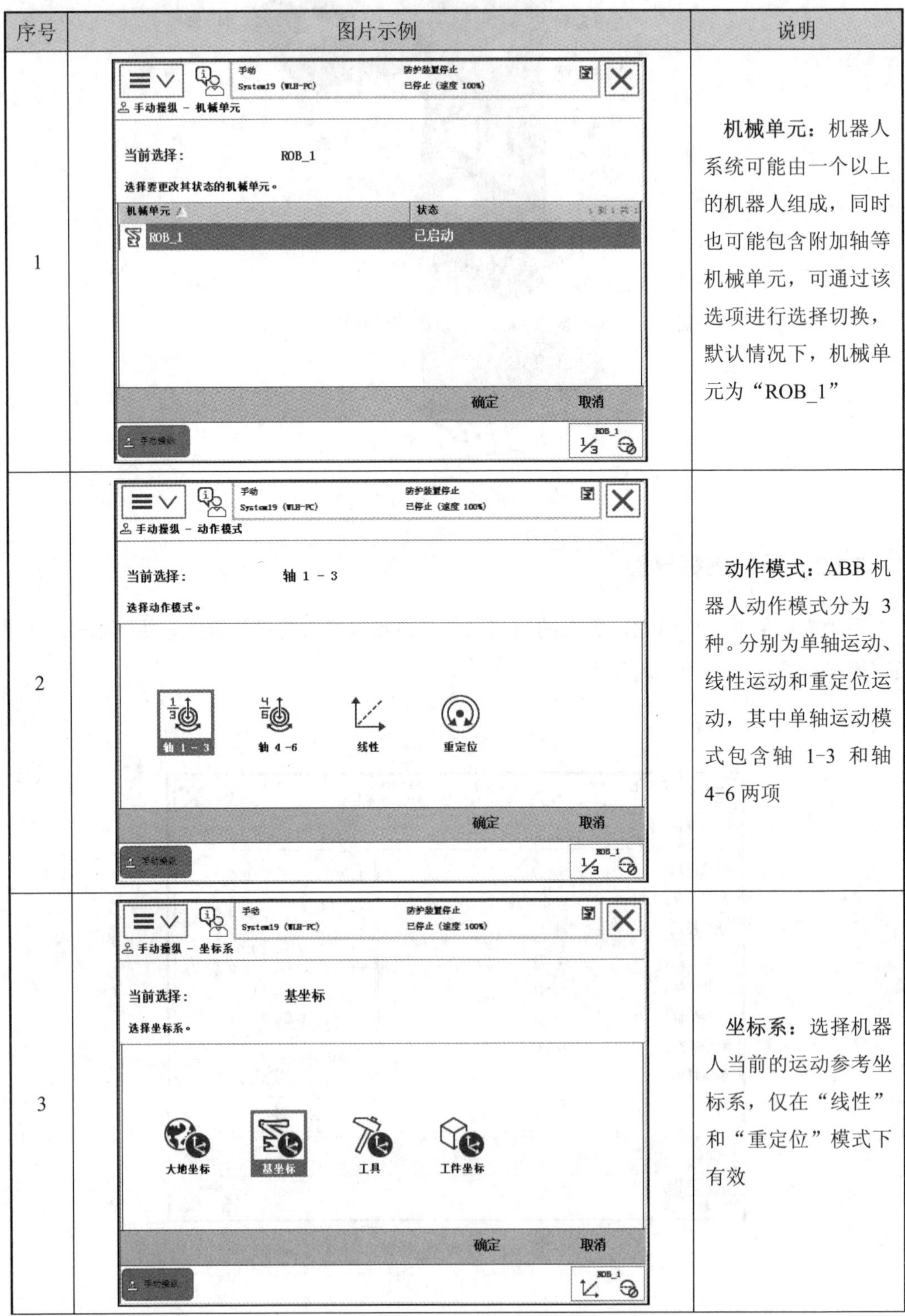

序号	图片示例	说明
1	手动操纵 - 机械单元 当前选择：ROB_1 选择要更改其状态的机械单元。 机械单元　状态 ROB_1　已启动 确定　取消	**机械单元**：机器人系统可能由一个以上的机器人组成，同时也可能包含附加轴等机械单元，可通过该选项进行选择切换，默认情况下，机械单元为“ROB_1”
2	手动操纵 - 动作模式 当前选择：轴 1 - 3 选择动作模式。 轴 1 - 3　轴 4 -6　线性　重定位 确定　取消	**动作模式**：ABB 机器人动作模式分为 3 种。分别为单轴运动、线性运动和重定位运动，其中单轴运动模式包含轴 1-3 和轴 4-6 两项
3	手动操纵 - 坐标系 当前选择：基坐标 选择坐标系。 大地坐标　基坐标　工具　工件坐标 确定　取消	**坐标系**：选择机器人当前的运动参考坐标系，仅在“线性”和“重定位”模式下有效

续表 5.1

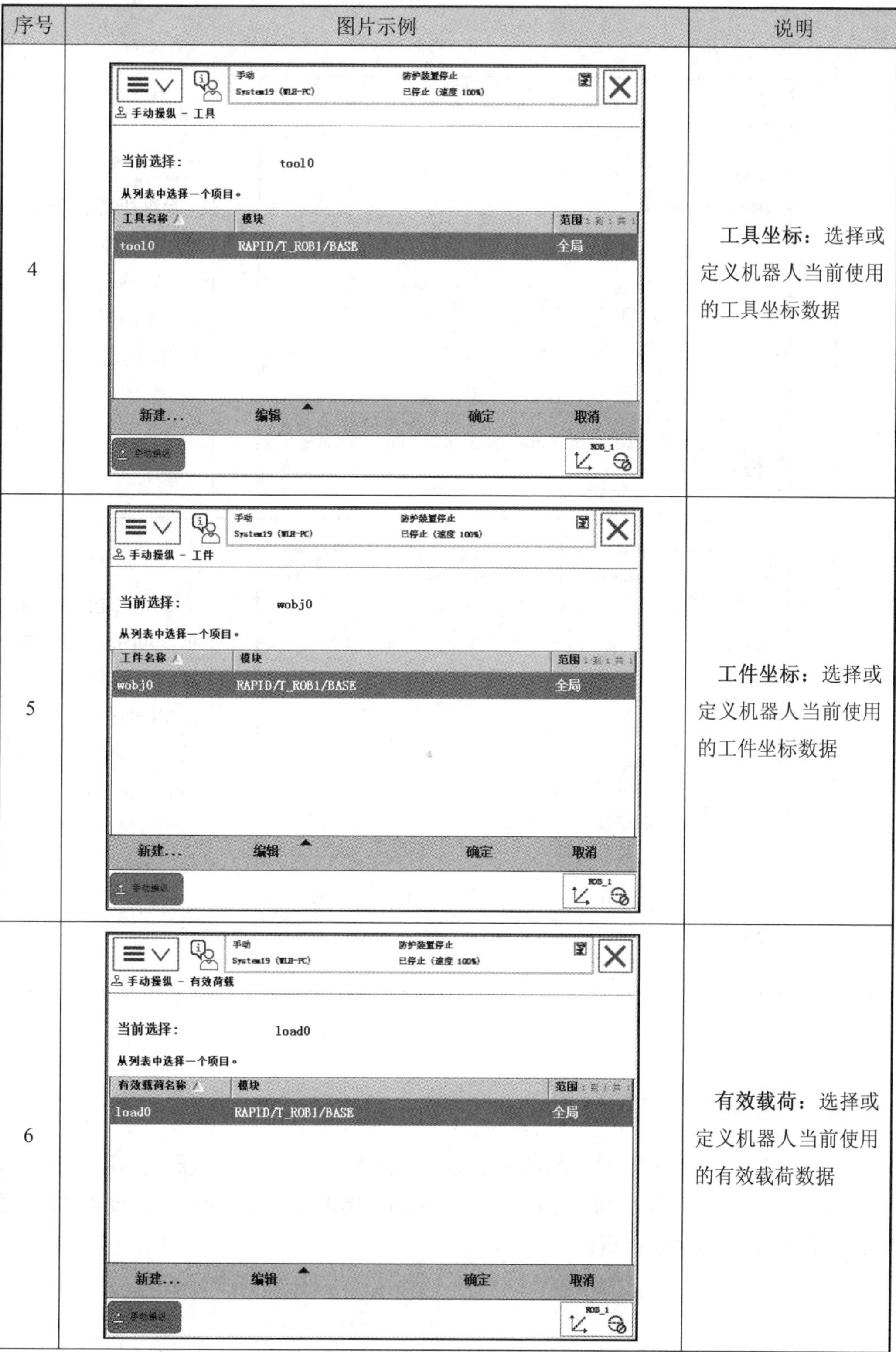

序号	图片示例	说明
4	手动 System19 (WLB-PC) 防护装置停止 已停止 (速度 100%) 手动操纵 - 工具 当前选择: tool0 从列表中选择一个项目。 工具名称 / 模块 / 范围 1 到 1 共 1 tool0 / RAPID/T_ROB1/BASE / 全局 新建... 编辑 确定 取消 手动操纵 ROB_1	工具坐标：选择或定义机器人当前使用的工具坐标数据
5	手动 System19 (WLB-PC) 防护装置停止 已停止 (速度 100%) 手动操纵 - 工件 当前选择: wobj0 从列表中选择一个项目。 工件名称 / 模块 / 范围 1 到 1 共 1 wobj0 / RAPID/T_ROB1/BASE / 全局 新建... 编辑 确定 取消 手动操纵 ROB_1	工件坐标：选择或定义机器人当前使用的工件坐标数据
6	手动 System19 (WLB-PC) 防护装置停止 已停止 (速度 100%) 手动操纵 - 有效荷载 当前选择: load0 从列表中选择一个项目。 有效载荷名称 / 模块 / 范围 1 到 1 共 1 load0 / RAPID/T_ROB1/BASE / 全局 新建... 编辑 确定 取消 手动操纵 ROB_1	有效载荷：选择或定义机器人当前使用的有效载荷数据

续表 5.1

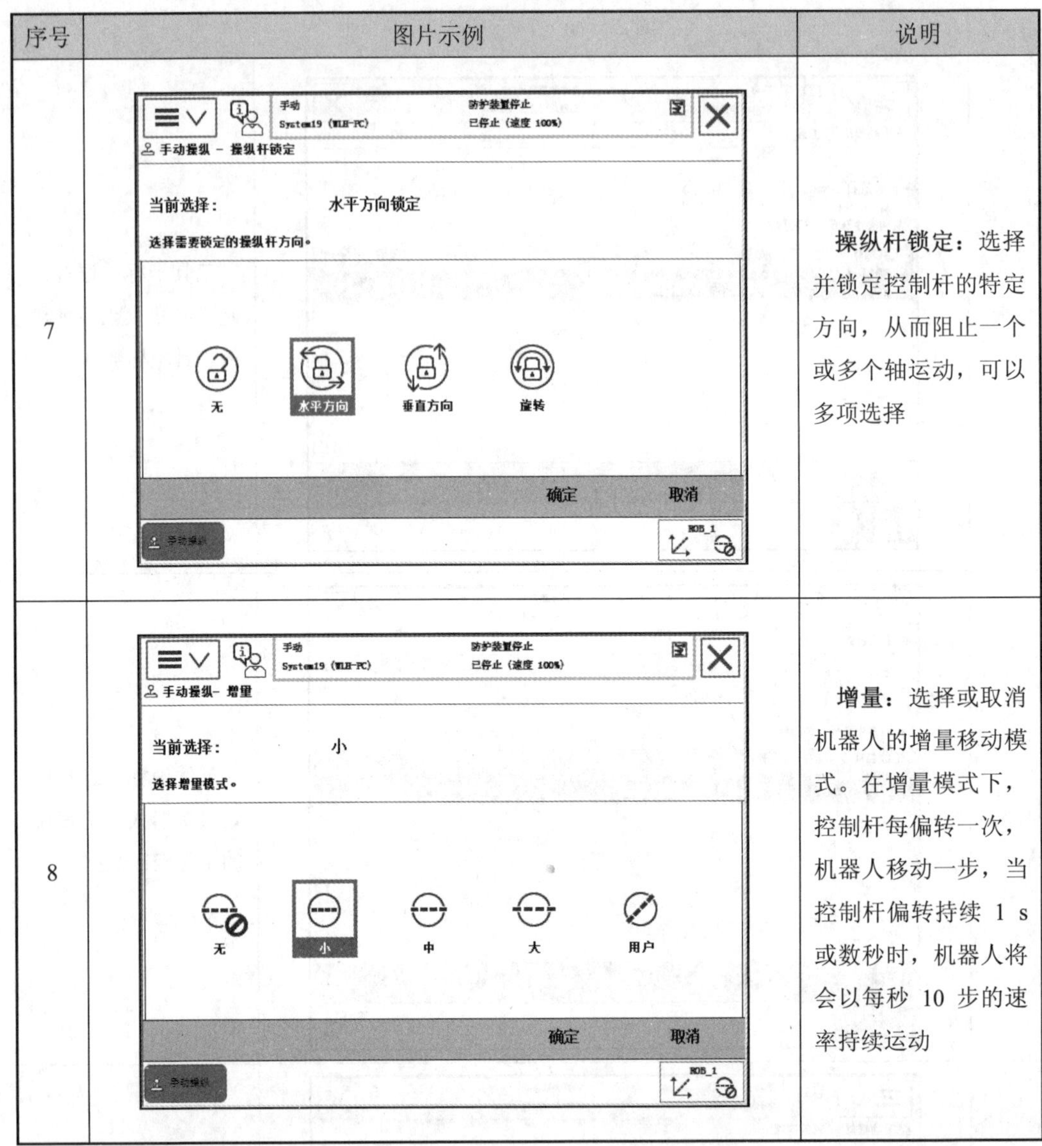

序号	图片示例	说明
7		**操纵杆锁定**：选择并锁定控制杆的特定方向，从而阻止一个或多个轴运动，可以多项选择
8		**增量**：选择或取消机器人的增量移动模式。在增量模式下，控制杆每偏转一次，机器人移动一步，当控制杆偏转持续 1 s 或数秒时，机器人将会以每秒 10 步的速率持续运动

5.2.3 操纵杆与速度

操纵杆的操作幅度与机器人的运动速度相关，操作幅度小，则机器人的运动速度慢；操作幅度大，则机器人的运动速度快。因此，**在初次操作时，应尽量以小幅度操作使机器人慢慢运动，以免发生碰撞事件。**

5.3　操作步骤

手动操纵的操作步骤见表 5.2。

表 5.2　手动操纵操作步骤

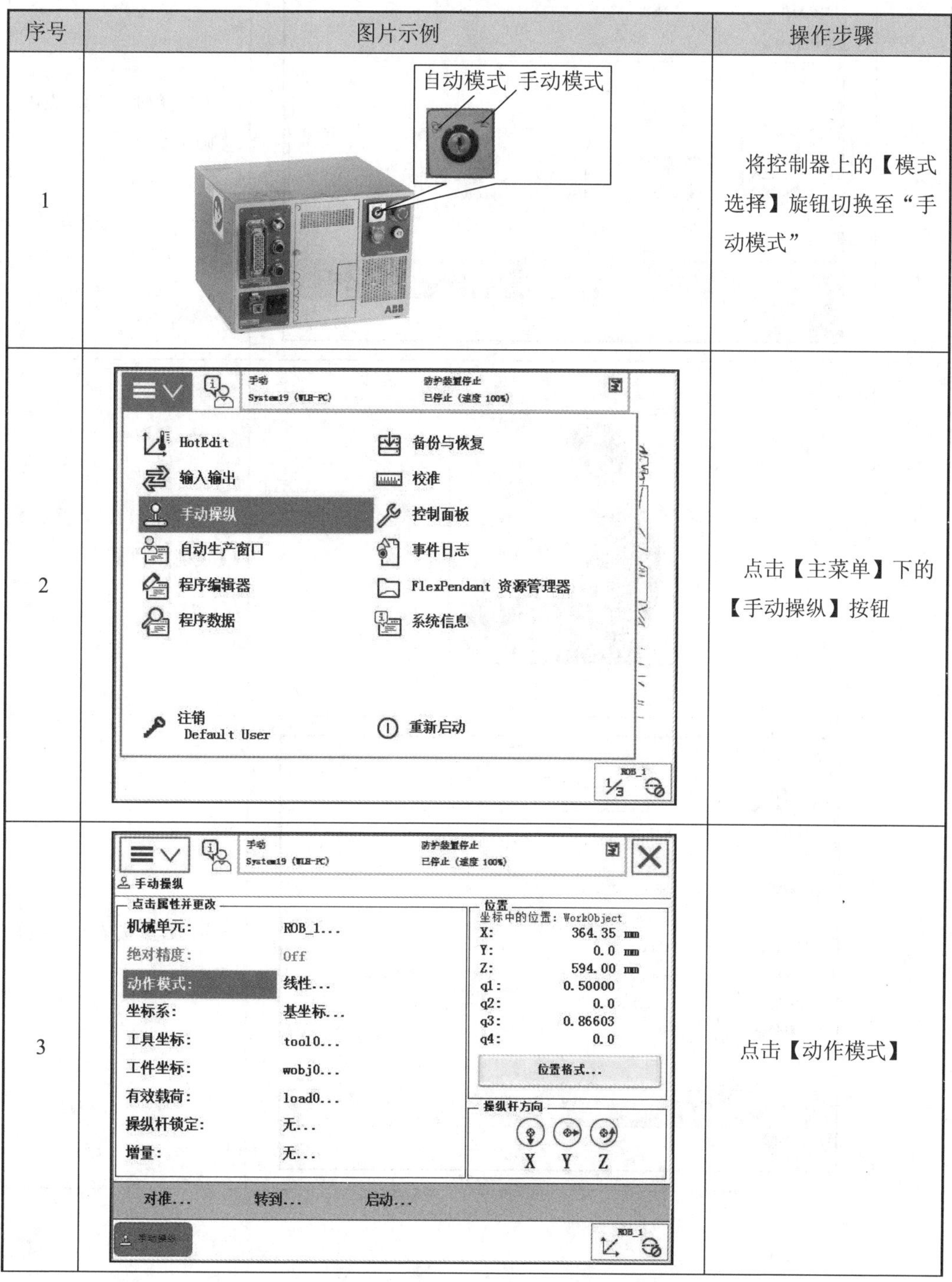

序号	图片示例	操作步骤
1		将控制器上的【模式选择】旋钮切换至“手动模式”
2		点击【主菜单】下的【手动操纵】按钮
3		点击【动作模式】

续表 5.2

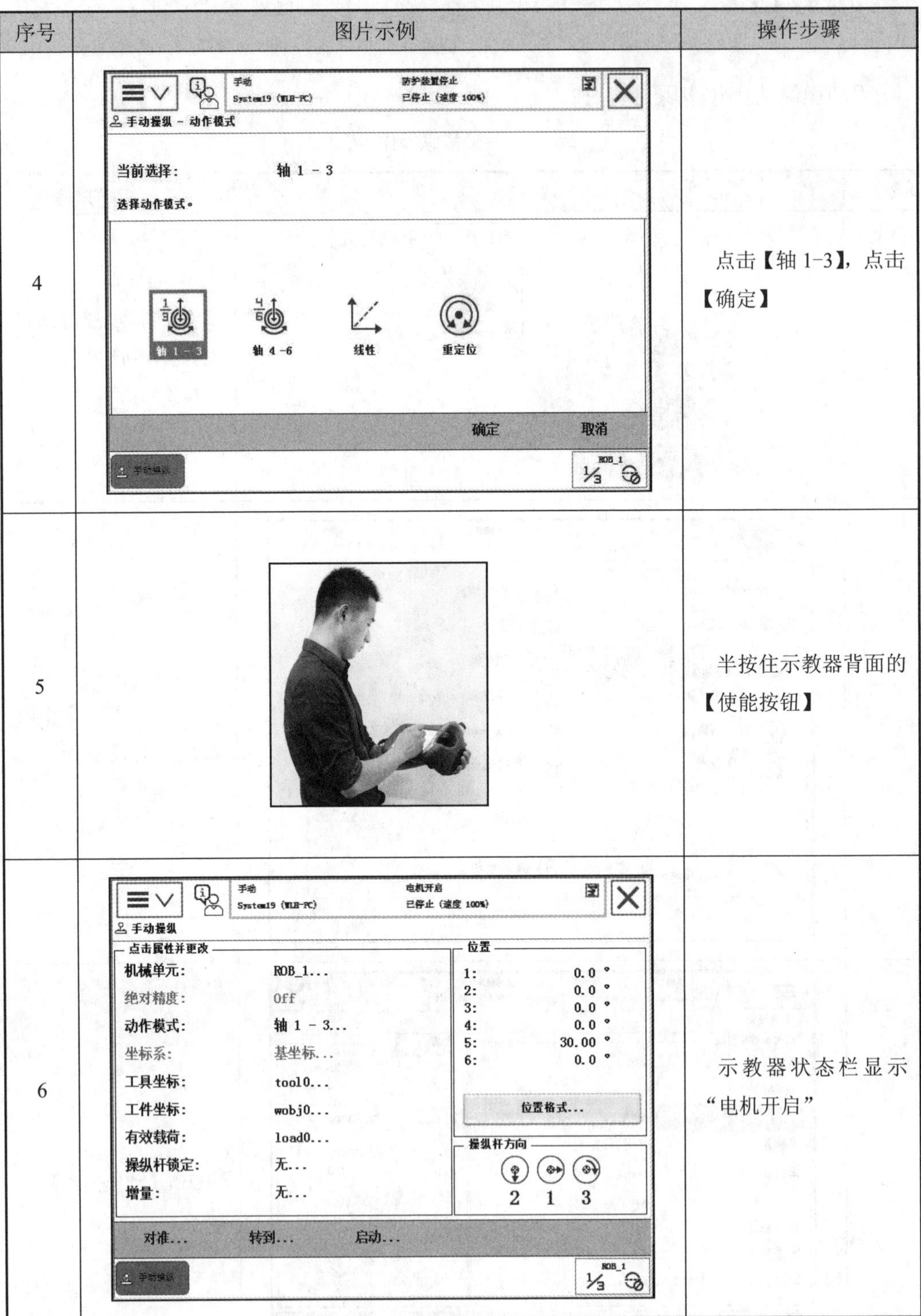

序号	图片示例	操作步骤
4		点击【轴 1-3】，点击【确定】
5		半按住示教器背面的【使能按钮】
6		示教器状态栏显示“电机开启”

续表 5.2

序号	图片示例	操作步骤
7	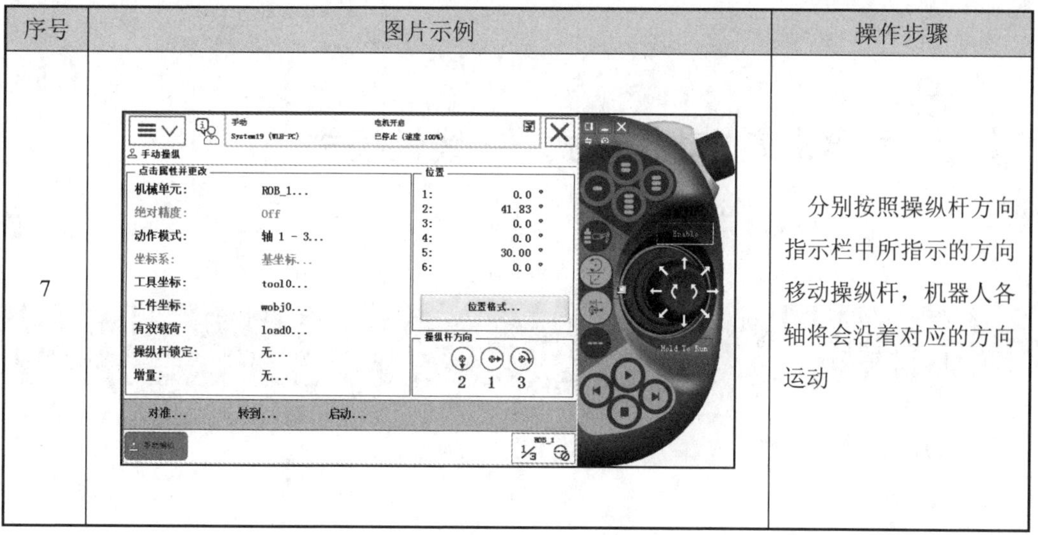	分别按照操纵杆方向指示栏中所指示的方向移动操纵杆，机器人各轴将会沿着对应的方向运动

知识点 6：动作模式——线性模式

6.1 本节要点

- 了解基坐标系的定义
- 了解奇异点的概念
- 掌握线性运动方法

※ 动作模式——线性模式

6.2 要点解析

6.2.1 基坐标系定义

线性运动用于控制机器人在对应坐标系空间中进行直线运动，便于操作者定位。ABB 机器人在线性运动模式下可以参考的坐标系有“大地坐标系”“基坐标系”“工具坐标系”和“工件坐标系”4 种，本节以“基坐标系”为例进行操作。

ABB 机器人基坐标系原点位于底座的中心轴与地面的交点处，当机器人水平安装且各轴角度均为 0° 时，朝向第六轴中心线的方向即为 X 轴正方向，竖直向上为 Z 轴正方向，使用右手定则即可确定机器人 Y 轴正方向，如图 6.1 所示。

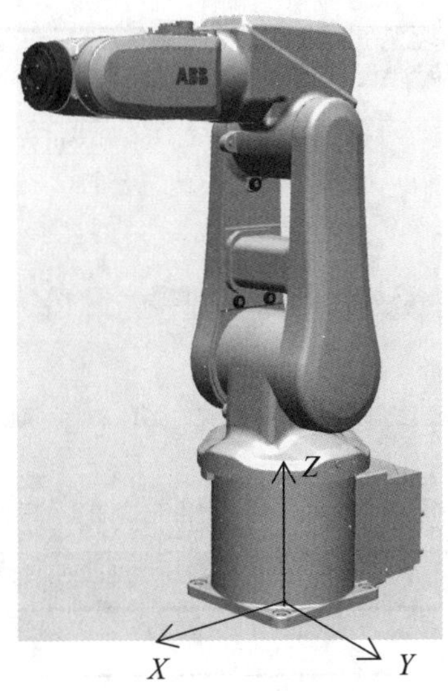

图 6.1　IRB 120 机器人基坐标系方向

6.2.2　奇异点

类似于 IRB 120 机器人构型的工业六轴机器人因机械结构设计特点均存在奇异点。奇异点是指当机器人第五轴关节接近 0°时，第四轴与第六轴处于同一直线上，如图 6.2 所示。

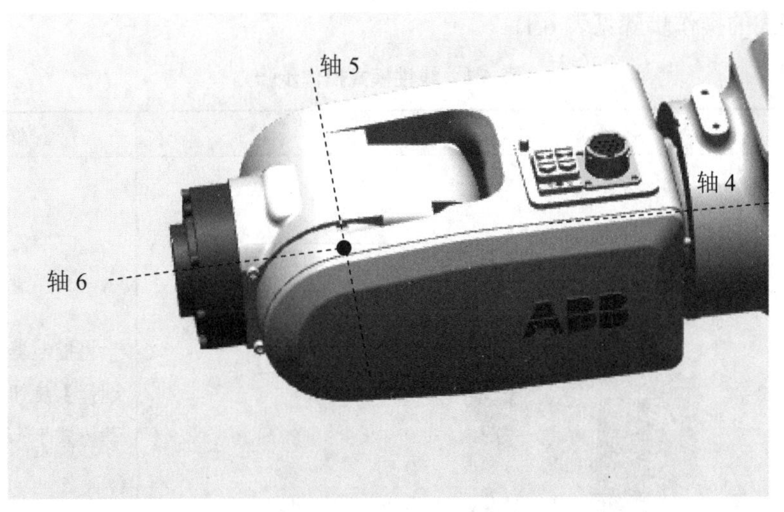

图 6.2　机器人处于奇异点

此时机器人自由度将发生退化，将会造成某些关节角速度趋于无穷大，导致失控。因此，ABB 机器人在靠近奇异点时将会发出报警，如图 6.3 所示。

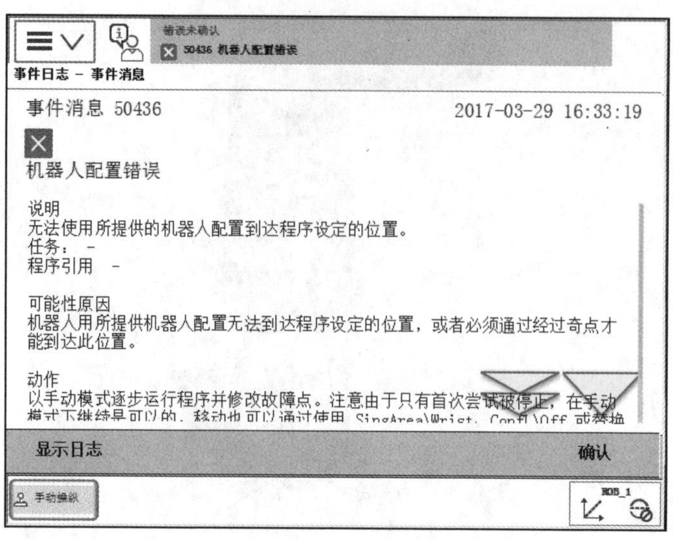

图 6.3　ABB 机器人经过奇异点时的报警界面

6.2.3　巧记操纵杆方向

当机器人在基坐标系下运动时，用户处于机器人 X 轴正方向且面向机器人站立，机器人运动方向将与操纵杆移动方向相同，方便用户记忆。

6.3　操作步骤

线性模式的操作步骤见表 6.1。

表 6.1　线性模式操作步骤

序号	图片示例	操作步骤
1	自动模式 手动模式	将控制器上的【模式选择】旋钮切换至“手动模式”

续表 6.1

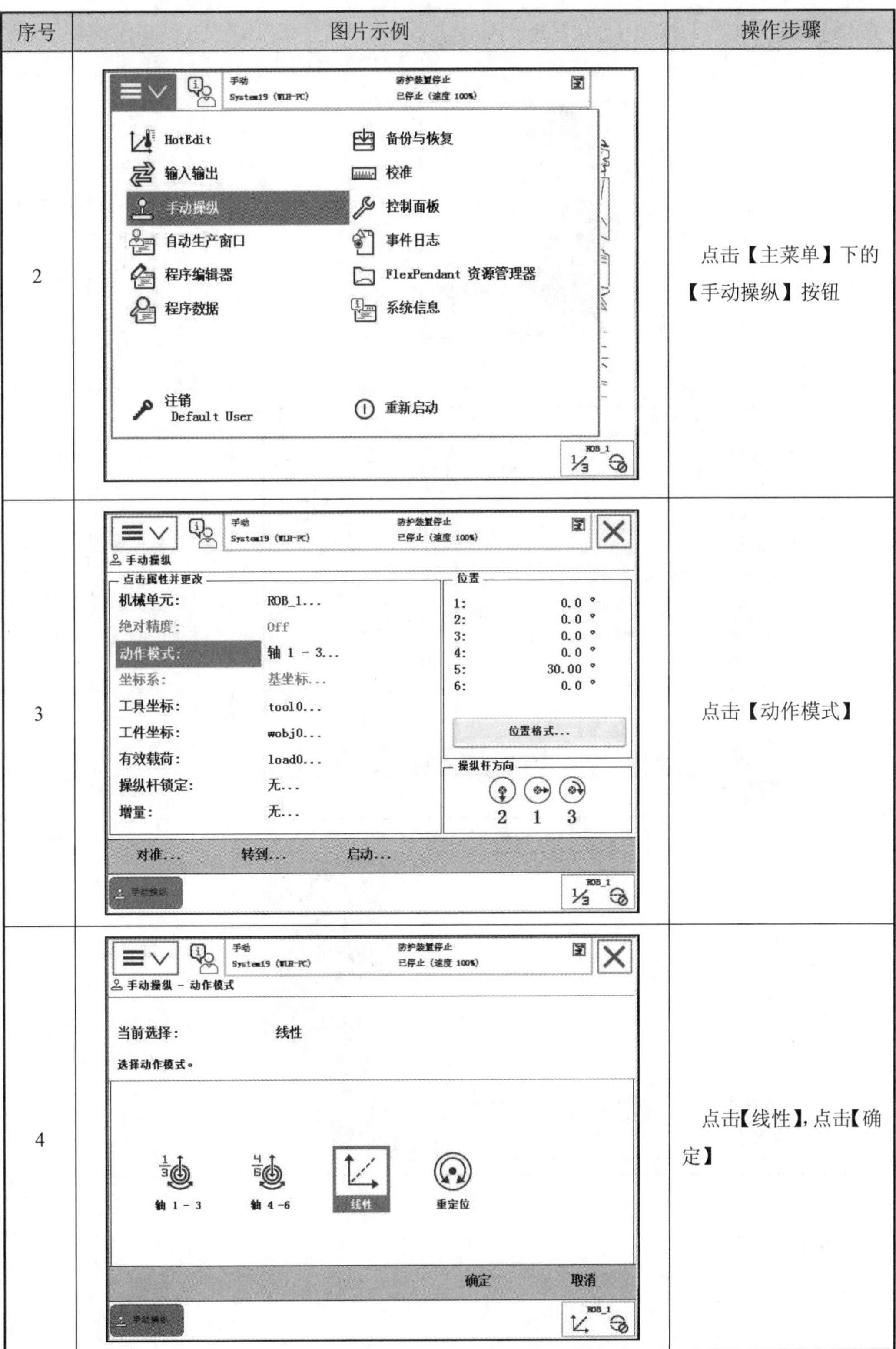

序号	图片示例	操作步骤
2		点击【主菜单】下的【手动操纵】按钮
3		点击【动作模式】
4		点击【线性】，点击【确定】

续表 6.1

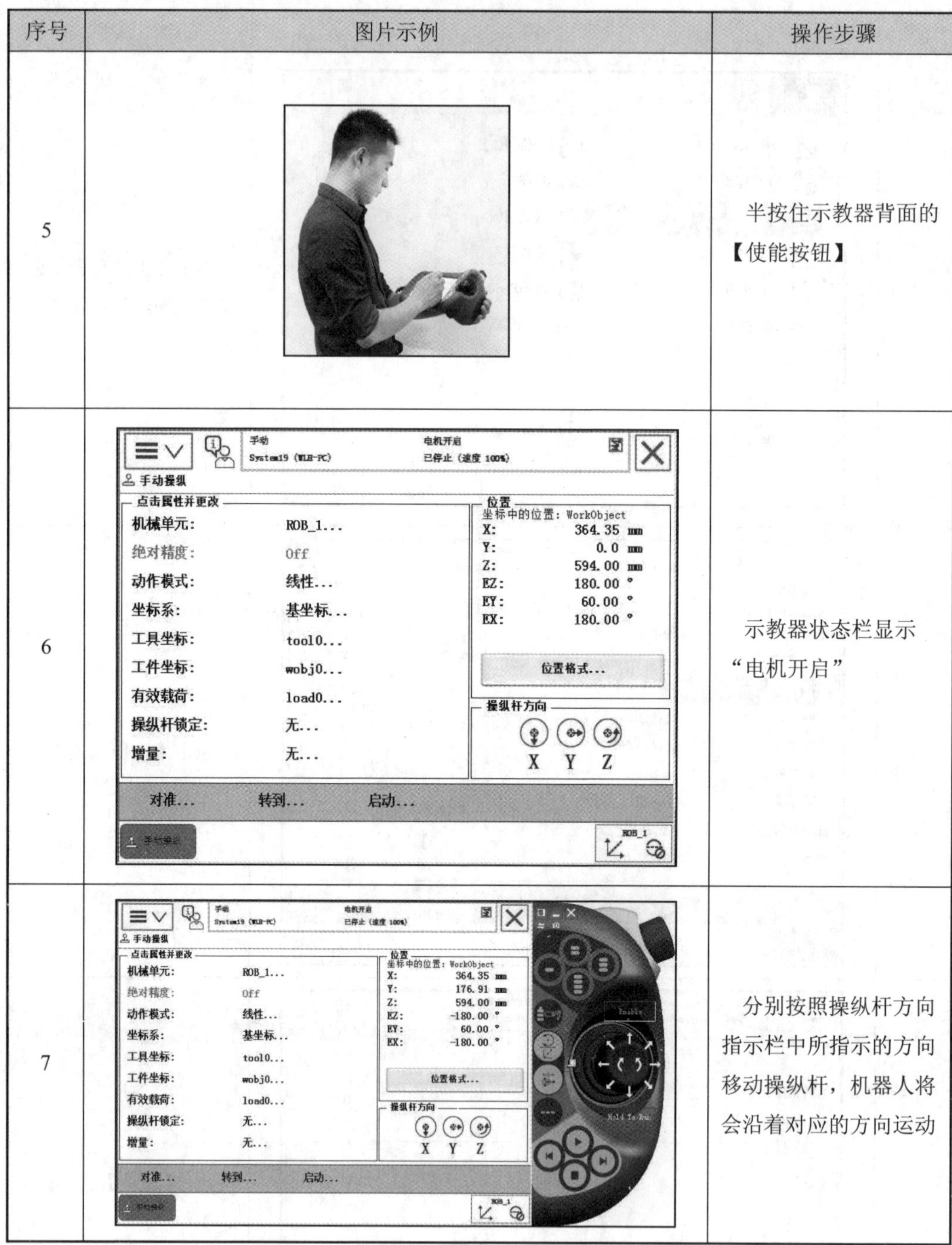

序号	图片示例	操作步骤
5		半按住示教器背面的【使能按钮】
6		示教器状态栏显示“电机开启”
7		分别按照操纵杆方向指示栏中所指示的方向移动操纵杆，机器人将会沿着对应的方向运动

知识点 7：动作模式——重定位运动

7.1 本节要点

➢ 了解位姿切换方式
➢ 熟悉重定位运动概念
➢ 掌握重定位运动操作方法

※ 动作模式——重定位运动

7.2 要点解析

7.2.1 重定位运动

重定位运动即机器人选定的机器人工具 TCP（tool center point）绕着对应工具坐标系进行旋转运动，运动时机器人工具 TCP 位置保持不变，姿态发生变化，因此用于对机器人姿态的调整，如图 7.1 所示。

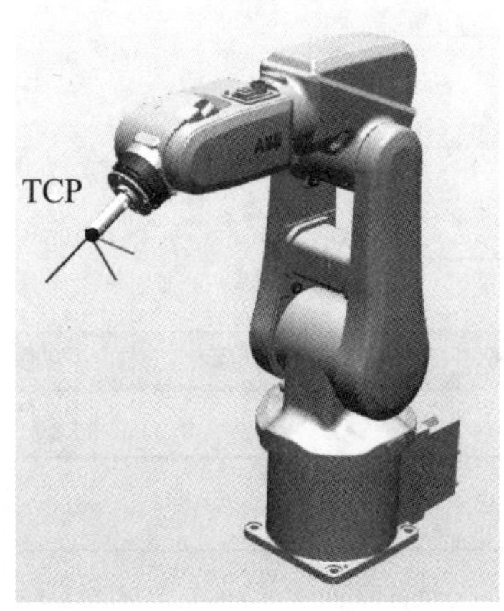

图 7.1 机器人工具 TCP

7.2.2 位姿显示方式切换

ABB 机器人示教器显示姿态的模式有“四元数”和“欧拉角”两种，切换方式见表 7.1。

表 7.1 位姿显示方式切换

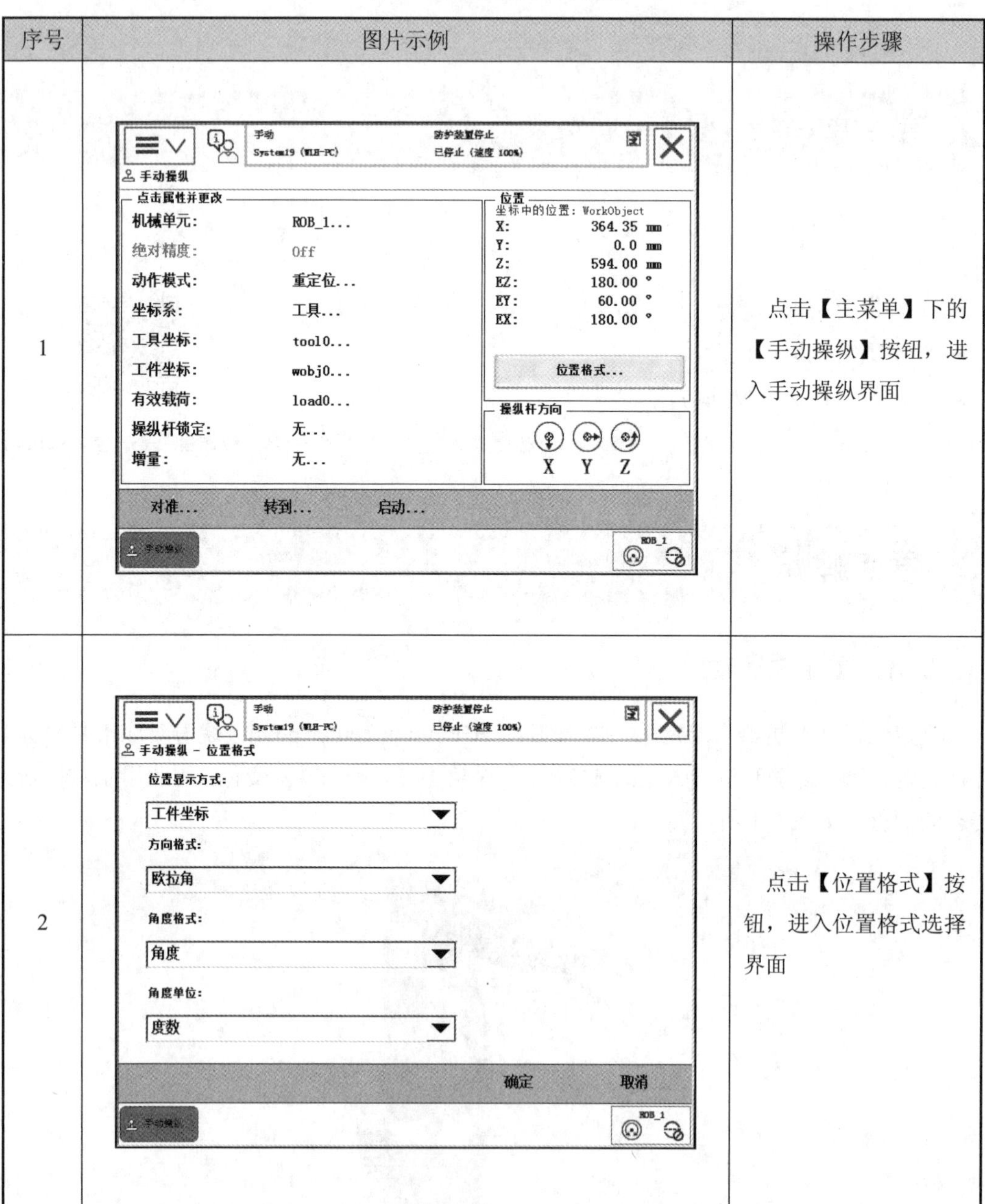

序号	图片示例	操作步骤
1		点击【主菜单】下的【手动操纵】按钮，进入手动操纵界面
2		点击【位置格式】按钮，进入位置格式选择界面

续表 7.1

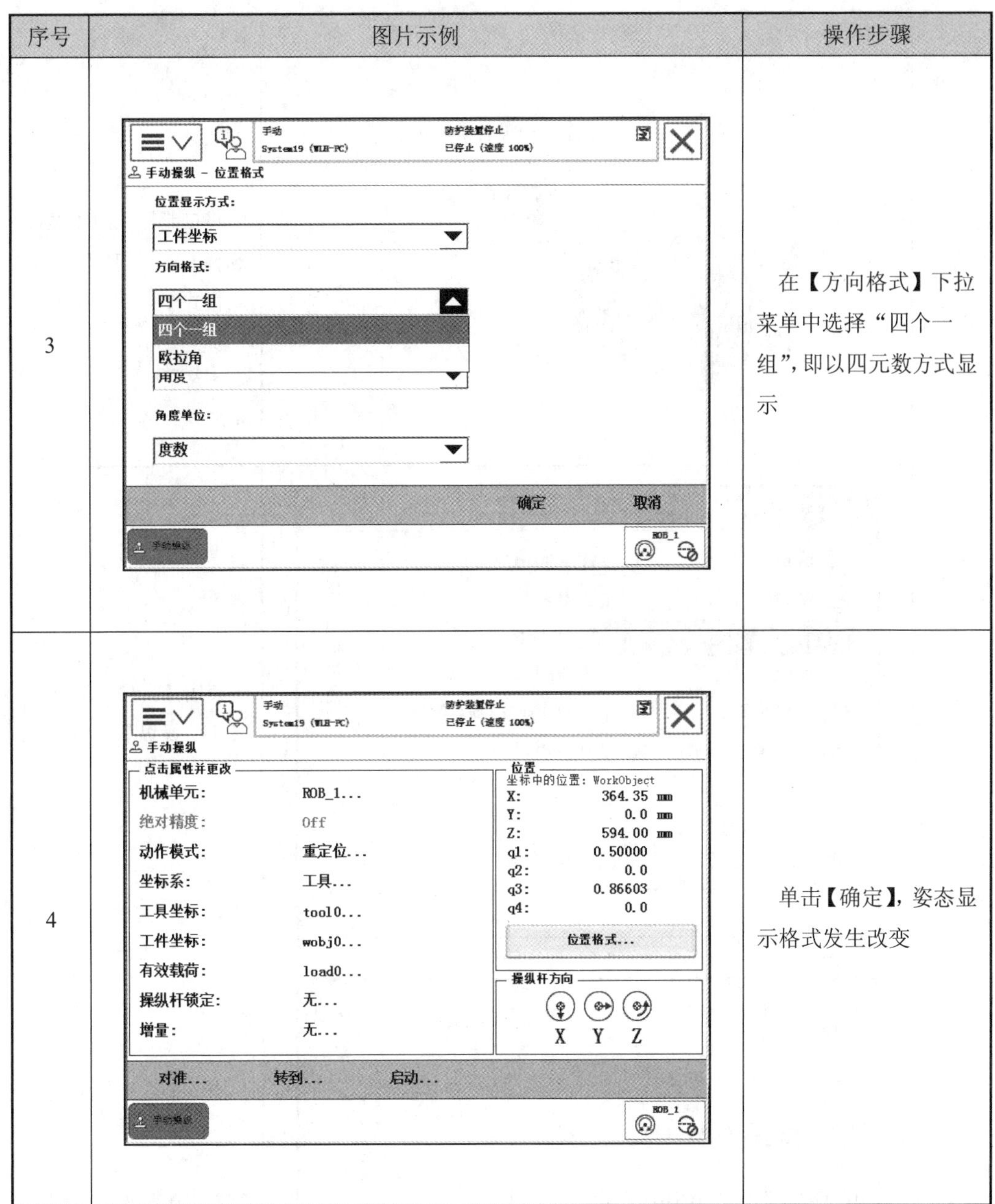

序号	图片示例	操作步骤
3		在【方向格式】下拉菜单中选择“四个一组”，即以四元数方式显示
4		单击【确定】，姿态显示格式发生改变

7.3　操作步骤

重定位运动的操作步骤见表 7.2。

表 7.2　重定位运动操作步骤

序号	图片示例	操作步骤
1	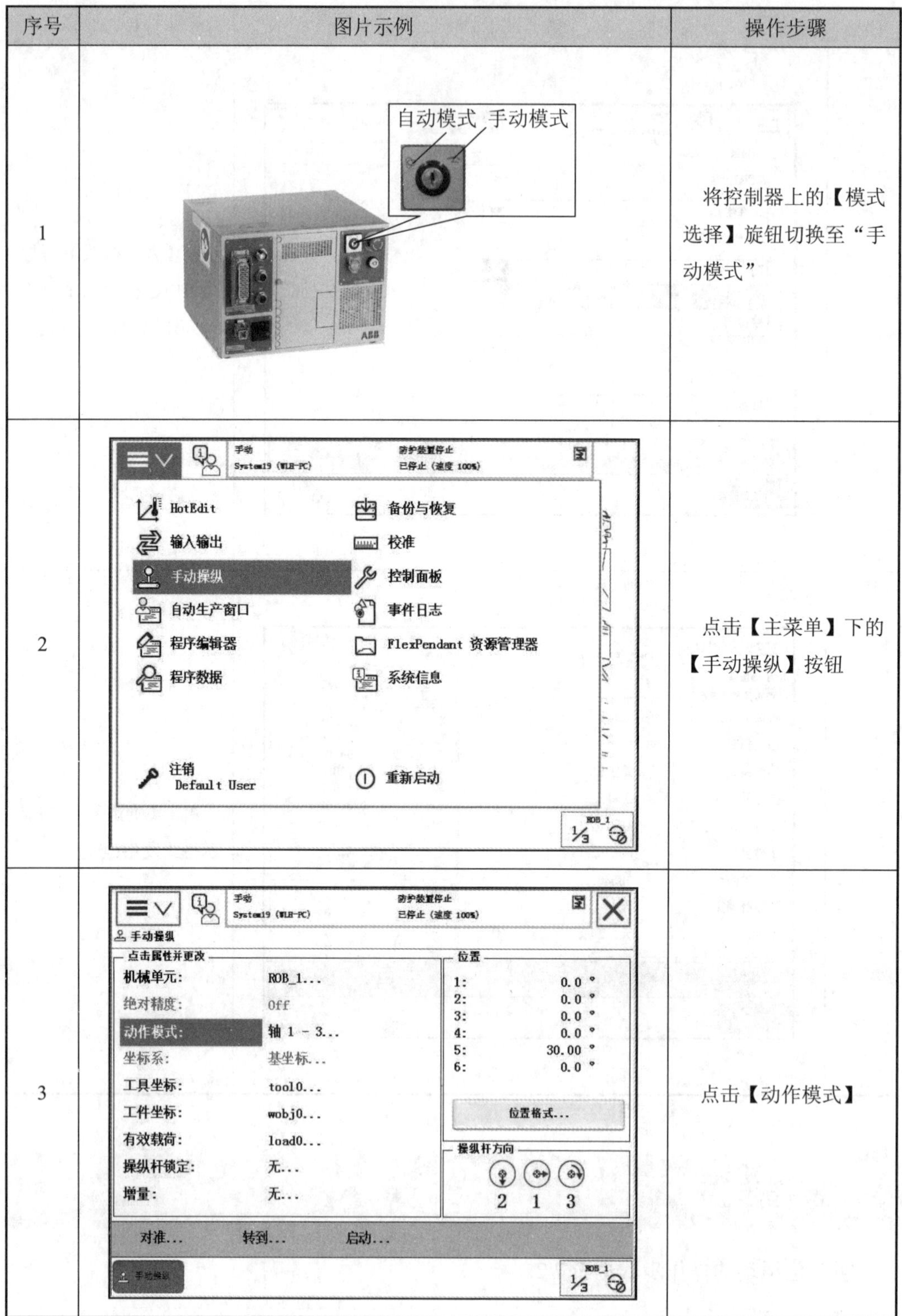	将控制器上的【模式选择】旋钮切换至“手动模式”
2		点击【主菜单】下的【手动操纵】按钮
3		点击【动作模式】

续表 7.2

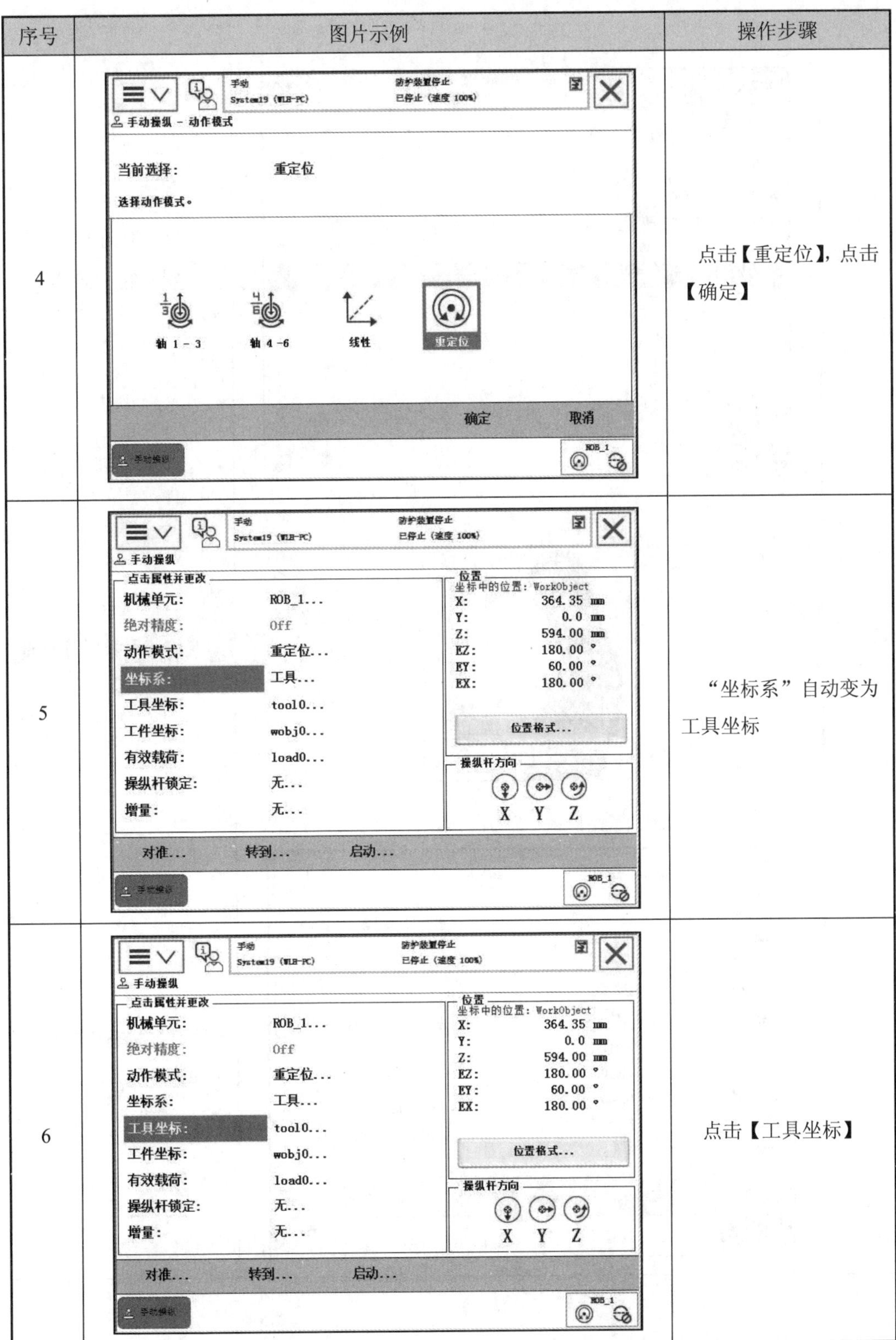

序号	图片示例	操作步骤
4		点击【重定位】，点击【确定】
5		“坐标系”自动变为工具坐标
6		点击【工具坐标】

续表 7.2

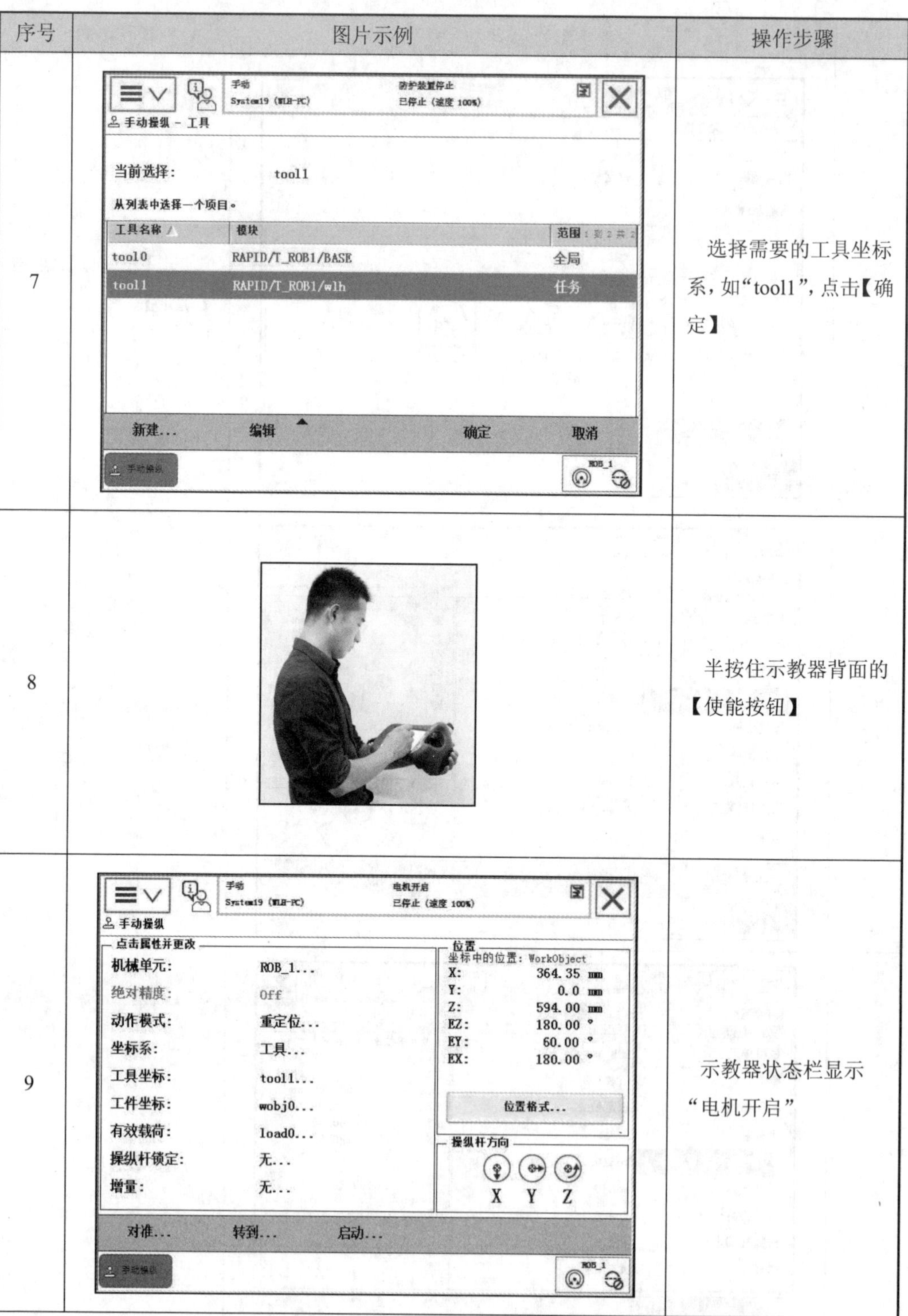

序号	图片示例	操作步骤
7		选择需要的工具坐标系，如“tool1”，点击【确定】
8		半按住示教器背面的【使能按钮】
9		示教器状态栏显示“电机开启”

续表 7.2

序号	图片示例	操作步骤
10	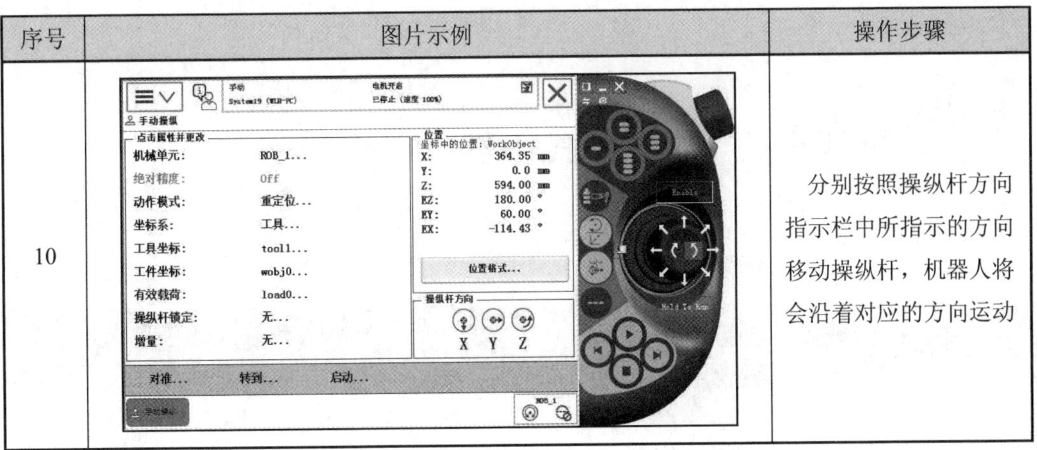	分别按照操纵杆方向指示栏中所指示的方向移动操纵杆，机器人将会沿着对应的方向运动

知识点 8：动作模式小结

8.1 本节要点

➢ 熟悉动作模式的分类
➢ 熟悉动作模式的切换方式
➢ 熟悉增量模式的切换方式

※ 动作模式——小结

8.2 要点解析

8.2.1 动作模式的分类

动作模式是 ABB 机器人基础概念之一，用于描述手动操纵时机器人的运动方式，动作模式分为 3 种，见表 8.1。

表 8.1 动作模式分类

序号	图片示例	说明
1	轴 1－3 轴 4－6	**单轴运动**：用于控制机器人各轴单独运动，方便调整机器人的位姿
2	线性	**线性运动**：用于控制机器人在选择的坐标系空间中进行直线运动，便于调整机器人的位置
3	重定位	**重定位运动**：用于控制机器人绕选定的工具 TCP 坐标轴进行旋转，便于调整机器人的姿态

8.2.2　动作模式的切换方式

动作模式有 3 种切换方式，见表 8.2。

表 8.2　三种动作模式的切换方式

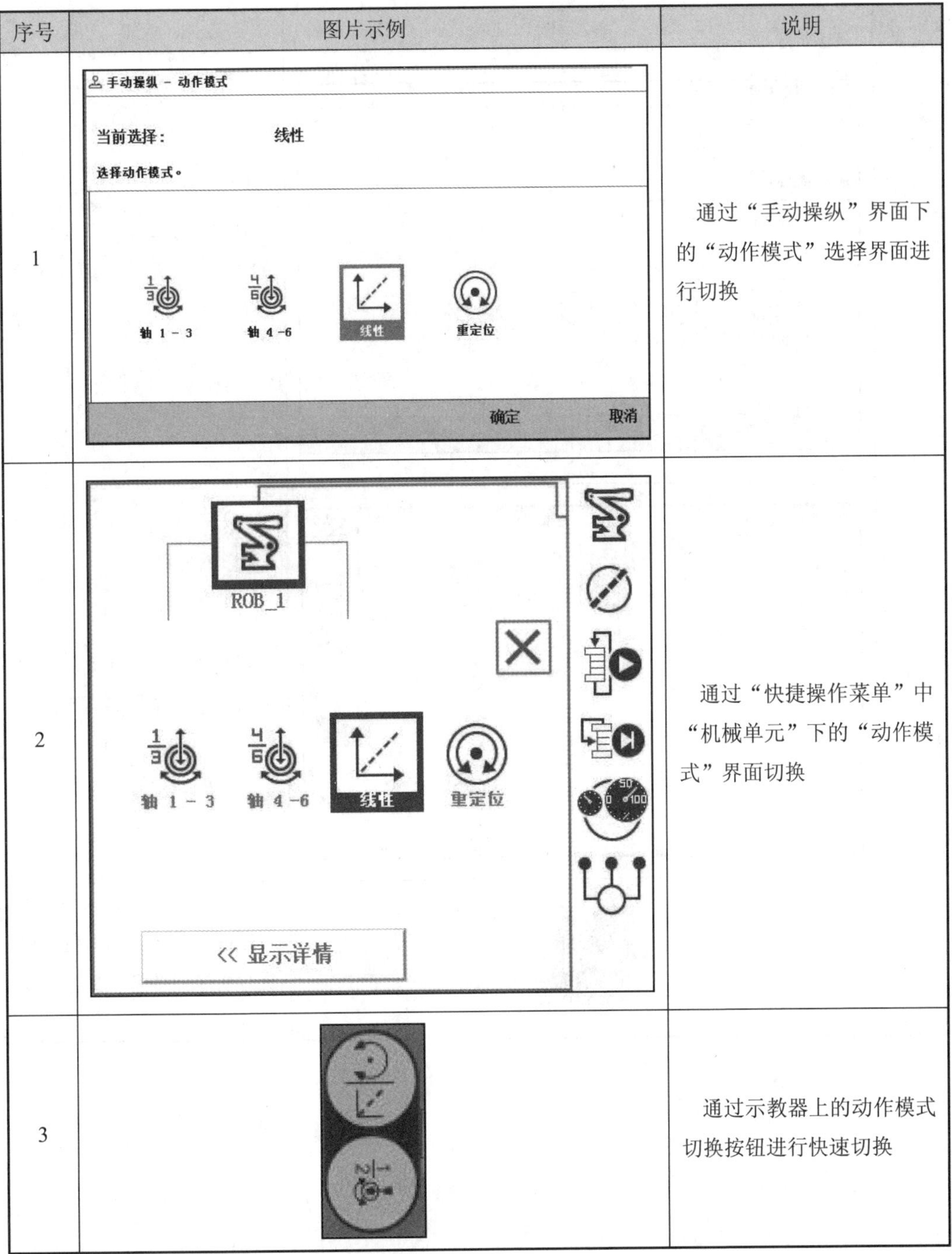

序号	图片示例	说明
1	手动操纵 － 动作模式 当前选择：　线性 选择动作模式。 轴 1 - 3　轴 4 -6　线性　重定位 确定　取消	通过“手动操纵”界面下的“动作模式”选择界面进行切换
2	ROB_1 轴 1 - 3　轴 4 -6　线性　重定位 << 显示详情	通过“快捷操作菜单”中“机械单元”下的“动作模式”界面切换
3		通过示教器上的动作模式切换按钮进行快速切换

8.2.3　增量模式的切换方式

增量模式有 3 种切换方式，见表 8.3。

表 8.3　增量模式的切换方式

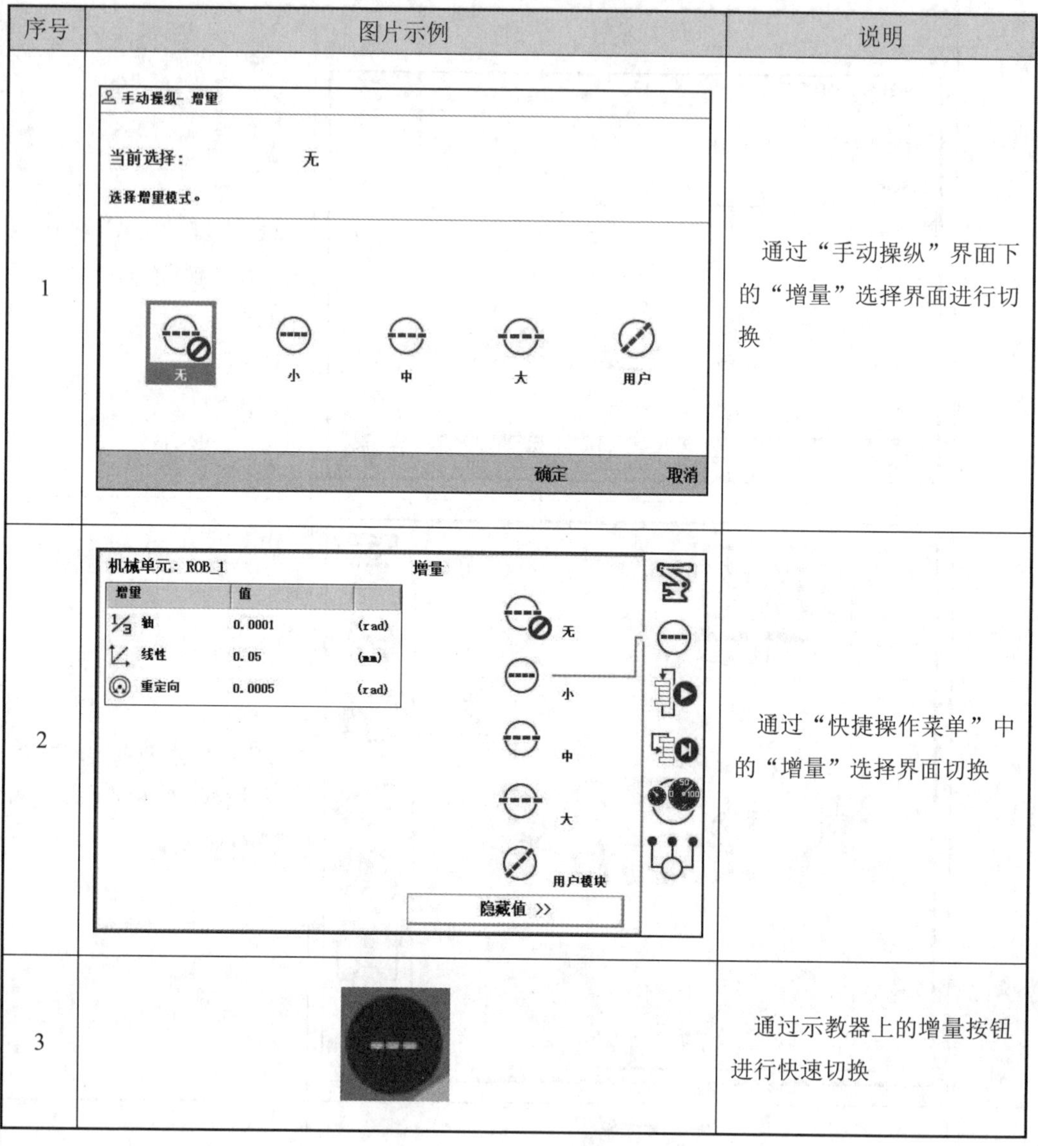

序号	图片示例	说明
1		通过“手动操纵”界面下的“增量”选择界面进行切换
2		通过“快捷操作菜单”中的“增量”选择界面切换
3		通过示教器上的增量按钮进行快速切换

知识点 9：工作空间

9.1　本节要点

➢ 了解工作空间的概念
➢ 熟悉 IRB 120 机器人的工作空间
➢ 熟悉 IRB 120 机器人的负载

※ 工作空间

9.2　要点解析

9.2.1　工作空间

工作空间指机器人手腕中心点能够达到的空间点的集合。由于机器人的机械结构与各轴活动范围有关，当机器人靠近工作空间边缘时，其姿态可达性将会降低，在实际使用中需要充分考虑机器人工作空间的限制。IRB 120 机器人工作空间可达 580 mm，轴 1 旋转范围为±165°，如图 9.1、图 9.2 所示。

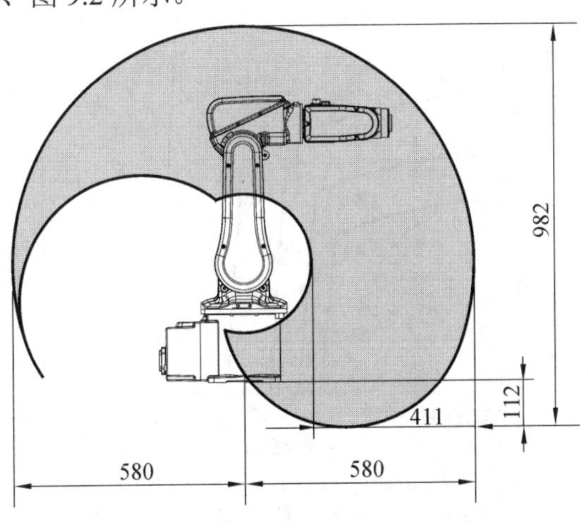

图 9.1　IRB 120 机器人工作空间侧视图

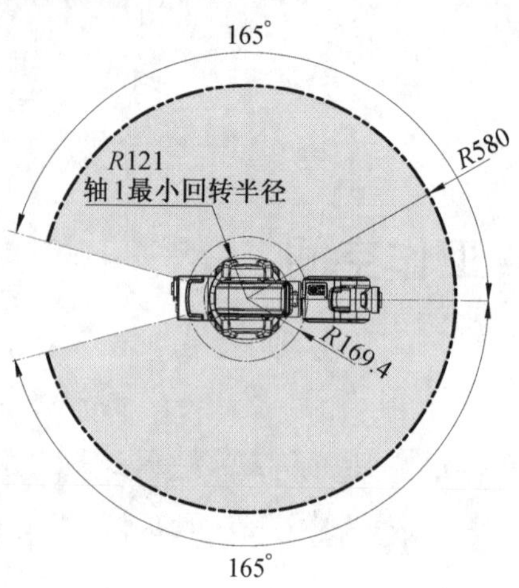

图 9.2　IRB 120 机器人工作空间俯视图

9.2.2　负　载

IRB 120 机器人标准负载为 3 kg，加装工具后机器人工具重心将会转移，从而导致负载减小，在设计时应当合理考虑工具的质量和重心，以保证机器人稳定运行。其负载与重心位置的关系如图 9.3 所示。坐标系中 *Z* 距离指工具重心与机器人第六轴法兰平面的距离，*L* 距离指工具重心与机器人第六轴中心线的距离。

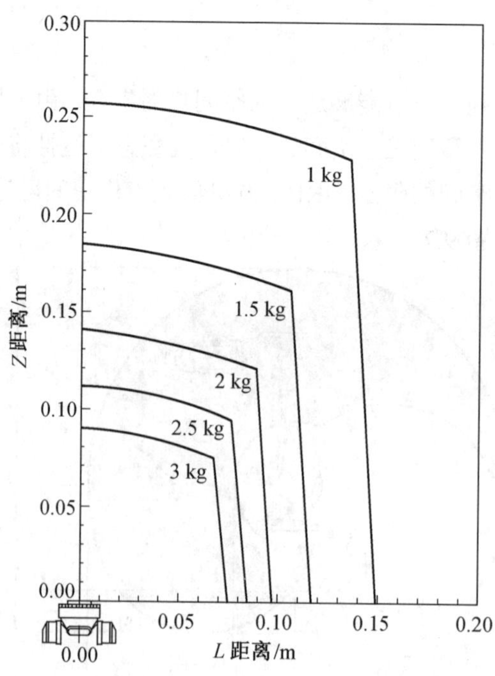

图 9.3　工具重心位置与负载关系图

知识点 10：运动坐标系

10.1　本节要点

- 熟悉空间直角坐标系的概念
- 熟悉 ABB 机器人运动参考坐标系
- 熟悉运动参考坐标系切换方式

※ 运动坐标系

10.2　要点解析

10.2.1　空间直角坐标系

空间直角坐标系是一个以固定点为原点 O，过原点作 3 条互相垂直且具有相同单位长度的数轴所建立起来的坐标系。3 条数轴分别称为 X 轴、Y 轴和 Z 轴，统称为坐标轴。按照各轴之间的顺序不同，空间直角坐标系分为左手坐标系和右手坐标系。机器人系统中使用的坐标系为右手坐标系，即右手食指指向 X 轴的正方向，中指指向 Y 轴的正方向，拇指指向 Z 轴的正方向，如图 10.1 所示。

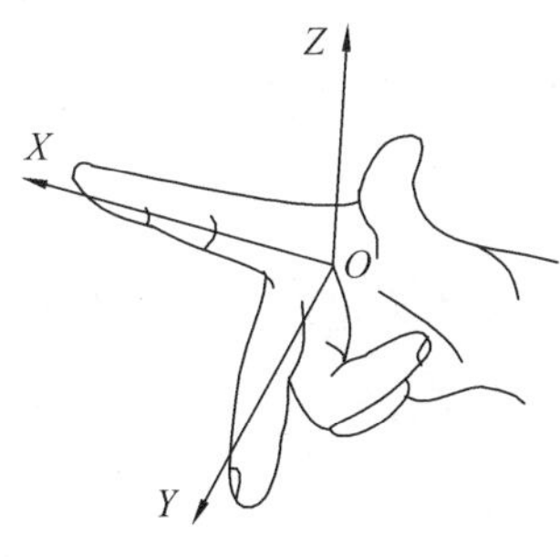

图 10.1　空间右手坐标系

10.2.2 运动坐标系

机器人系统中存在多种坐标系，分别适用于特定类型的移动和控制。各坐标系含义见表 10.1。

表 10.1 各坐标系含义

序号	图例	说明
1	大地坐标	**大地坐标系**：大地坐标系可定义机器人单元，所有其他的坐标系均与大地坐标系直接或间接相关，适用于手动控制以及处理具有若干机器人或外轴移动机器人的工作站和工作单元
2	基坐标	**基坐标系**：在机器人基座中确定相应的零点，使得固定安装的机器人移动具有可预测性，因此最方便机器人从一个位置移动到另一个位置
3	工具	**工具坐标系**：工具坐标系是以机器人法兰盘所装工具的有效方向为 *Z* 轴，以工具尖端点作为原点所得的坐标系，方便调试人员调整机器人位姿
4	工件坐标	**工件坐标系**：工件坐标系定义了工件相对于大地坐标系（或其他坐标系）的位置，方便调试人员调试编程

10.2.3 切换方式

运动坐标系切换仅在“线性”和“重定位”动作模式下有效，有两种切换方式，见表 10.2。

表 10.2　运动坐标系的两种切换方式

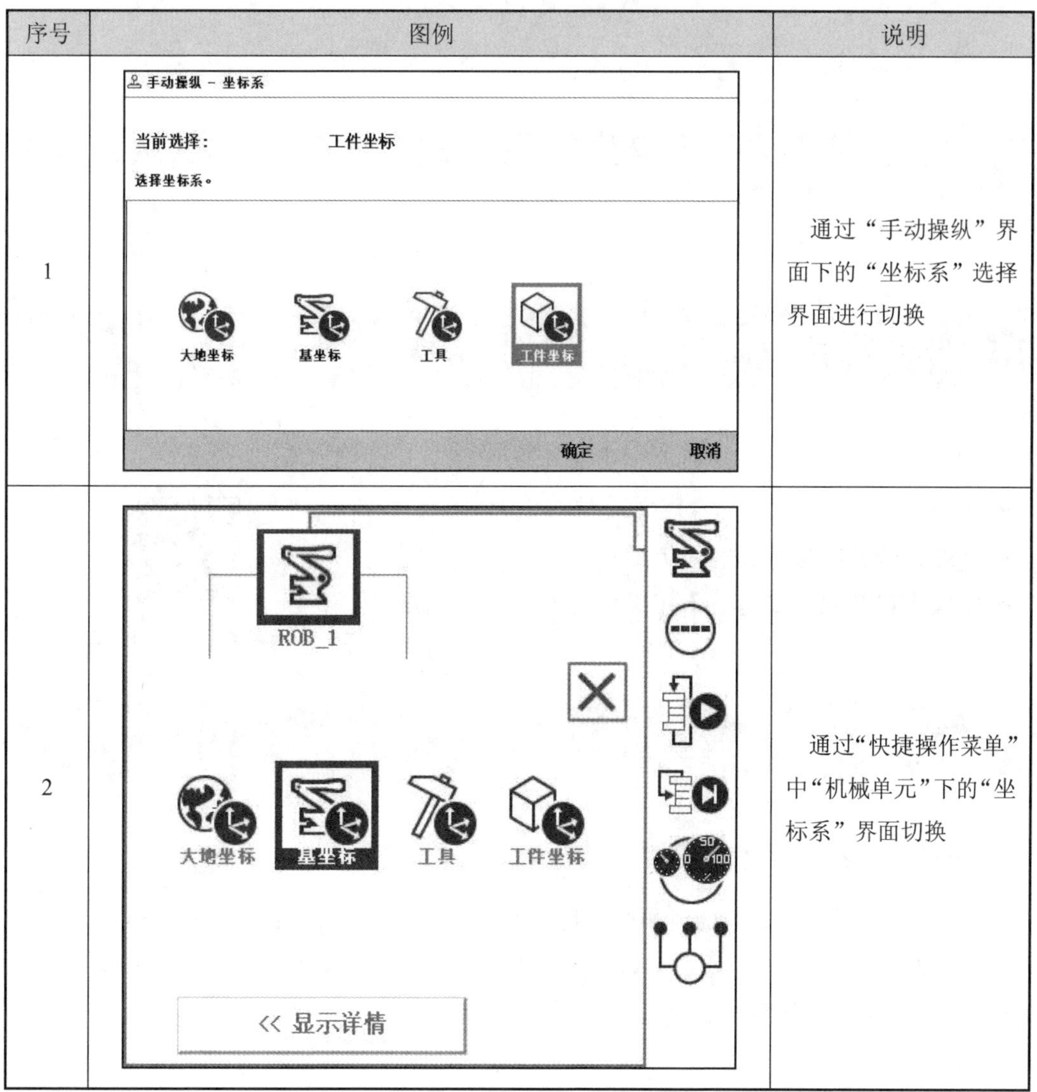

序号	图例	说明
1		通过“手动操纵”界面下的“坐标系”选择界面进行切换
2		通过“快捷操作菜单”中“机械单元”下的“坐标系”界面切换

知识点 11：工具坐标系定义——TCP（默认方向）

11.1 本节要点

- 熟悉工具坐标系的概念及定义原理
- 掌握 3 种工具坐标系标定方法的异同
- 掌握【TCP（默认方向）】定义工具坐标系的方法

※ 工具坐标系定义——TCP（默认方向）

11.2 要点解析

11.2.1 工具坐标系的概念

机器人系统对其位置的描述和控制是以机器人的工具 TCP（tool center point）为基准的，为机器人所装工具建立工具坐标系，可以将机器人的控制点转移到工具末端，方便手动操纵和编程调试，如图 11.1 所示。

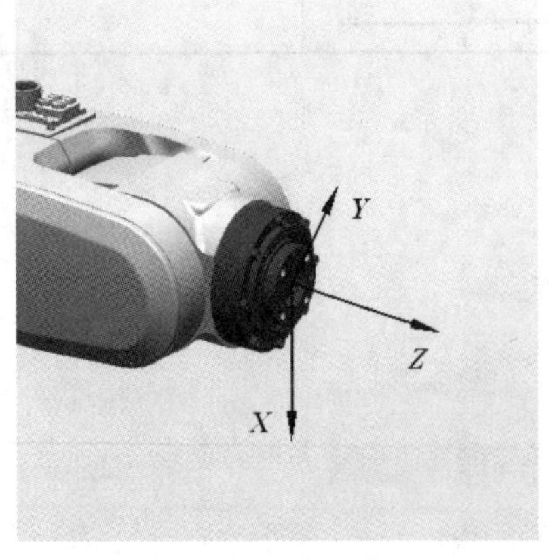

（a）默认工具坐标系

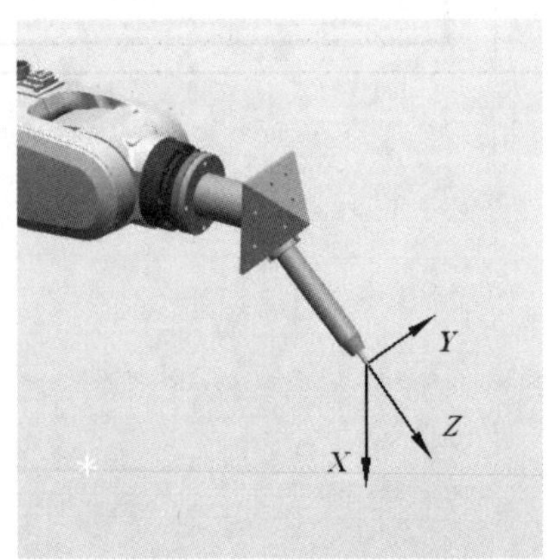

（b）自定义工具坐标系

图 11.1　工具坐标系对比

11.2.2　工具坐标系定义原理

（1）在机器人工作空间内找一个精确的固定点作为参考点。

（2）确定工具上的参考点。

（3）手动操纵机器人，至少用 4 种不同的工具姿态，使机器人工具上的参考点尽可能与固定点刚好接触。

（4）通过 4 个位置点的位置数据，机器人可以自动计算出 TCP 的位置，并将 TCP 的位姿数据保存在 tooldata 程序数据中被程序调用。

11.2.3　工具坐标系定义种类

机器人工具坐标系常用定义方法有 3 种：**【TCP（默认方向）】**、**【TCP 和 *Z*】**及**【TCP 和 *Z*、*X*】**，如图 11.2 所示。

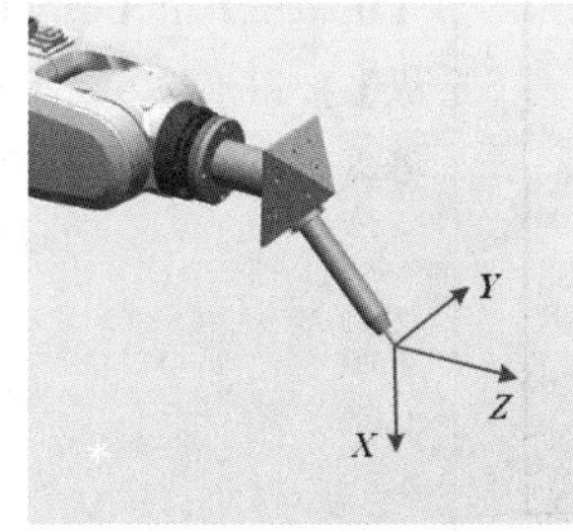

（a）TCP（默认方向）

（b）TCP 和 *Z*

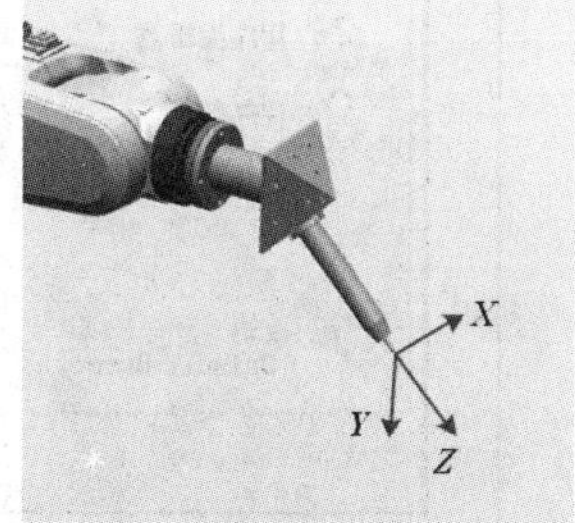

（c）TCP 和 *Z*、*X*

图 11.2　定义工具坐标系的 3 种方法

3 种定义方法的区别见表 11.1。

表 11.1　3 种工具坐标系定义对比

坐标系定义方法	原点	坐标系方向	主要场合
TCP（默认方向）	变化	不变	工具坐标方向与 tool0 方向一致
TCP 和 *Z*	变化	*Z* 轴方向改变	需要工具坐标 *Z* 轴方向与 tool0 的 *Z* 轴方向不一致时使用
TCP 和 *Z*、*X*	变化	*Z* 轴和 *X* 轴方向改变	工具坐标方向需要更改 *Z* 轴和 *X* 轴方向时使用

11.3 操作步骤

11.3.1 新建工具坐标系

新建工具坐标系的操作步骤见表 11.2。

表 11.2 新建工具坐标系操作步骤

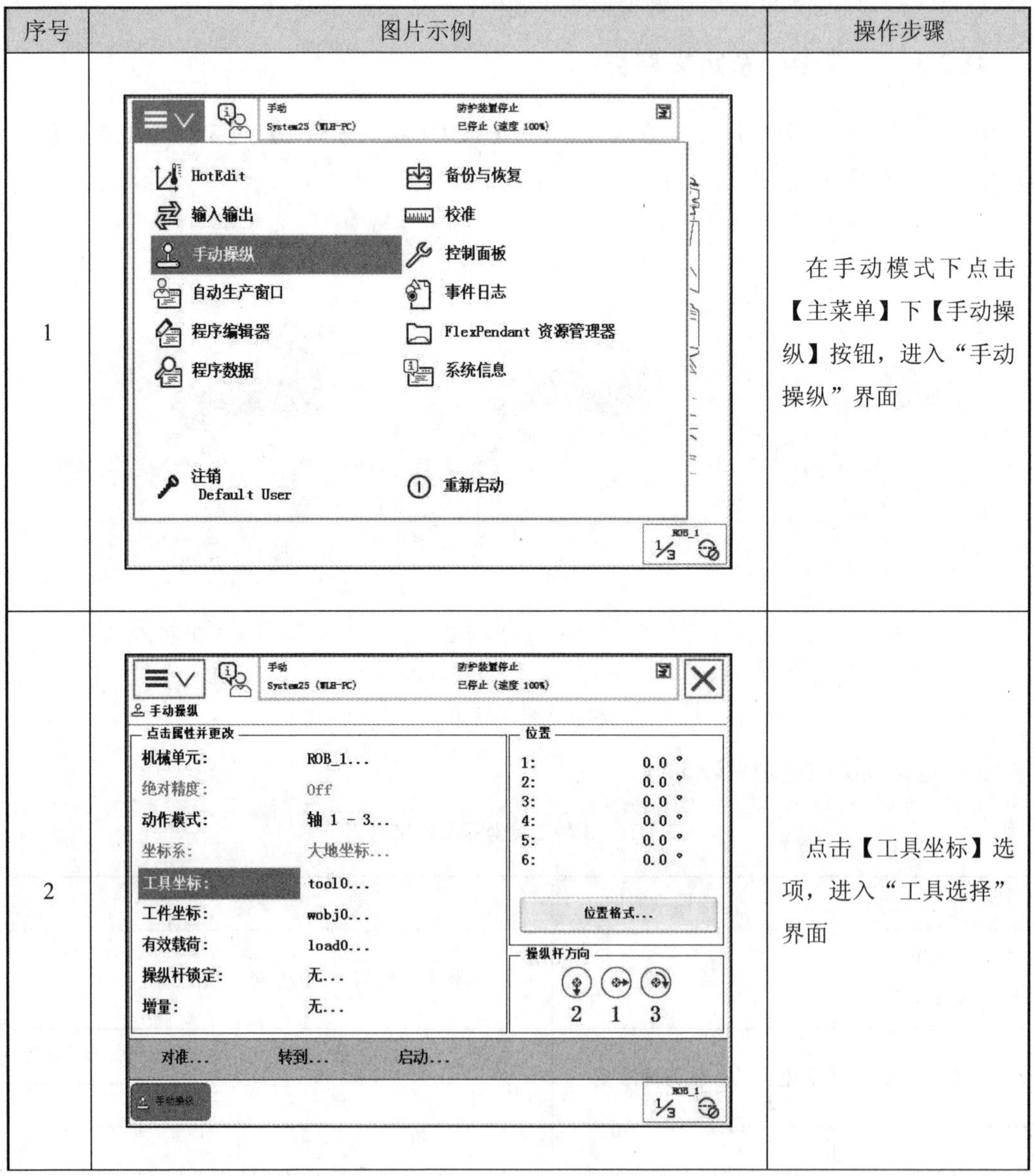

序号	图片示例	操作步骤
1		在手动模式下点击【主菜单】下【手动操纵】按钮，进入“手动操纵”界面
2		点击【工具坐标】选项，进入“工具选择”界面

续表 11.2

序号	图片示例	操作步骤
3	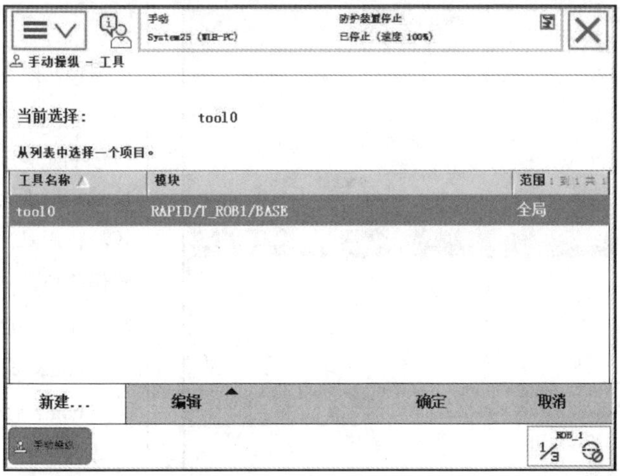 手动 System25 (WLB-PC) 防护装置停止 已停止 (速度 100%) 手动操纵 - 工具 当前选择: tool0 从列表中选择一个项目。 工具名称 模块 范围 tool0 RAPID/T_ROB1/BASE 全局 新建... 编辑 确定 取消 ROB_1 1/3	点击【新建】按钮，进入新建工具数据界面
4	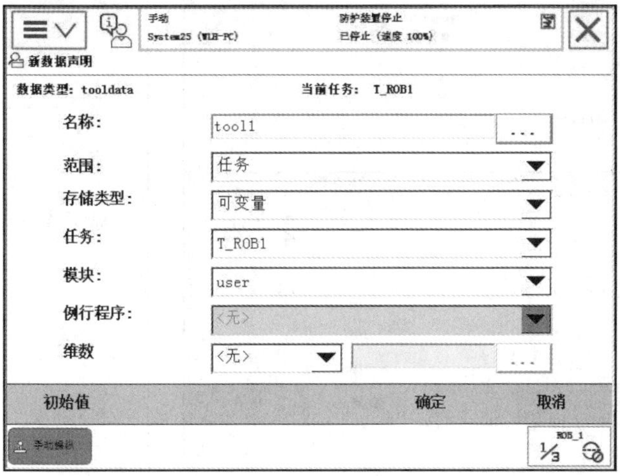 手动 System25 (WLB-PC) 防护装置停止 已停止 (速度 100%) 新数据声明 数据类型: tooldata 当前任务: T_ROB1 名称: tool1 ... 范围: 任务 存储类型: 可变量 任务: T_ROB1 模块: user 例行程序: <无> 维数 <无> ... 初始值 确定 取消 ROB_1 1/3	点击[...]，可修改工具名称
5	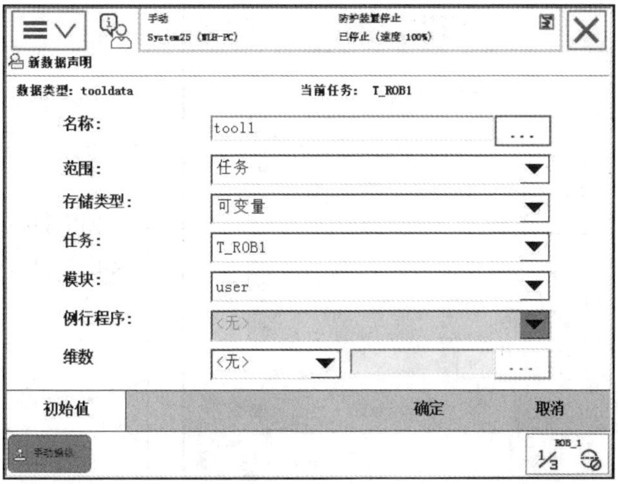 手动 System25 (WLB-PC) 防护装置停止 已停止 (速度 100%) 新数据声明 数据类型: tooldata 当前任务: T_ROB1 名称: tool1 ... 范围: 任务 存储类型: 可变量 任务: T_ROB1 模块: user 例行程序: <无> 维数 <无> ... 初始值 确定 取消 ROB_1 1/3	点击【初始值】按钮，进入“初始值设置”界面

续表 11.2

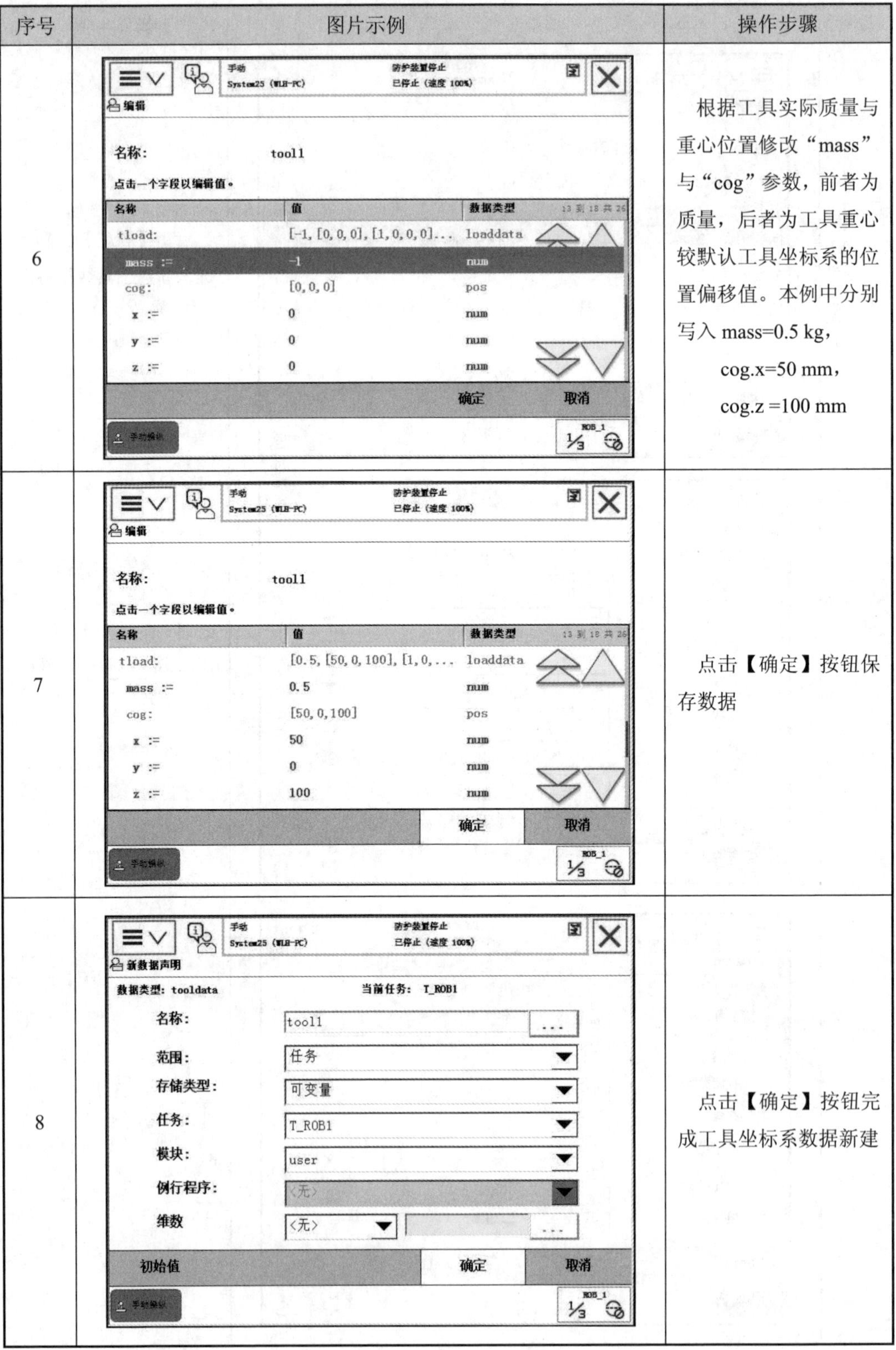

序号	图片示例	操作步骤
6		根据工具实际质量与重心位置修改“mass”与“cog”参数，前者为质量，后者为工具重心较默认工具坐标系的位置偏移值。本例中分别写入 mass=0.5 kg， cog.x=50 mm， cog.z =100 mm
7		点击【确定】按钮保存数据
8		点击【确定】按钮完成工具坐标系数据新建

11.3.2　定义工具坐标系

定义工具坐标系的操作步骤见表 11.3。

表 11.3　定义工具坐标系操作步骤

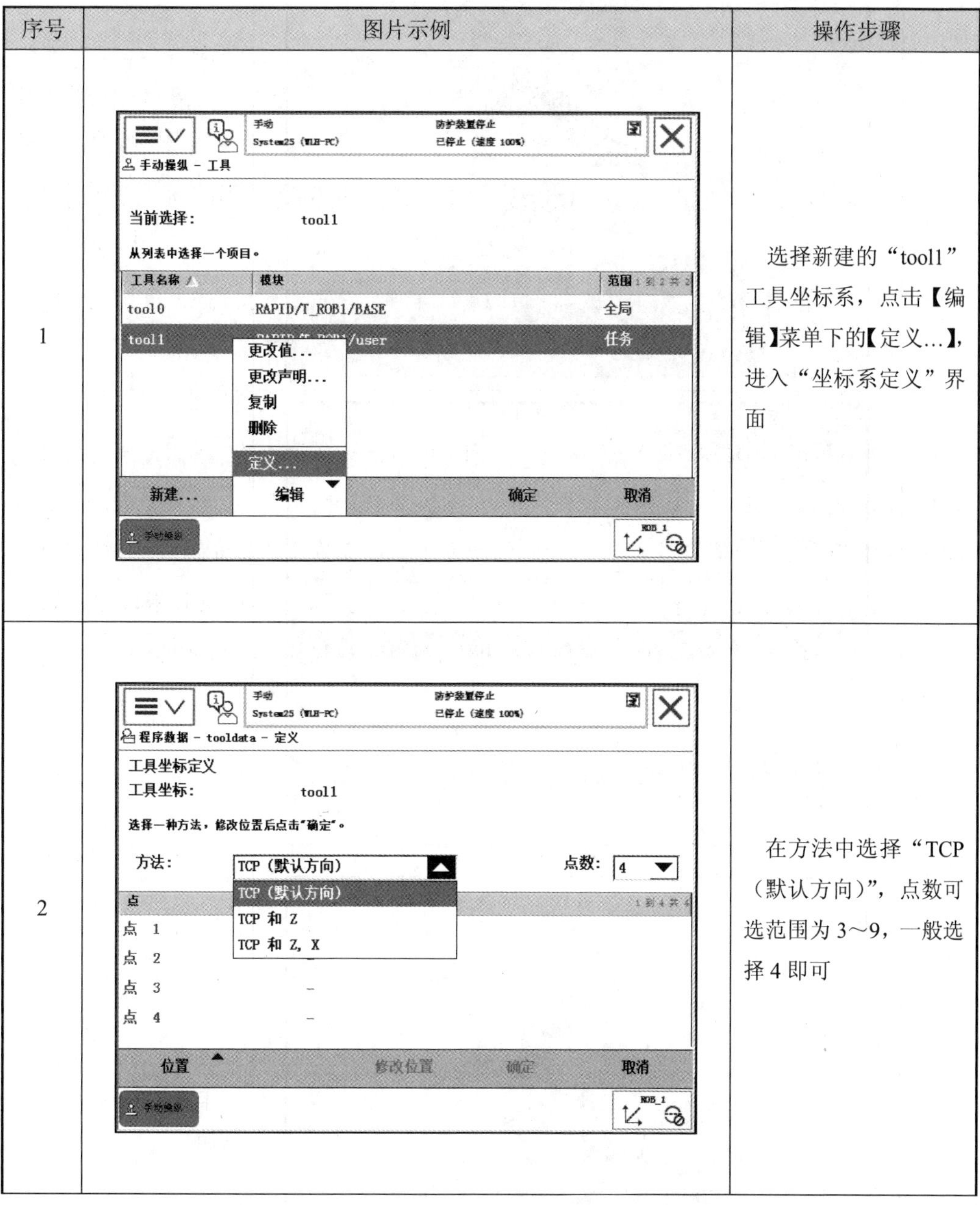

序号	图片示例	操作步骤
1		选择新建的“tool1”工具坐标系，点击【编辑】菜单下的【定义…】，进入“坐标系定义”界面
2		在方法中选择“TCP（默认方向）”，点数可选范围为 3～9，一般选择 4 即可

续表 11.3

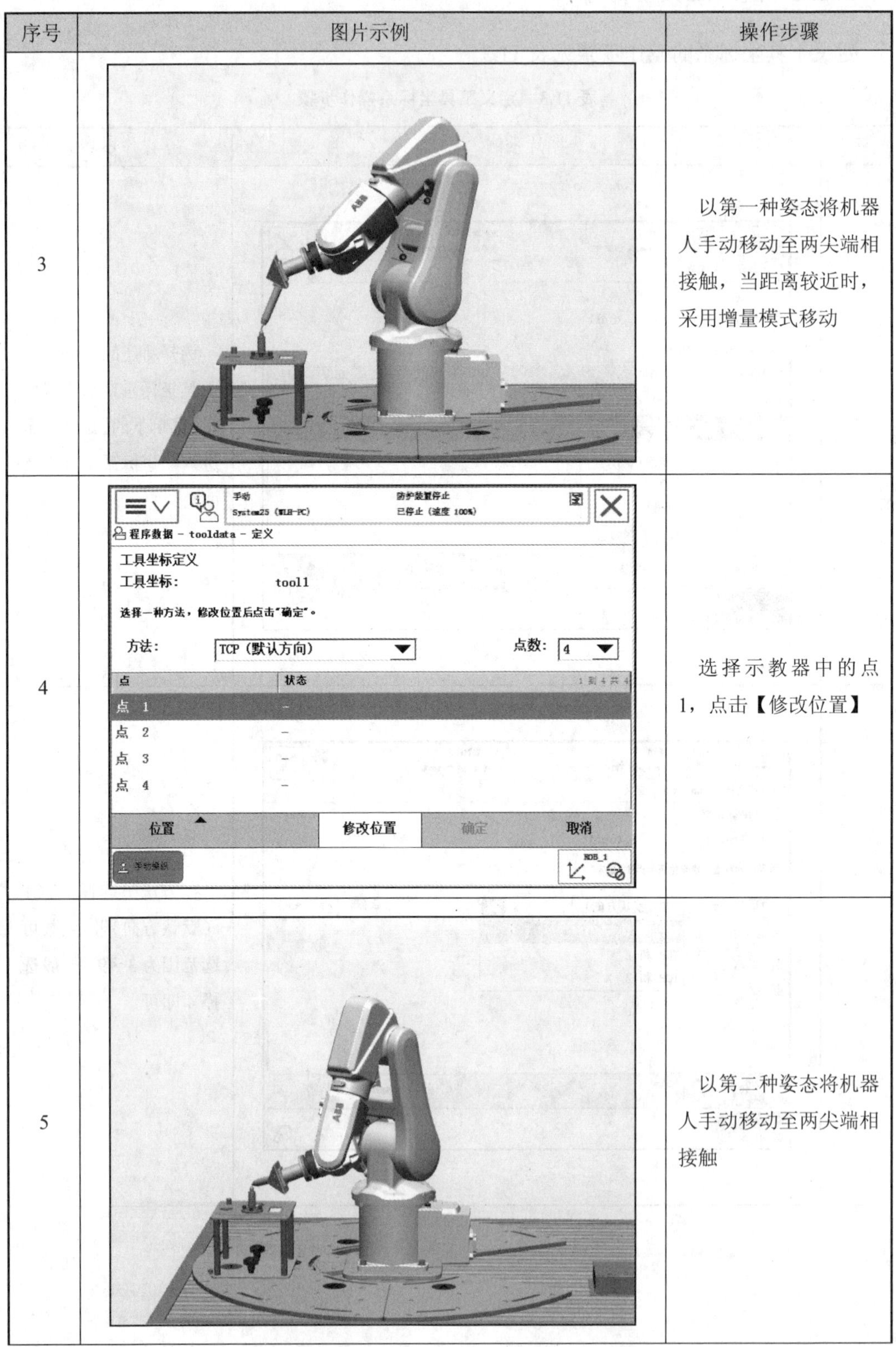

序号	图片示例	操作步骤
3		以第一种姿态将机器人手动移动至两尖端相接触，当距离较近时，采用增量模式移动
4		选择示教器中的点 1，点击【修改位置】
5		以第二种姿态将机器人手动移动至两尖端相接触

续表 11.3

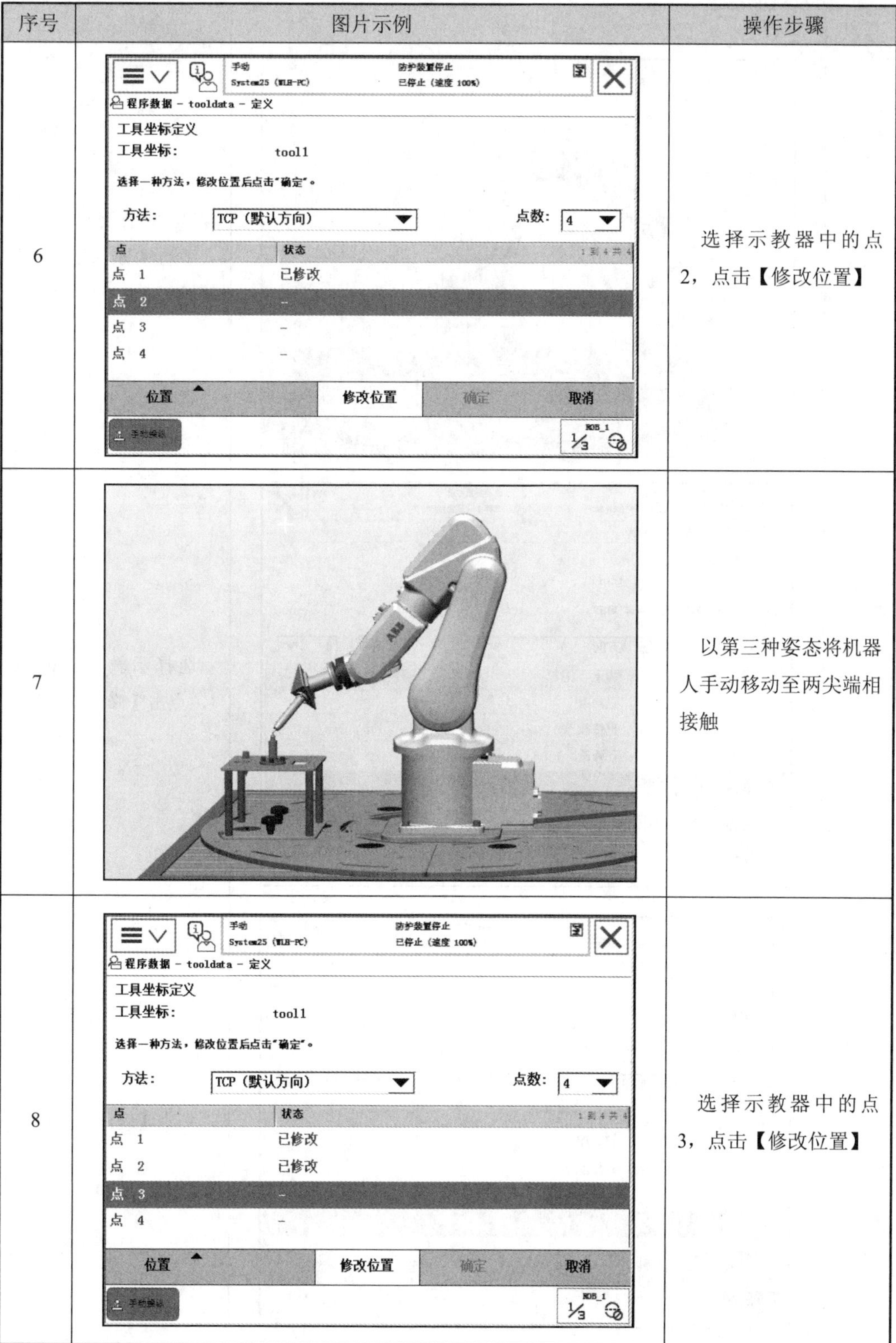

序号	图片示例	操作步骤
6		选择示教器中的点 2，点击【修改位置】
7		以第三种姿态将机器人手动移动至两尖端相接触
8		选择示教器中的点 3，点击【修改位置】

续表 11.3

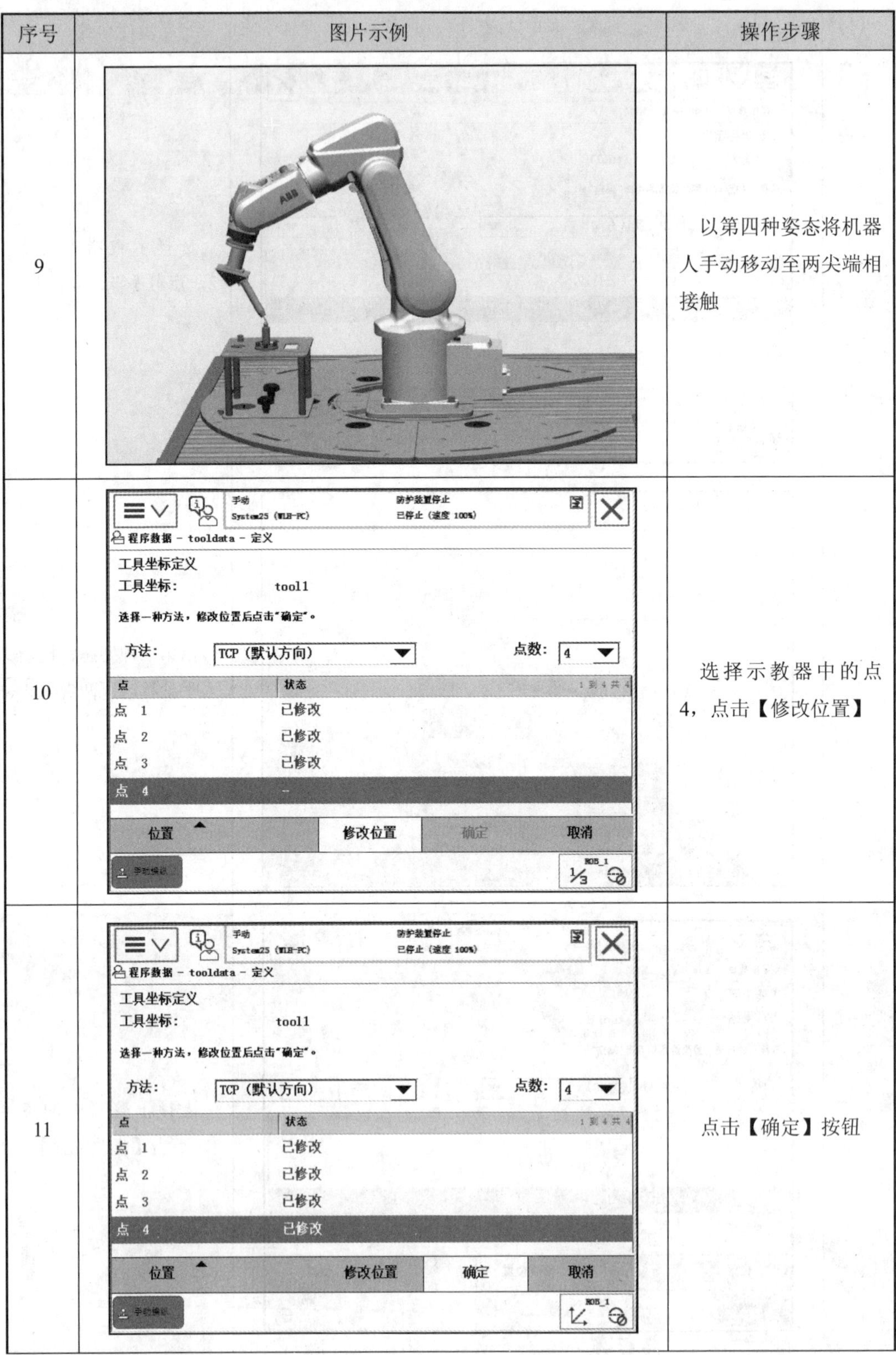

序号	图片示例	操作步骤
9		以第四种姿态将机器人手动移动至两尖端相接触
10		选择示教器中的点 4，点击【修改位置】
11		点击【确定】按钮

续表 11.3

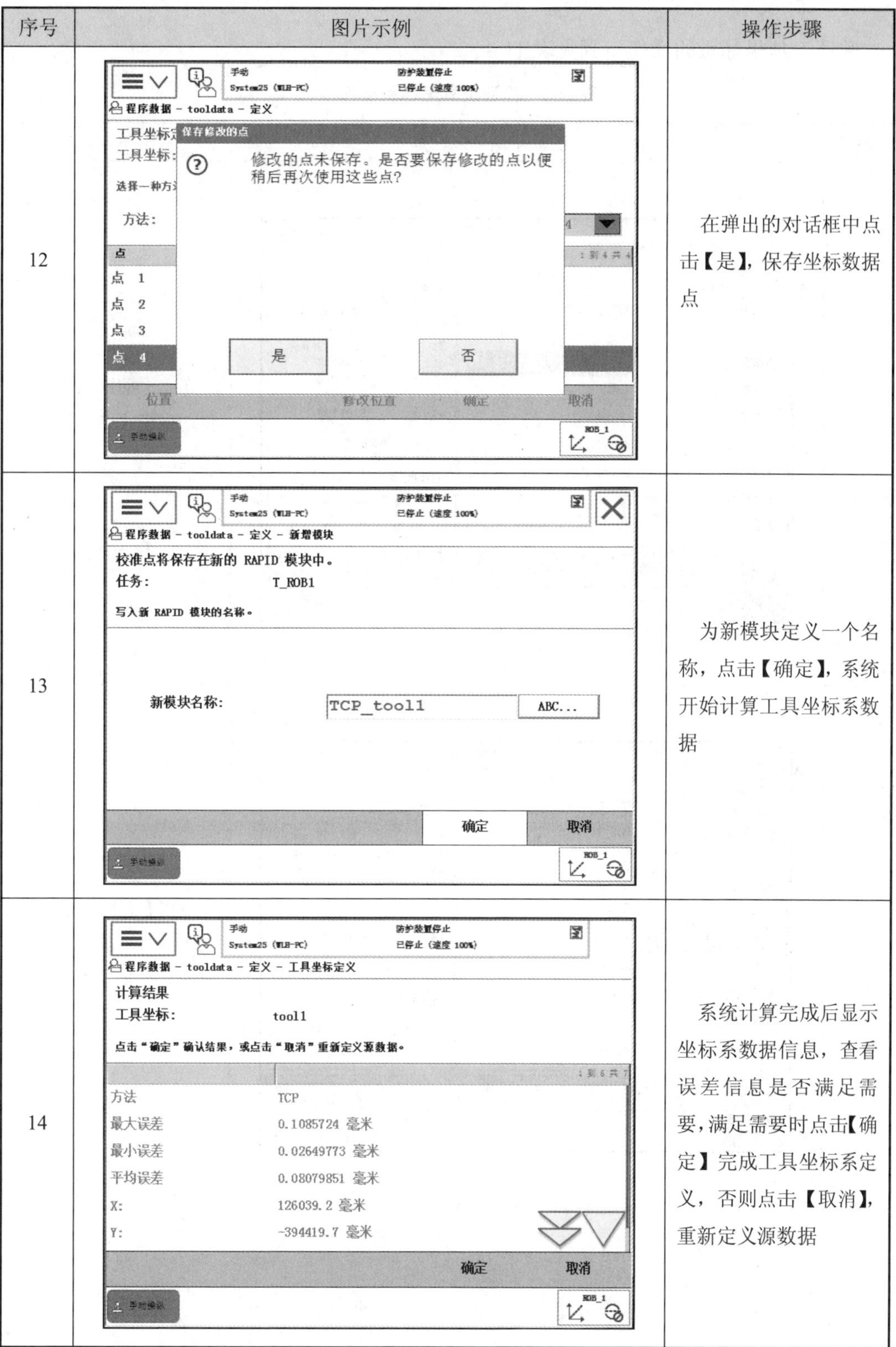

序号	图片示例	操作步骤
12		在弹出的对话框中点击【是】，保存坐标数据点
13		为新模块定义一个名称，点击【确定】，系统开始计算工具坐标系数据
14		系统计算完成后显示坐标系数据信息，查看误差信息是否满足需要，满足需要时点击【确定】完成工具坐标系定义，否则点击【取消】，重新定义源数据

11.3.3 验证工具坐标系

验证工具坐标系的操作步骤见表 11.4。

表 11.4 验证工具坐标系操作步骤

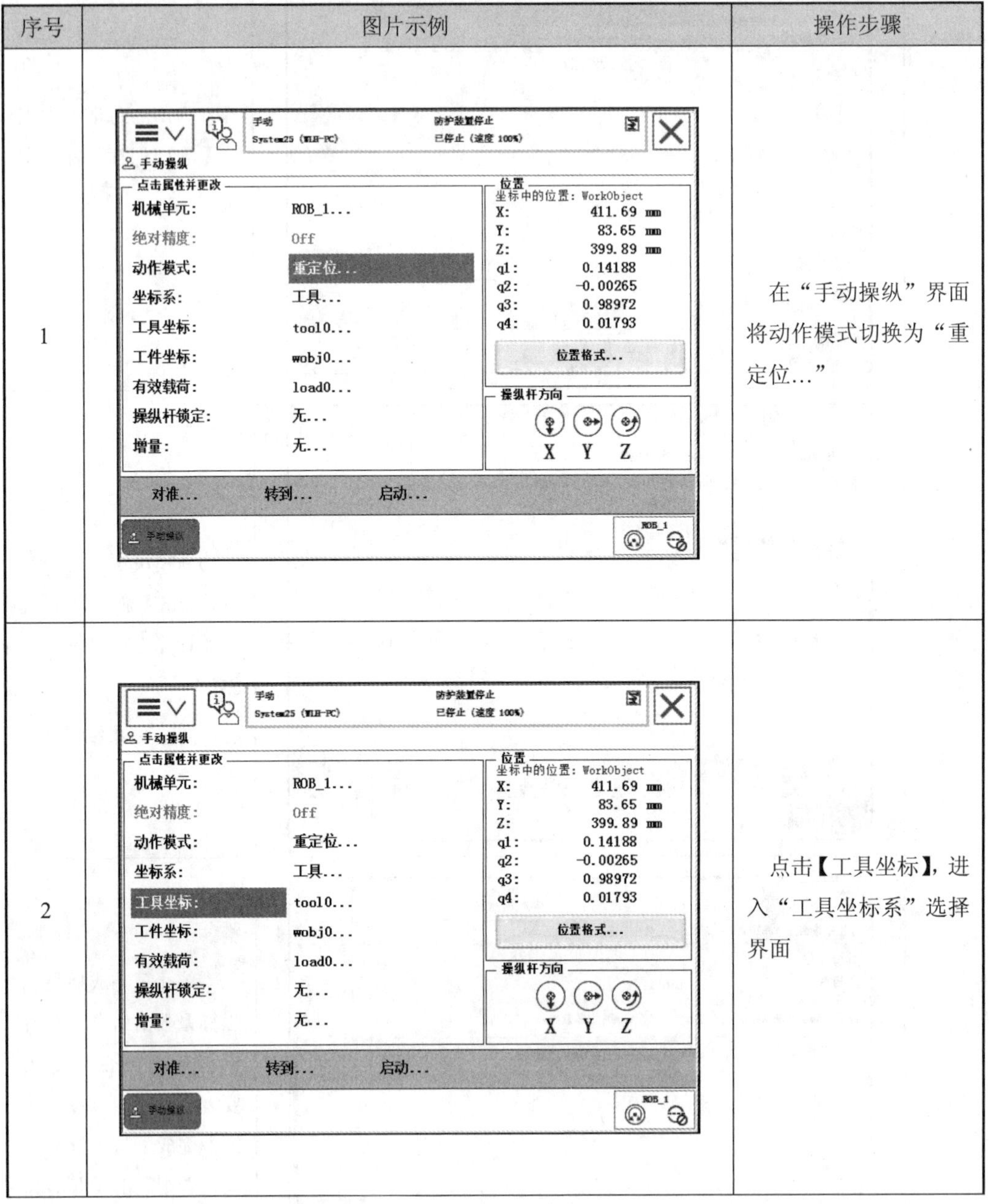

序号	图片示例	操作步骤
1		在“手动操纵”界面将动作模式切换为“重定位...”
2		点击【工具坐标】，进入“工具坐标系”选择界面

续表 11.4

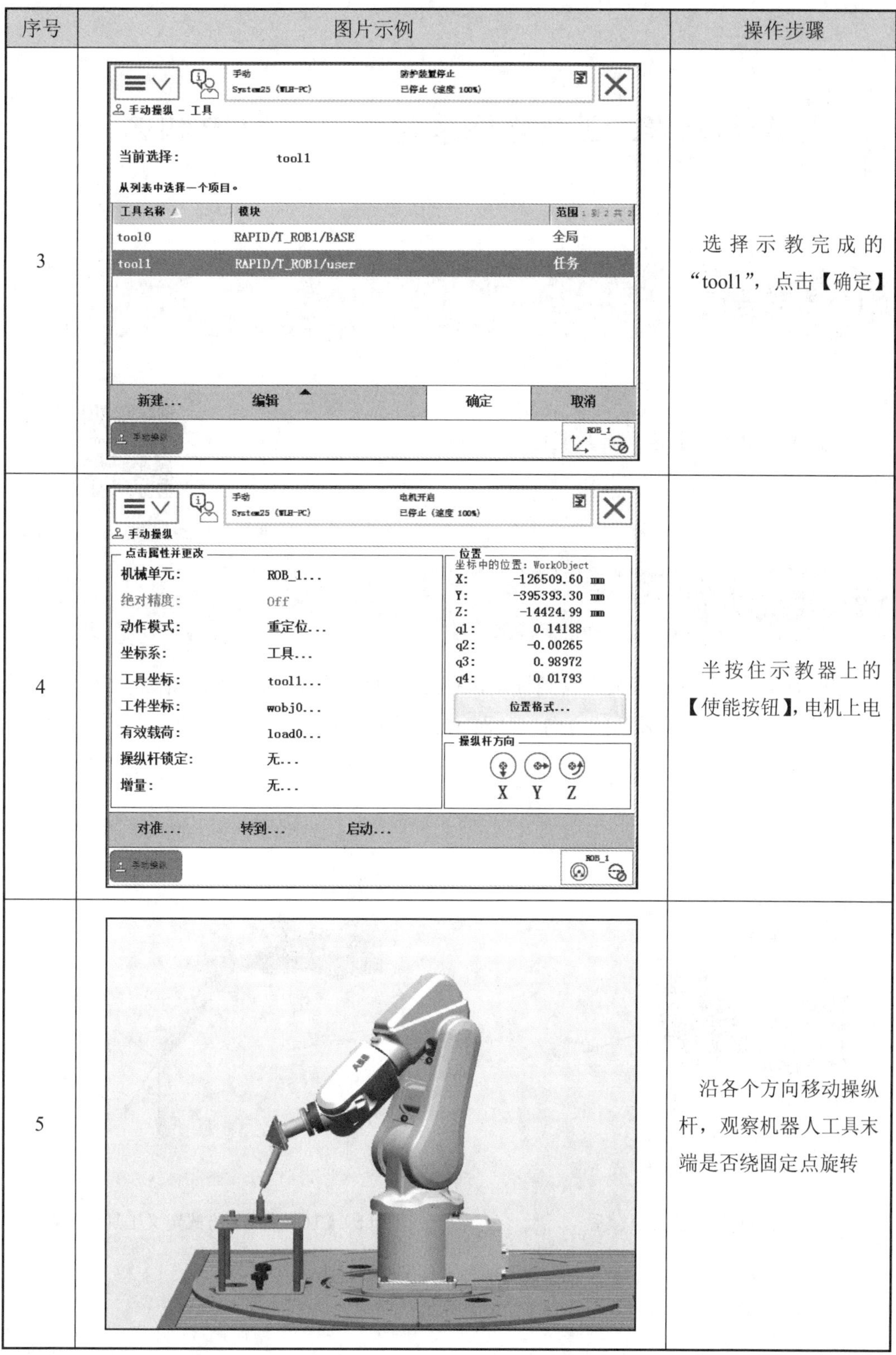

序号	图片示例	操作步骤
3		选择示教完成的“tool1”，点击【确定】
4		半按住示教器上的【使能按钮】，电机上电
5		沿各个方向移动操纵杆，观察机器人工具末端是否绕固定点旋转

知识点 12：工具坐标系定义—— TCP 和 Z

12.1 本节要点

➢ 掌握【TCP 和 Z】定义工具坐标系的方法

※ 工具坐标系定义——TCP 和 Z

12.2 要点解析

使用 TCP 和 Z 方法定义工具坐标系，在原有默认数据点的基础上增加一个“延伸器点 Z”，用于定义坐标系 Z 轴的方向，如图 12.1 所示。

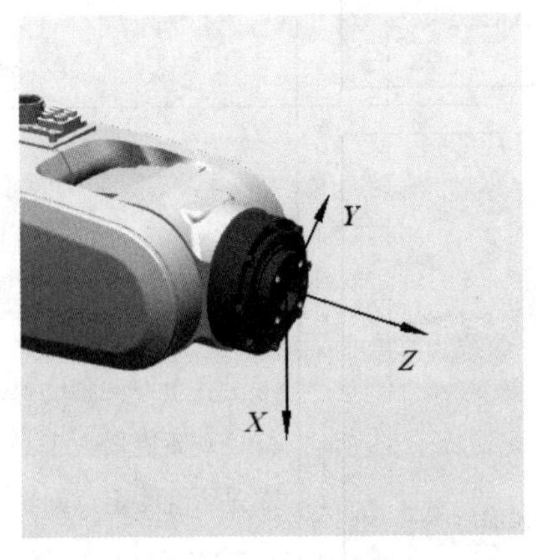

（a）默认工具坐标系

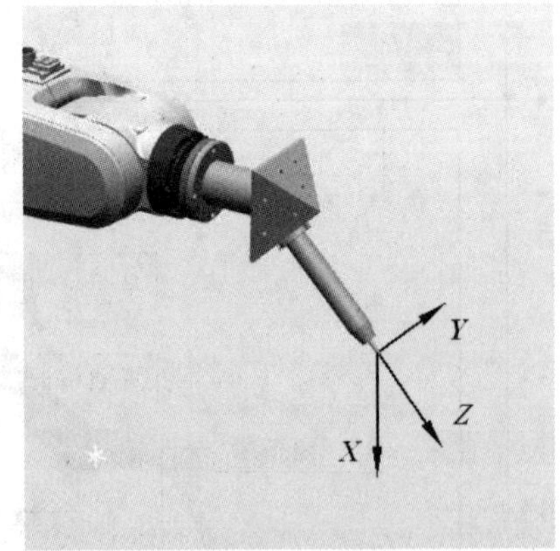

（b）【TCP 和 Z】方式定义工具坐标系

图 12.1　两种工具坐标系对比

12.3　操作步骤

按照 11.3.1 方法新建工具坐标系“tool2”，以“TCP 和 *Z*”方法定义工具坐标系的操作步骤见表 12.1。

表 12.1　定义工具坐标系操作步骤

序号	图片示例	操作步骤
1	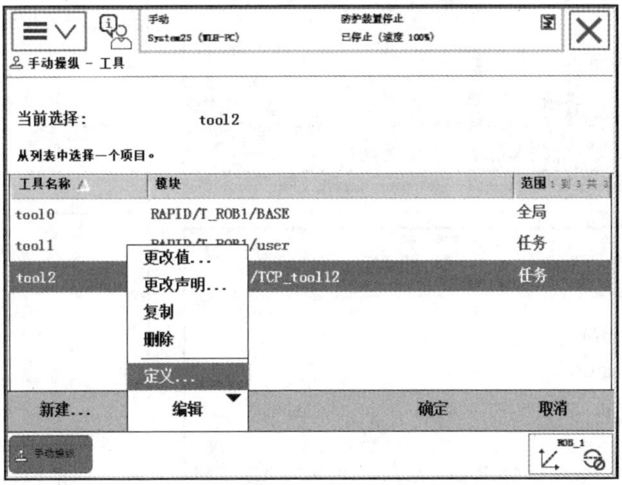	选择新建的“tool2”工具坐标系，点击【编辑】子菜单下的【定义...】，进入“坐标系定义”界面
2	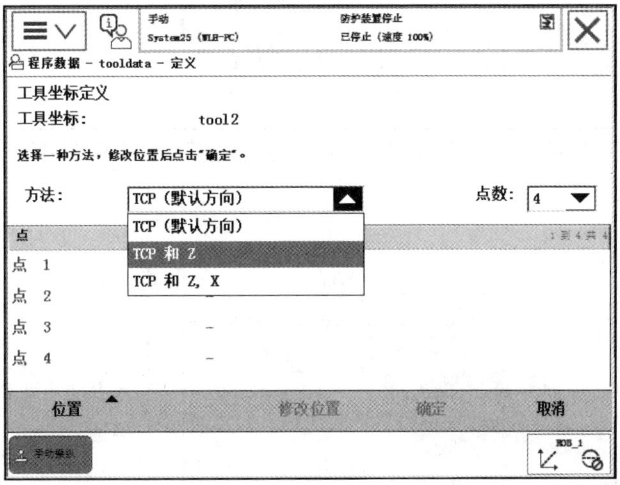	在方法中选择“TCP 和 *Z*”，点数可选范围为 3～9，一般选择 4 即可

续表 12.1

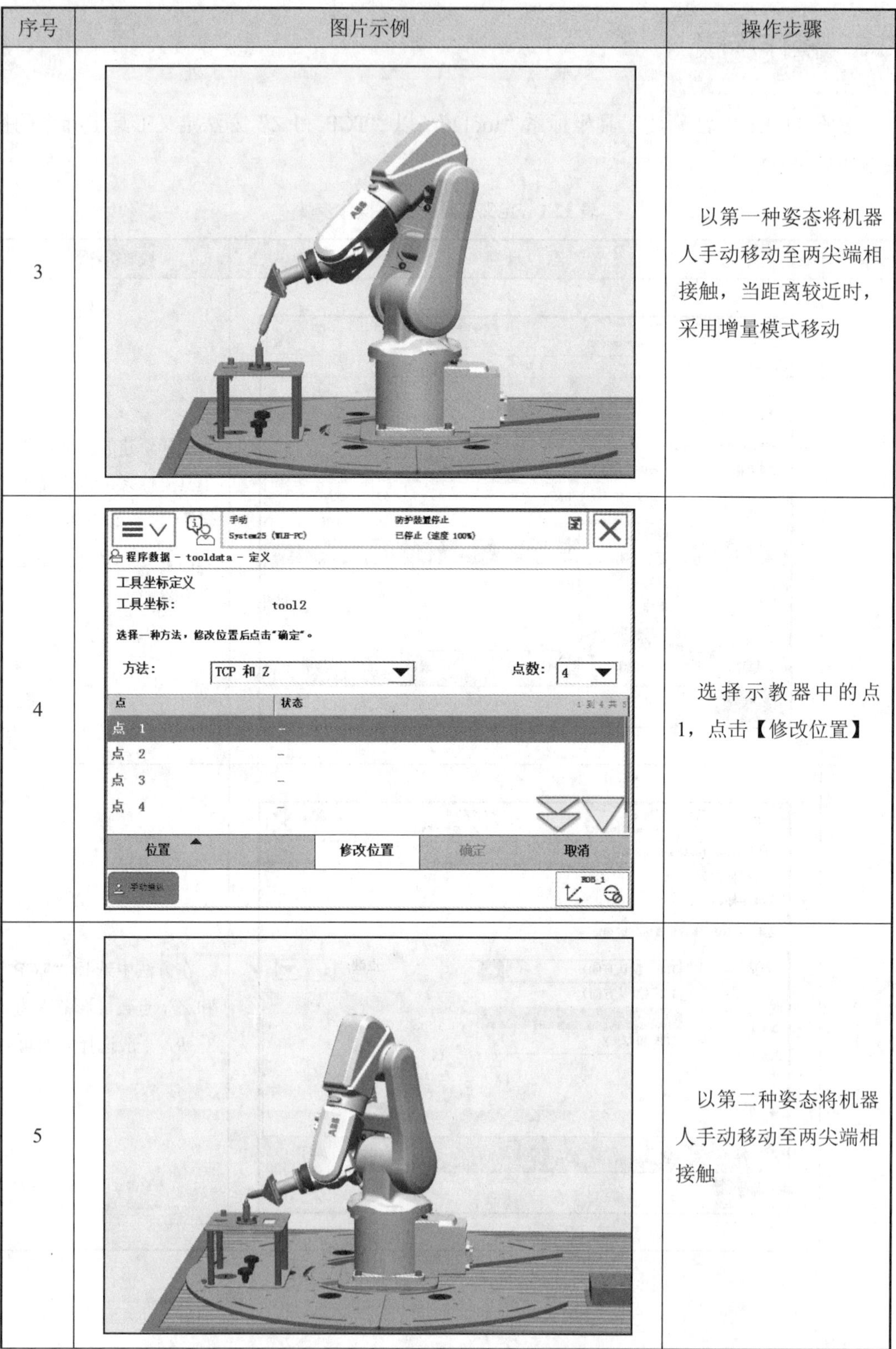

序号	图片示例	操作步骤
3		以第一种姿态将机器人手动移动至两尖端相接触，当距离较近时，采用增量模式移动
4		选择示教器中的点1，点击【修改位置】
5		以第二种姿态将机器人手动移动至两尖端相接触

续表 12.1

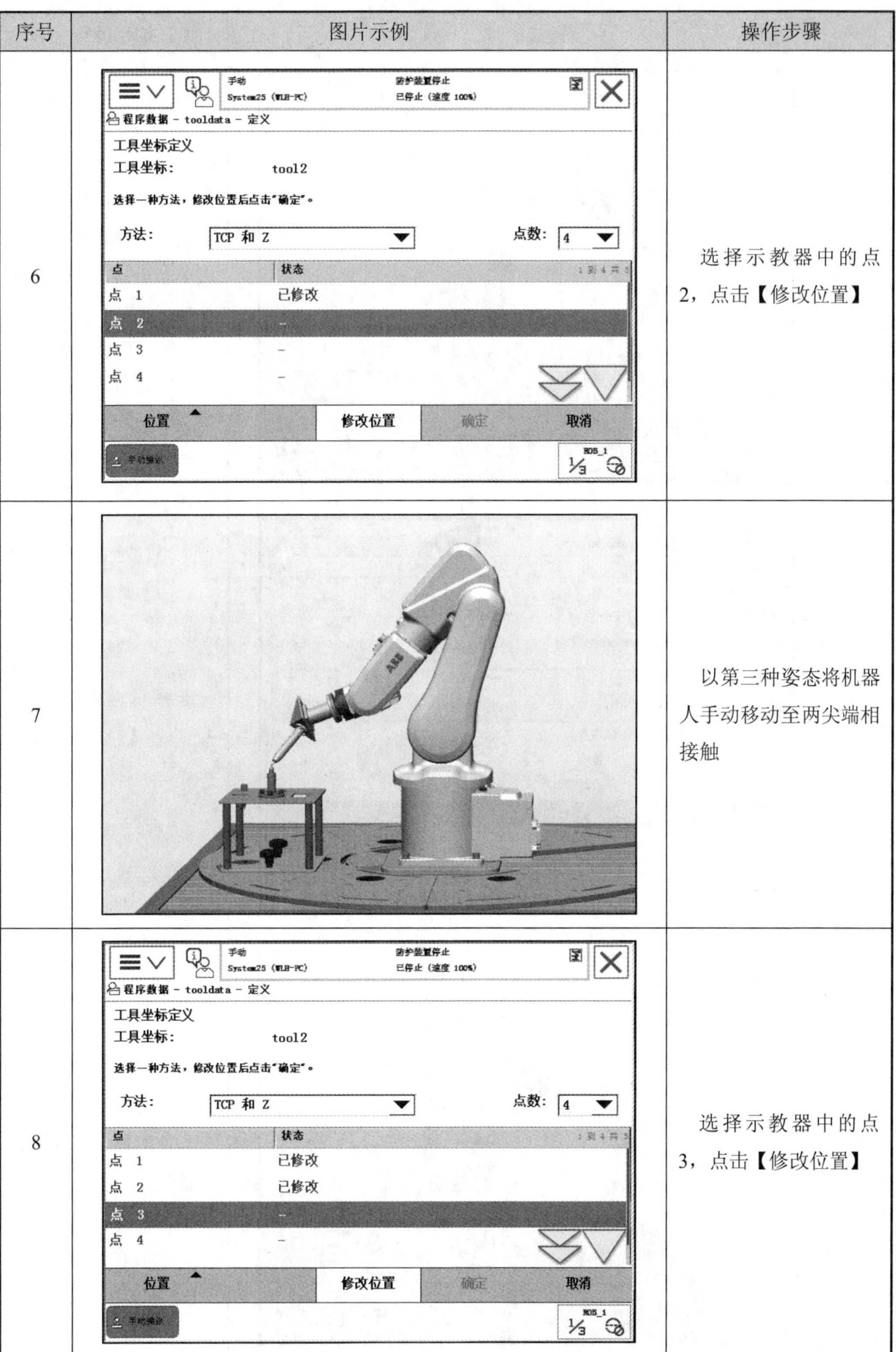

序号	图片示例	操作步骤
6		选择示教器中的点 2，点击【修改位置】
7		以第三种姿态将机器人手动移动至两尖端相接触
8		选择示教器中的点 3，点击【修改位置】

续表 12.1

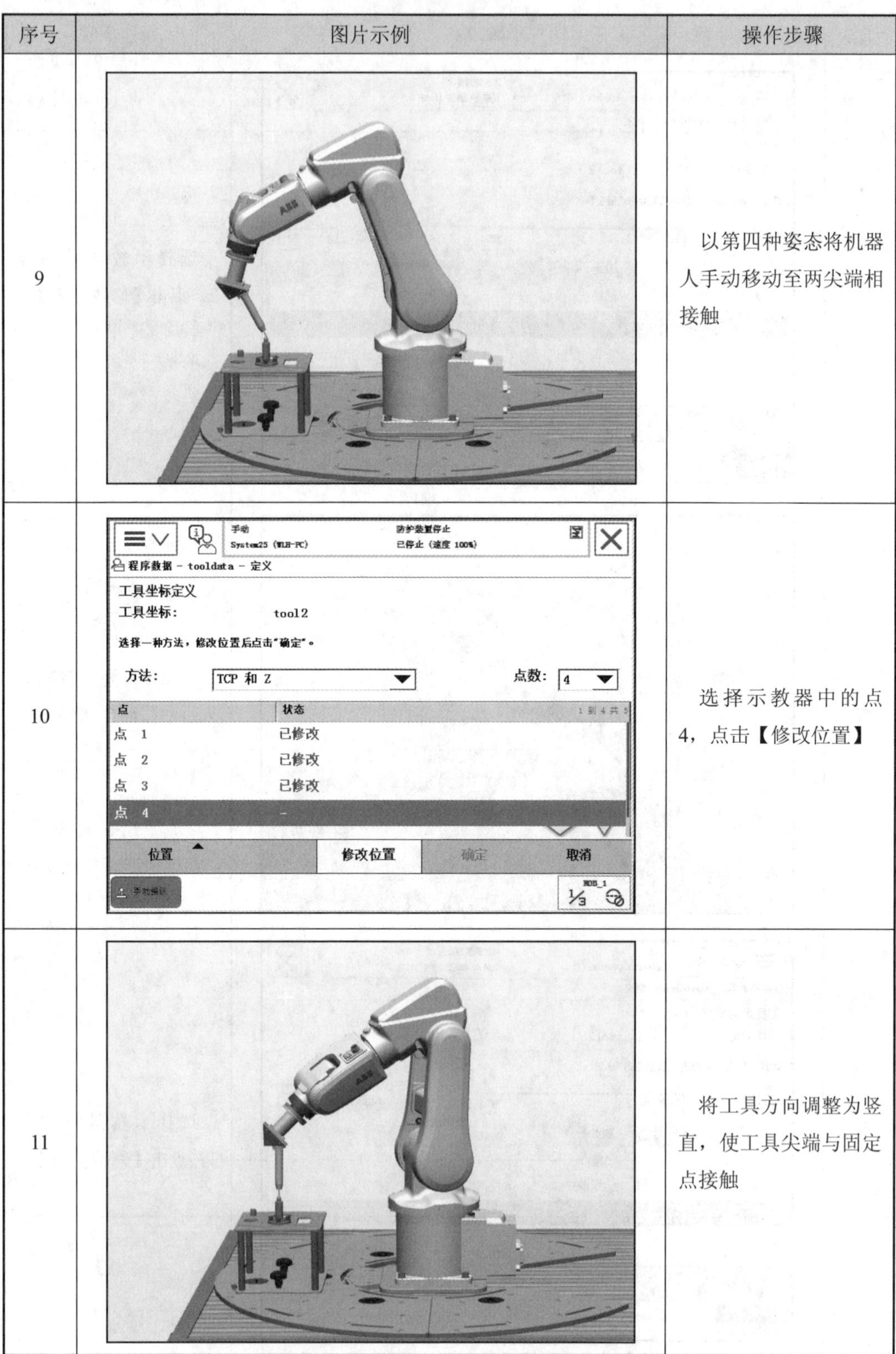

序号	图片示例	操作步骤
9		以第四种姿态将机器人手动移动至两尖端相接触
10		选择示教器中的点 4，点击【修改位置】
11		将工具方向调整为竖直，使工具尖端与固定点接触

续表 12.1

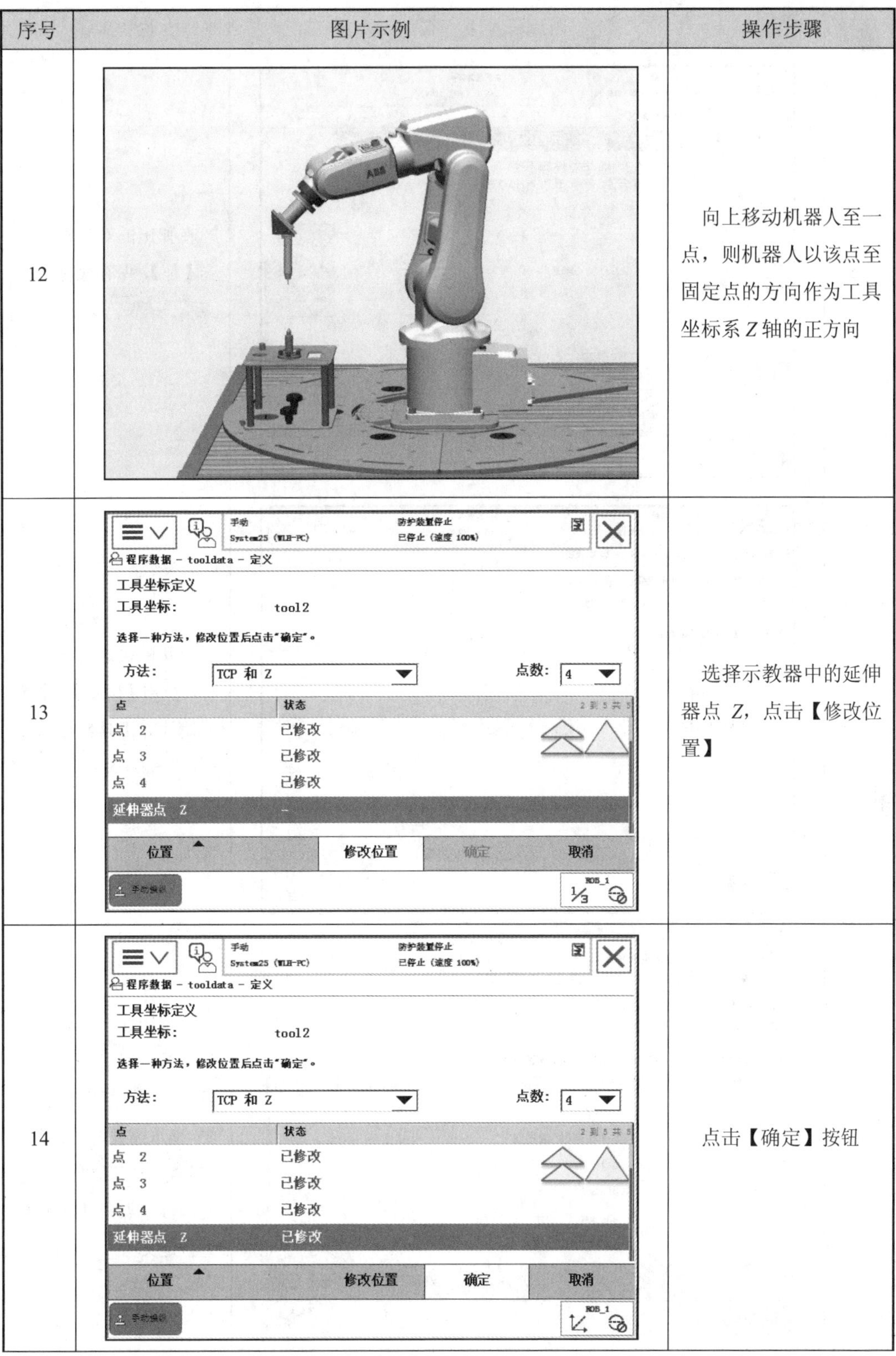

序号	图片示例	操作步骤
12		向上移动机器人至一点，则机器人以该点至固定点的方向作为工具坐标系 Z 轴的正方向
13		选择示教器中的延伸器点 Z，点击【修改位置】
14		点击【确定】按钮

续表 12.1

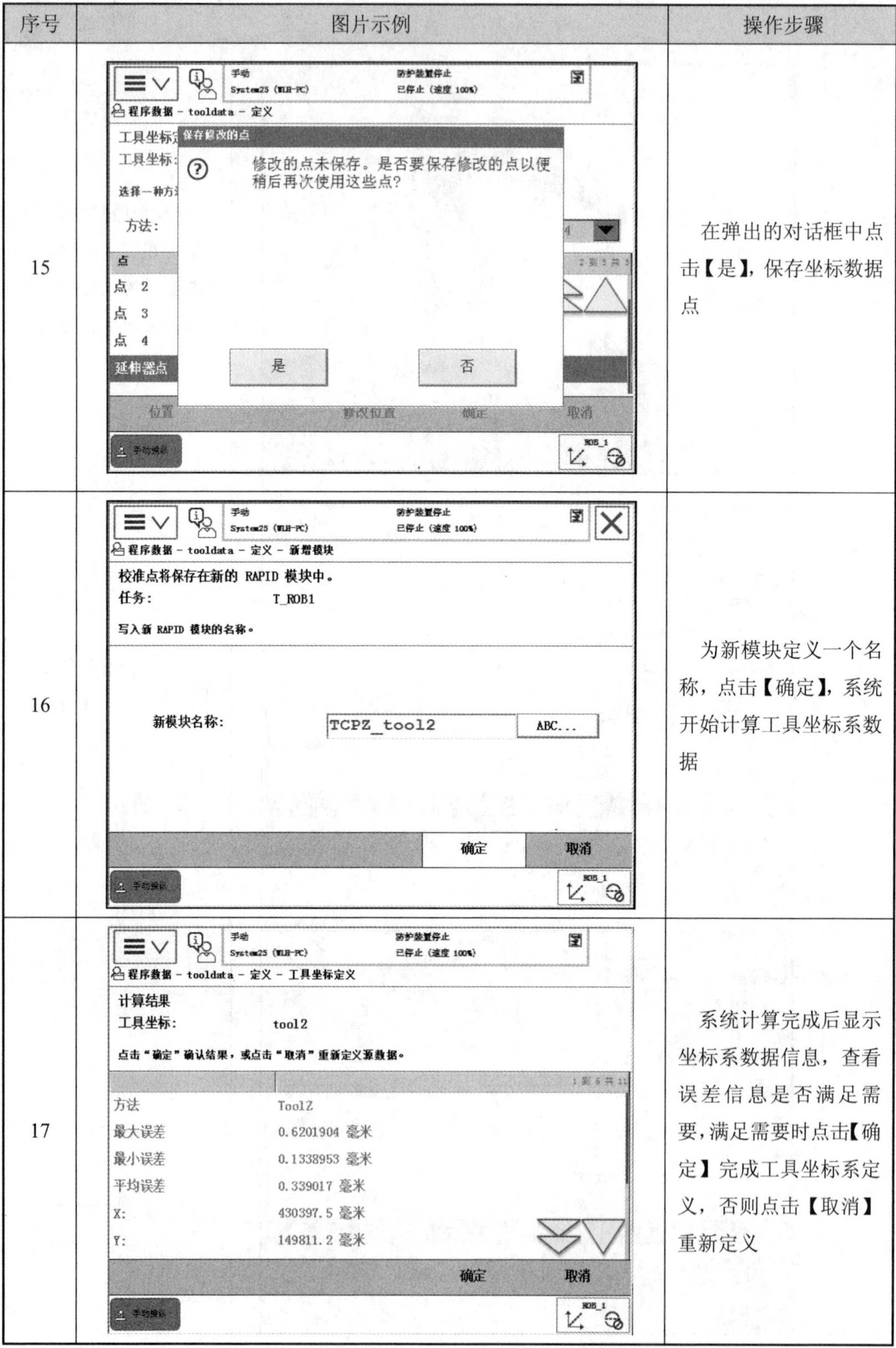

序号	图片示例	操作步骤
15		在弹出的对话框中点击【是】，保存坐标数据点
16		为新模块定义一个名称，点击【确定】，系统开始计算工具坐标系数据
17		系统计算完成后显示坐标系数据信息，查看误差信息是否满足需要，满足需要时点击【确定】完成工具坐标系定义，否则点击【取消】重新定义

知识点 13：工具坐标系定义—— TCP 和 Z，X

13.1　本节要点

➢ 掌握【TCP 和 Z，X】定义工具坐标系的方法

※ 工具坐标系定义——TCP 和 Z, X

13.2　要点解析

使用【TCP 和 Z，X】方法定义工具坐标系，在原有默认数据点的基础上增加一个“延伸器点 Z”和一个“延伸器点 X”，用于定义坐标系 Z 轴和 X 轴的方向，如图 13.1 所示。

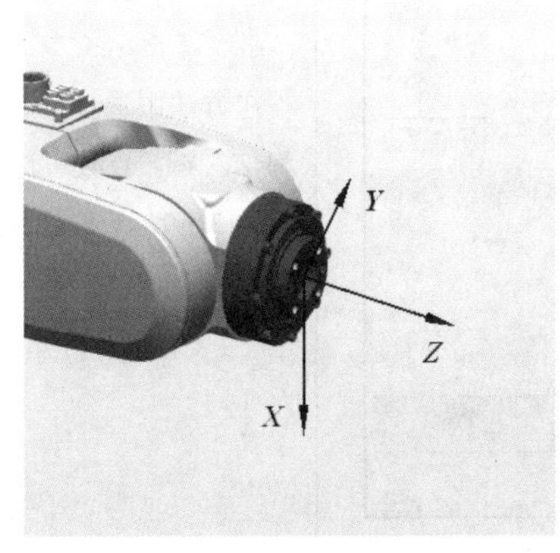

（a）默认工具坐标系

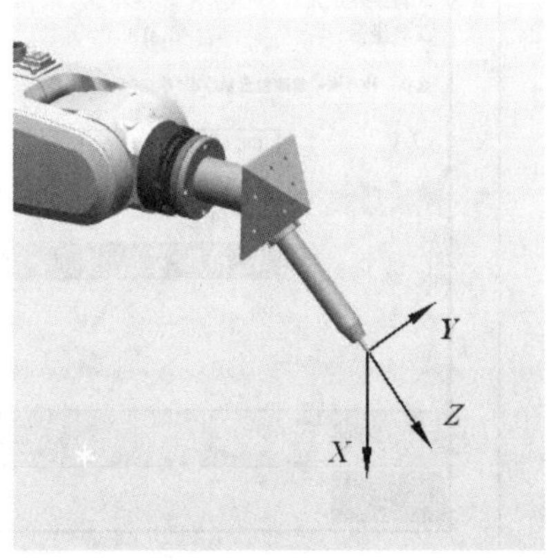

（b）【TCP 和 Z，X】方式定义工具坐标系

图 13.1　两种工具坐标系对比

13.3 操作步骤

按照 11.3.1 小节的方法新建工具坐标系“tool3”，以“TCP 和 *Z*，*X*”方法定义工具坐标系的操作步骤见表 13.1。

表 13.1 新建工具坐标系“tool3”操作步骤

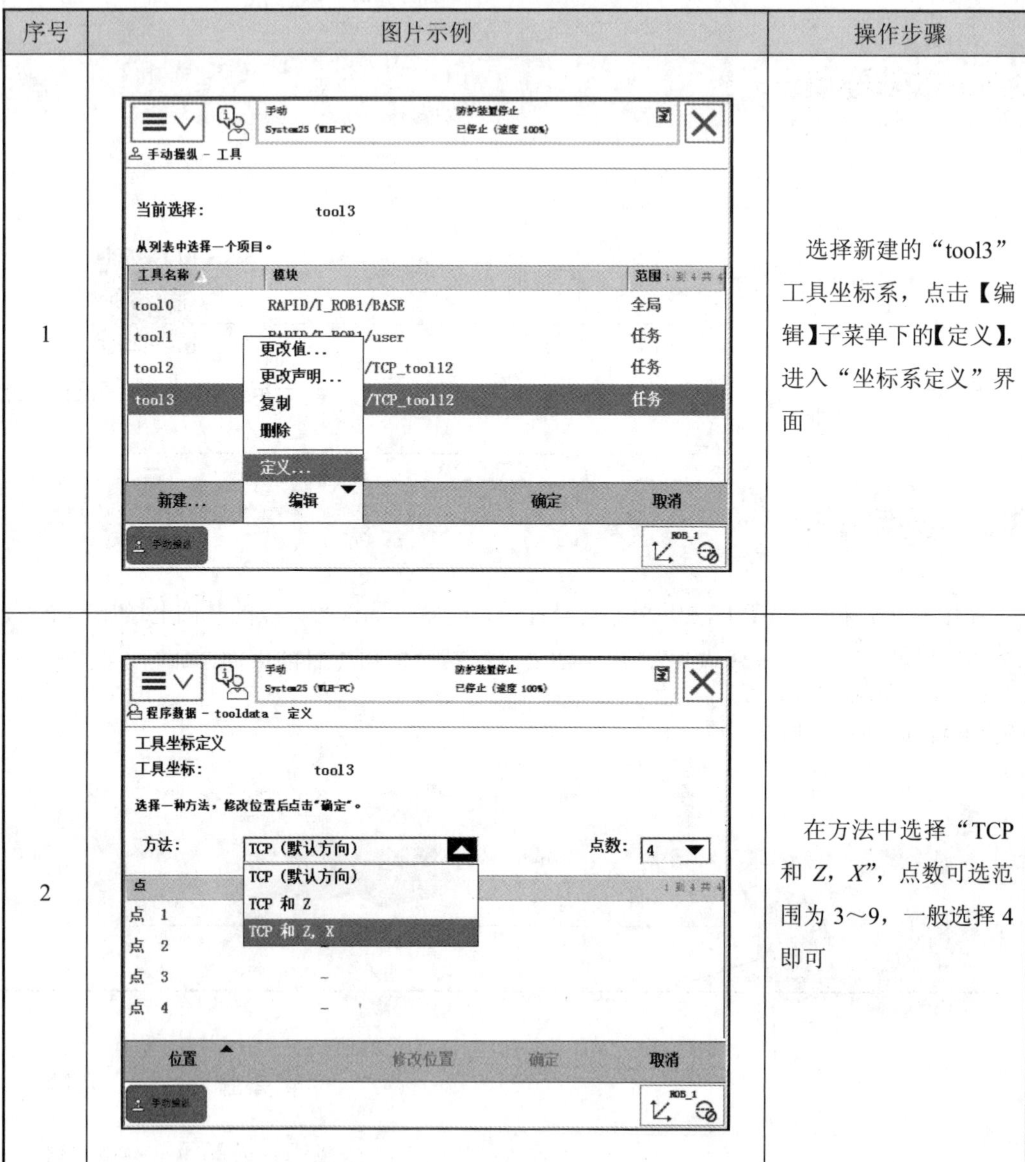

序号	图片示例	操作步骤
1		选择新建的“tool3”工具坐标系，点击【编辑】子菜单下的【定义】，进入“坐标系定义”界面
2		在方法中选择“TCP 和 *Z*，*X*”，点数可选范围为 3～9，一般选择 4 即可

续表 13.1

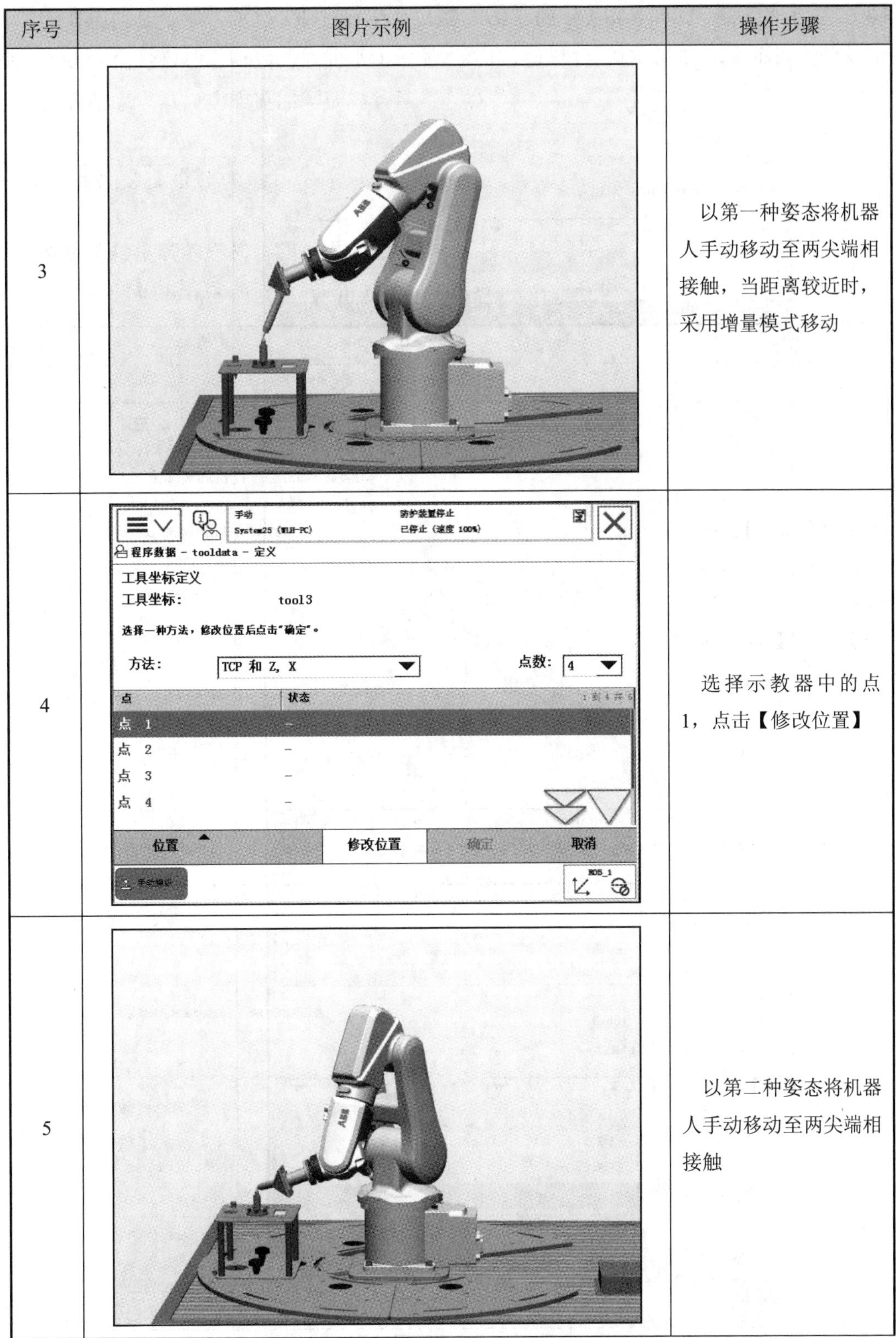

序号	图片示例	操作步骤
3		以第一种姿态将机器人手动移动至两尖端相接触，当距离较近时，采用增量模式移动
4		选择示教器中的点1，点击【修改位置】
5		以第二种姿态将机器人手动移动至两尖端相接触

续表 13.1

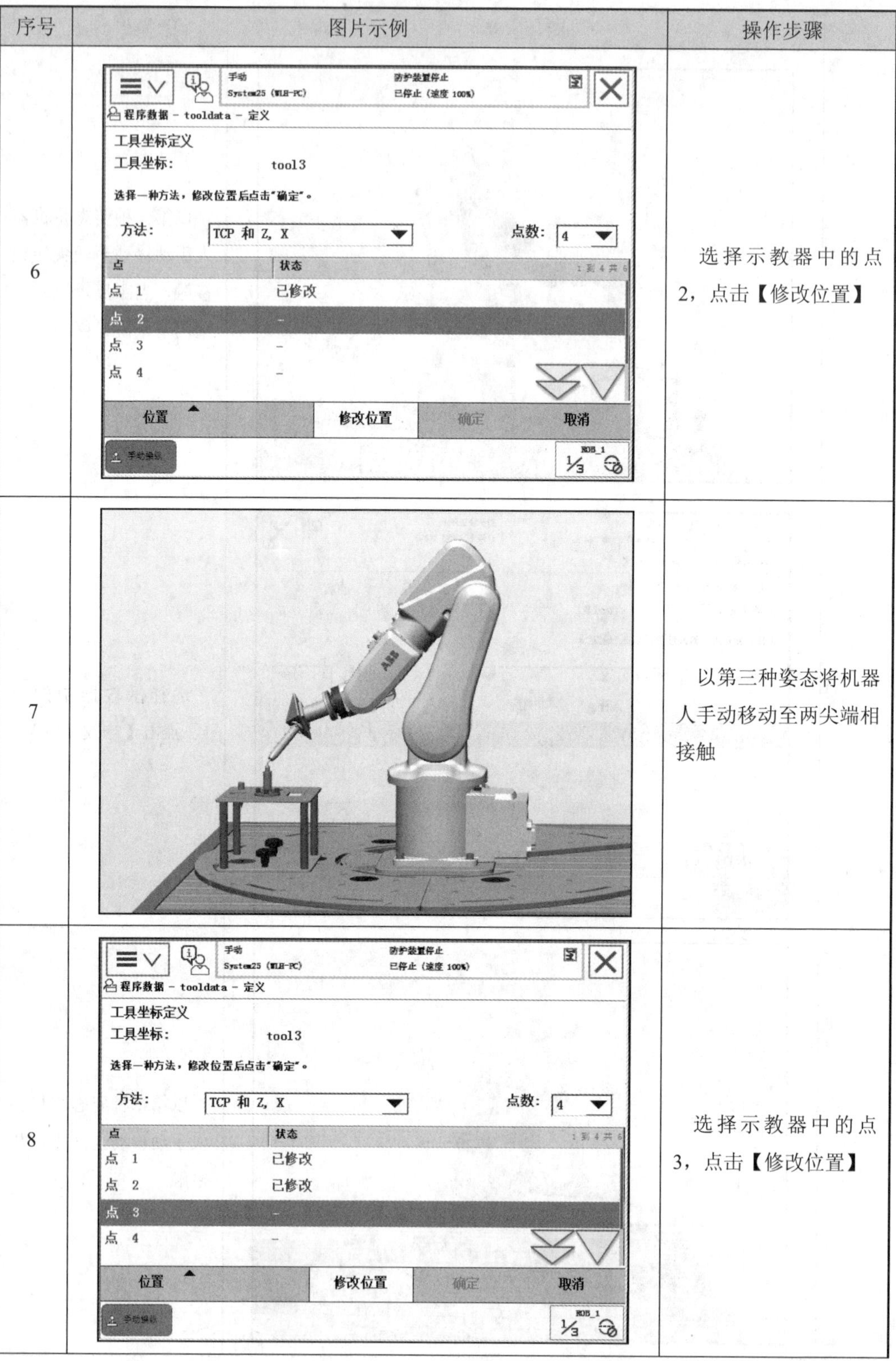

序号	图片示例	操作步骤
6		选择示教器中的点 2，点击【修改位置】
7		以第三种姿态将机器人手动移动至两尖端相接触
8		选择示教器中的点 3，点击【修改位置】

续表 13.1

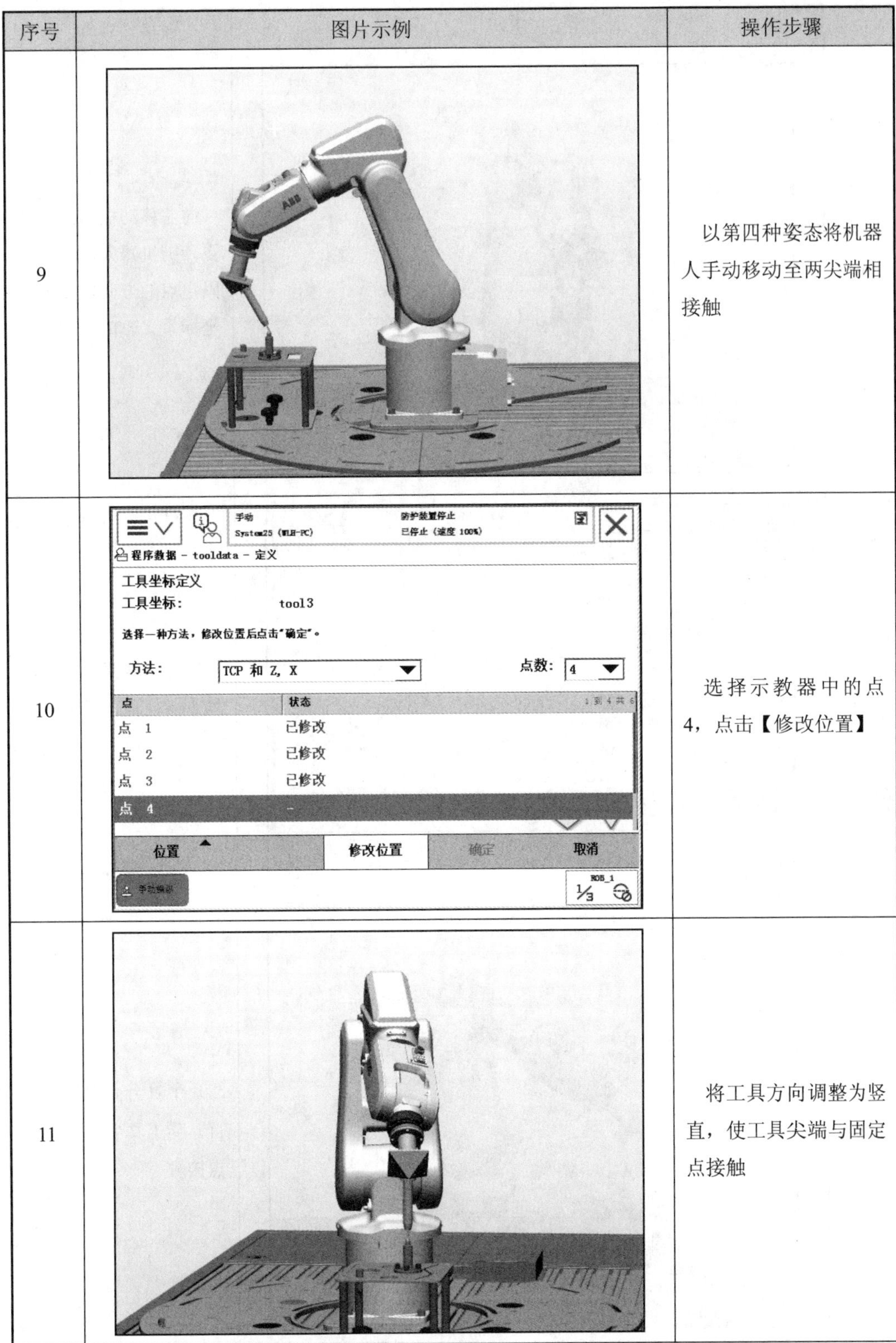

序号	图片示例	操作步骤
9		以第四种姿态将机器人手动移动至两尖端相接触
10		选择示教器中的点 4，点击【修改位置】
11		将工具方向调整为竖直，使工具尖端与固定点接触

续表 13.1

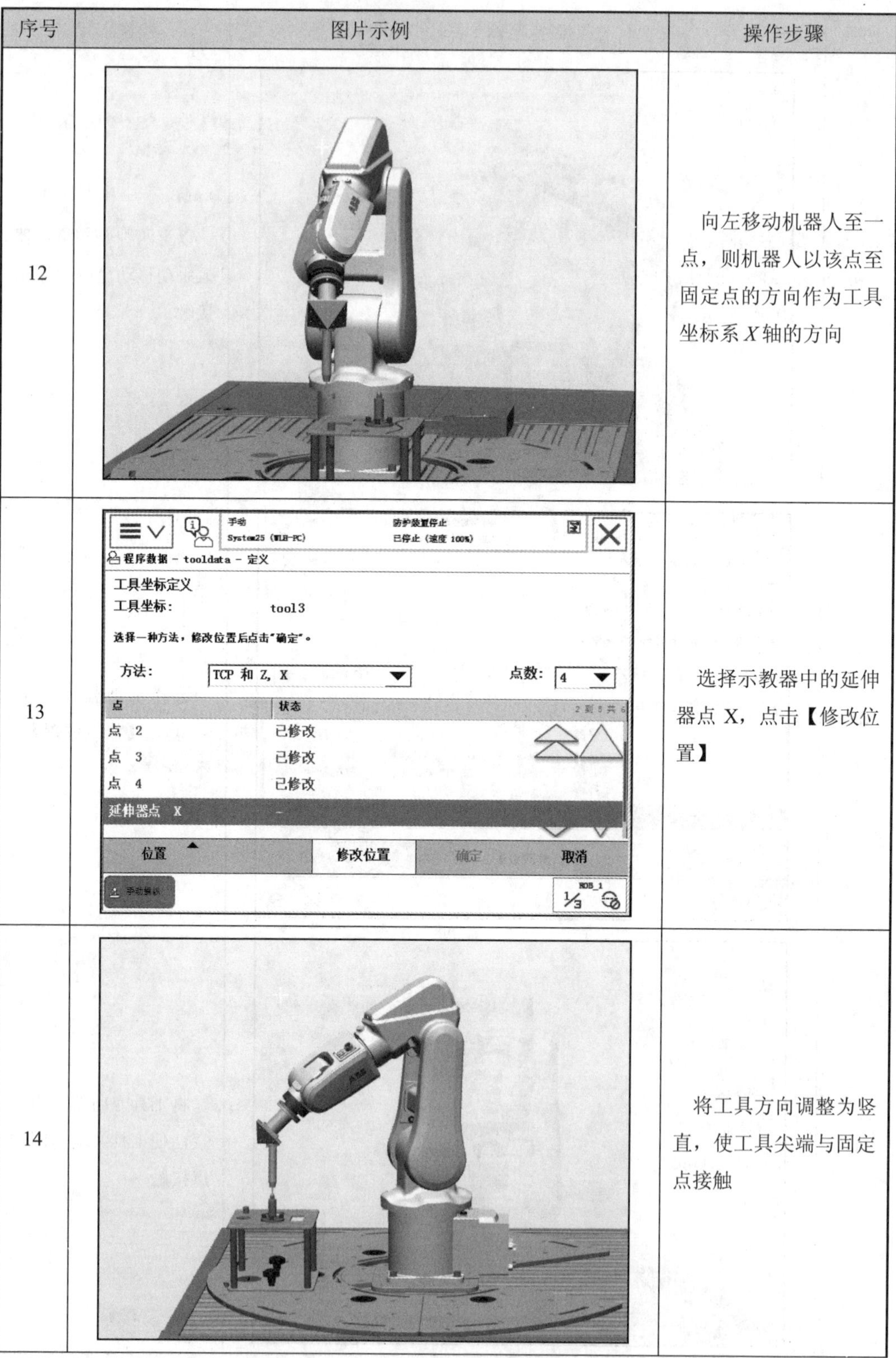

序号	图片示例	操作步骤
12	(图片)	向左移动机器人至一点，则机器人以该点至固定点的方向作为工具坐标系 *X* 轴的方向
13	(图片)	选择示教器中的延伸器点 X，点击【修改位置】
14	(图片)	将工具方向调整为竖直，使工具尖端与固定点接触

续表 13.1

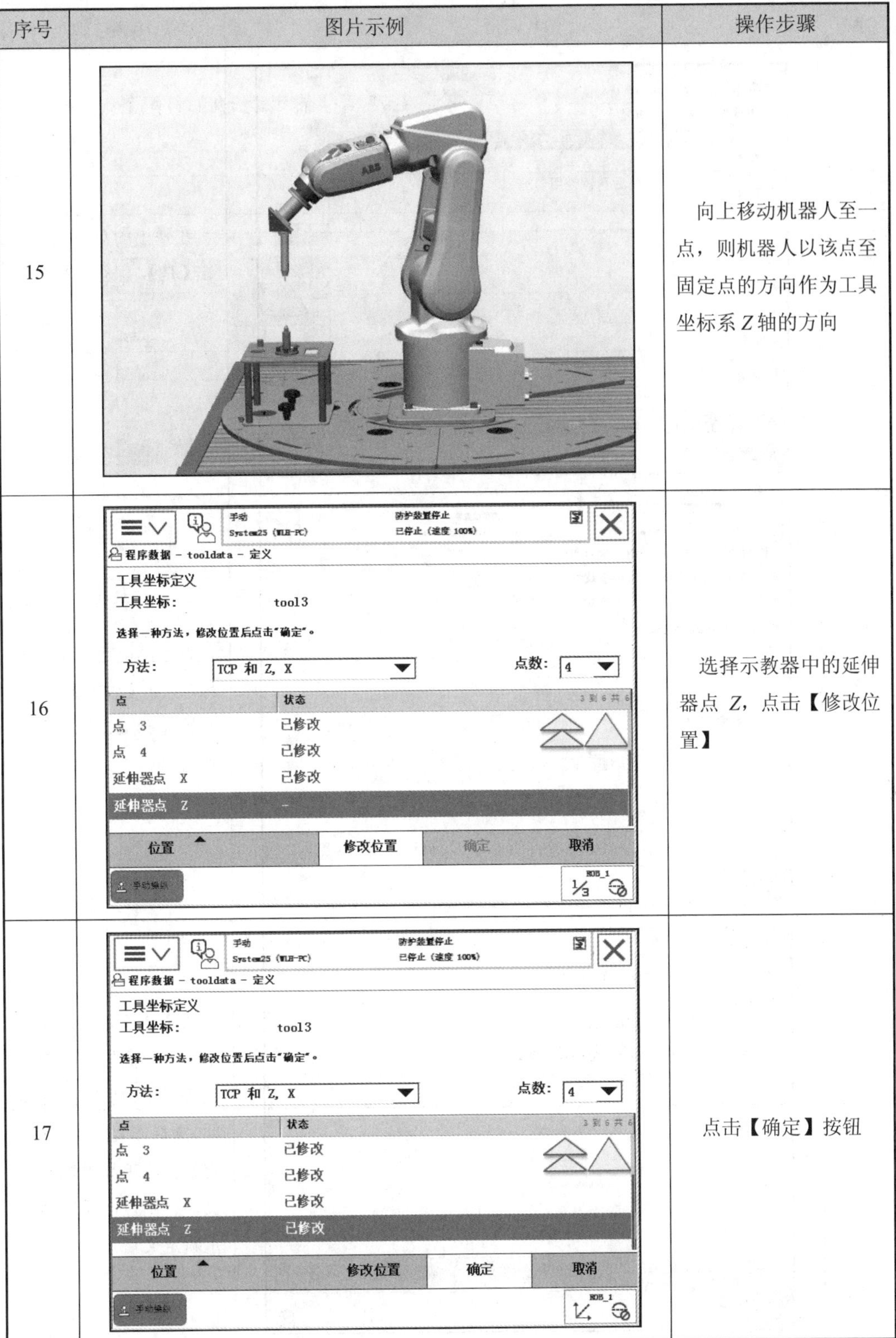

序号	图片示例	操作步骤
15		向上移动机器人至一点，则机器人以该点至固定点的方向作为工具坐标系 *Z* 轴的方向
16		选择示教器中的延伸器点 *Z*，点击【修改位置】
17		点击【确定】按钮

续表 13.1

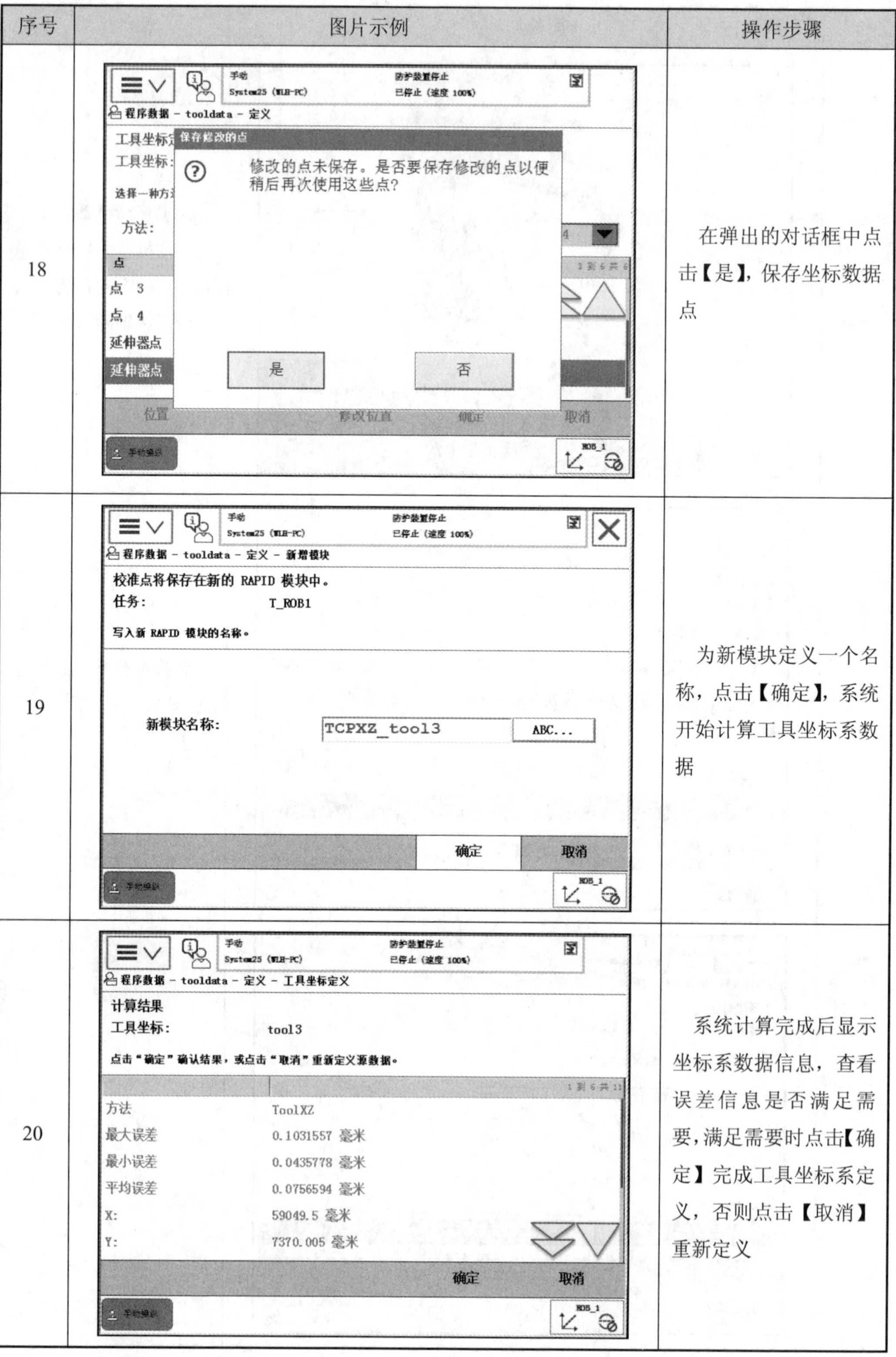

序号	图片示例	操作步骤
18		在弹出的对话框中点击【是】，保存坐标数据点
19		为新模块定义一个名称，点击【确定】，系统开始计算工具坐标系数据
20		系统计算完成后显示坐标系数据信息，查看误差信息是否满足需要，满足需要时点击【确定】完成工具坐标系定义，否则点击【取消】重新定义

知识点 14：工件坐标系定义

14.1　本节要点

➢ 熟悉工件坐标系的概念
➢ 掌握工件坐标系定义方法

※ 工件坐标系定义

14.2　要点解析

14.2.1　工件坐标系的概念

工件坐标系用于定义工件相对于大地坐标系或者其他坐标系的位置，具有两个作用：一是方便用户以工件平面方向为参考手动操纵调试；二是当工件位置更改后，通过重新定义该坐标系，机器人即可正常作业，不需要对机器人程序进行修改。工件坐标系示意图如图 14.1 所示。

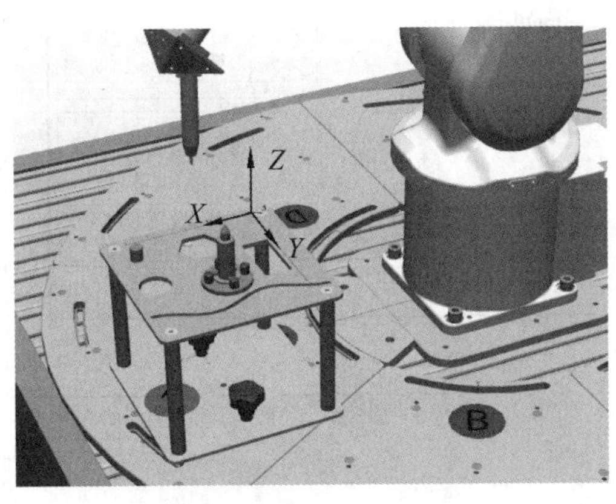

图 14.1　基础模块工件坐标系示意图

14.2.2　工件坐标系的定义方法

ABB 机器人工件坐标系定义采用 3 点法，分别为 X 轴上第一点 X_1，X 轴上第二点 X_2，Y 轴上第三点 Y_1。所定义的工件坐标系原点为 Y_1 与 X_1、X_2 所在直线的垂足处，X 正方向为 X_1 至 X_2 射线方向，Y 正方向为垂足至 Y_1 射线方向，其基本步骤如下：

（1）选定所用工具的工具坐标系。

（2）找到工件平面内 X 轴和 Y 轴上的 3 点作为参考点。

（3）手动操纵机器人分别至 3 个目标点，记录对应位置。

（4）通过 3 点位置数据，机器人自动计算出对应工件坐标系值。

（5）手动操纵进行校验。

14.3　操作步骤

14.3.1　新建工件坐标系

新建工件坐标系的操作步骤见表 14.1。

表 14.1　新建工件坐标系操作步骤

序号	图片示例	操作步骤
1	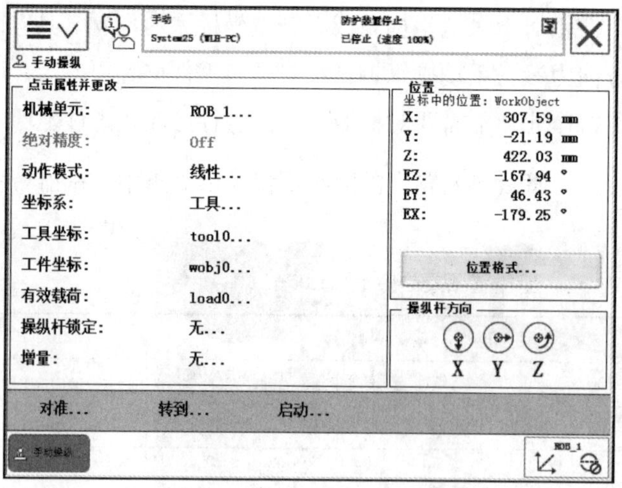	在手动模式下点击【主菜单】下的【手动操纵】按钮，进入“手动操纵”界面

续表 14.1

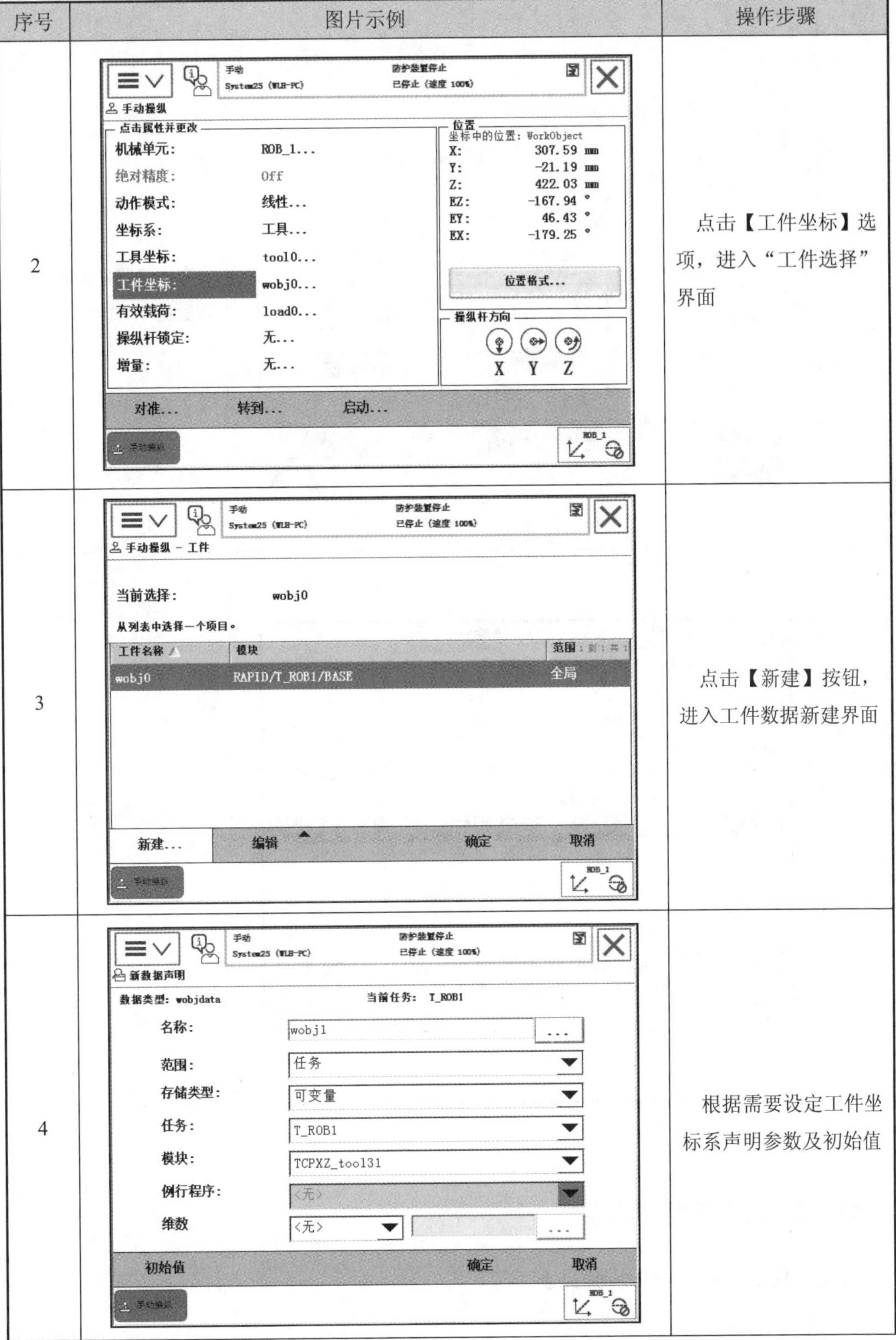

序号	图片示例	操作步骤
2		点击【工件坐标】选项，进入“工件选择”界面
3		点击【新建】按钮，进入工件数据新建界面
4		根据需要设定工件坐标系声明参数及初始值

续表 14.1

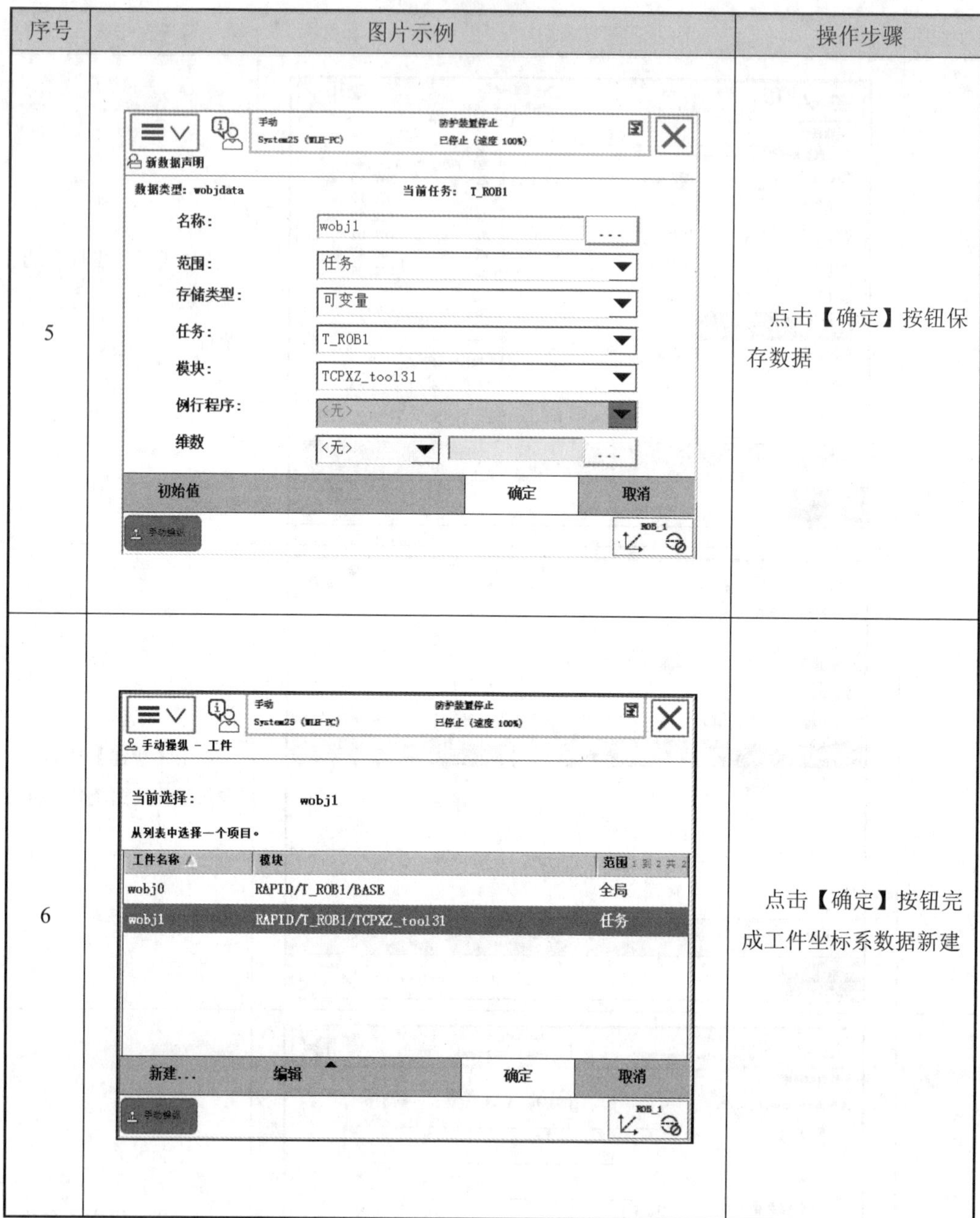

序号	图片示例	操作步骤
5		点击【确定】按钮保存数据
6		点击【确定】按钮完成工件坐标系数据新建

14.3.2 定义工件坐标系

定义工件坐标系的操作步骤见表 14.2。

表 14.2　定义工件坐标系操作步骤

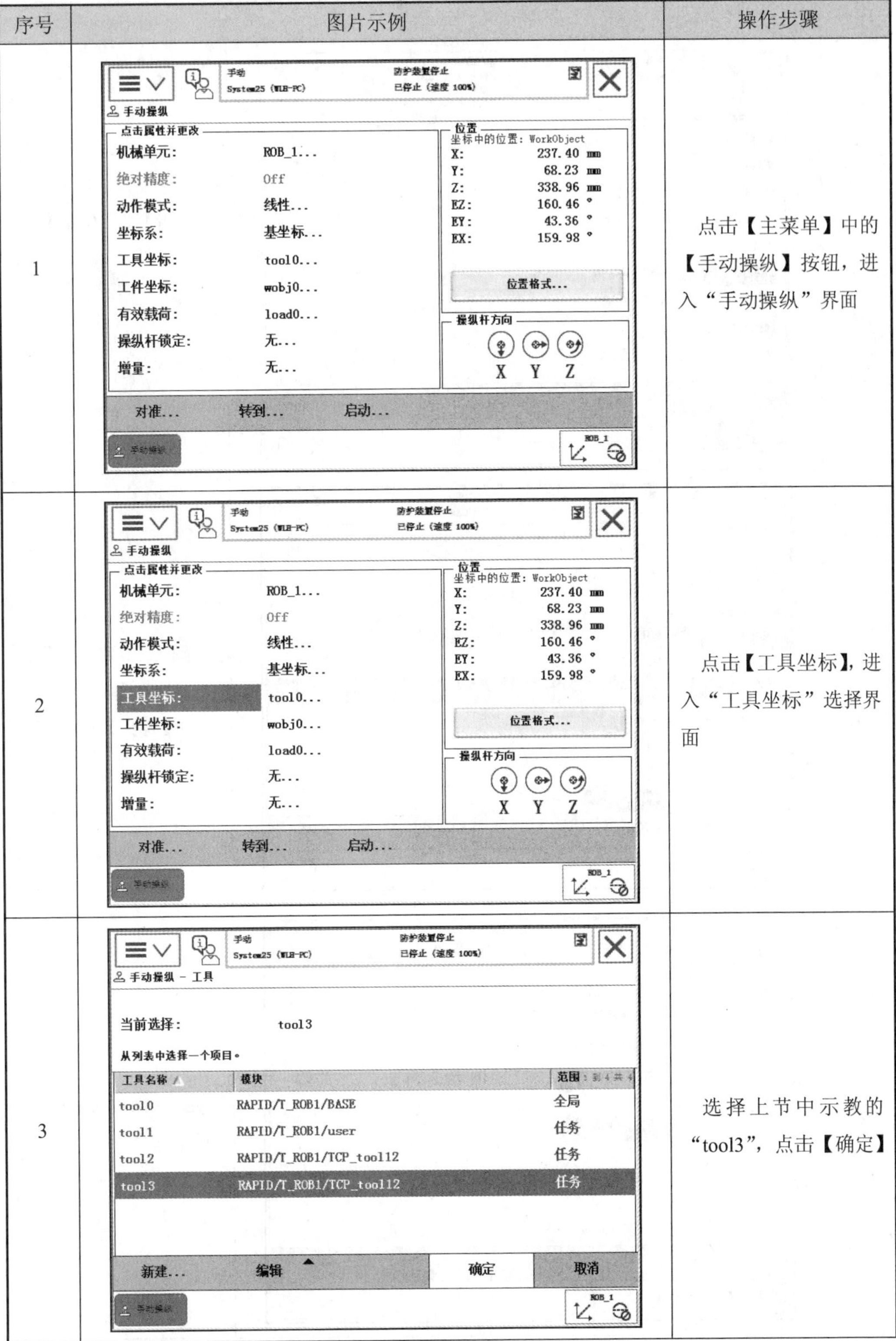

序号	图片示例	操作步骤
1		点击【主菜单】中的【手动操纵】按钮，进入“手动操纵”界面
2		点击【工具坐标】，进入“工具坐标”选择界面
3		选择上节中示教的“tool3”，点击【确定】

续表 14.2

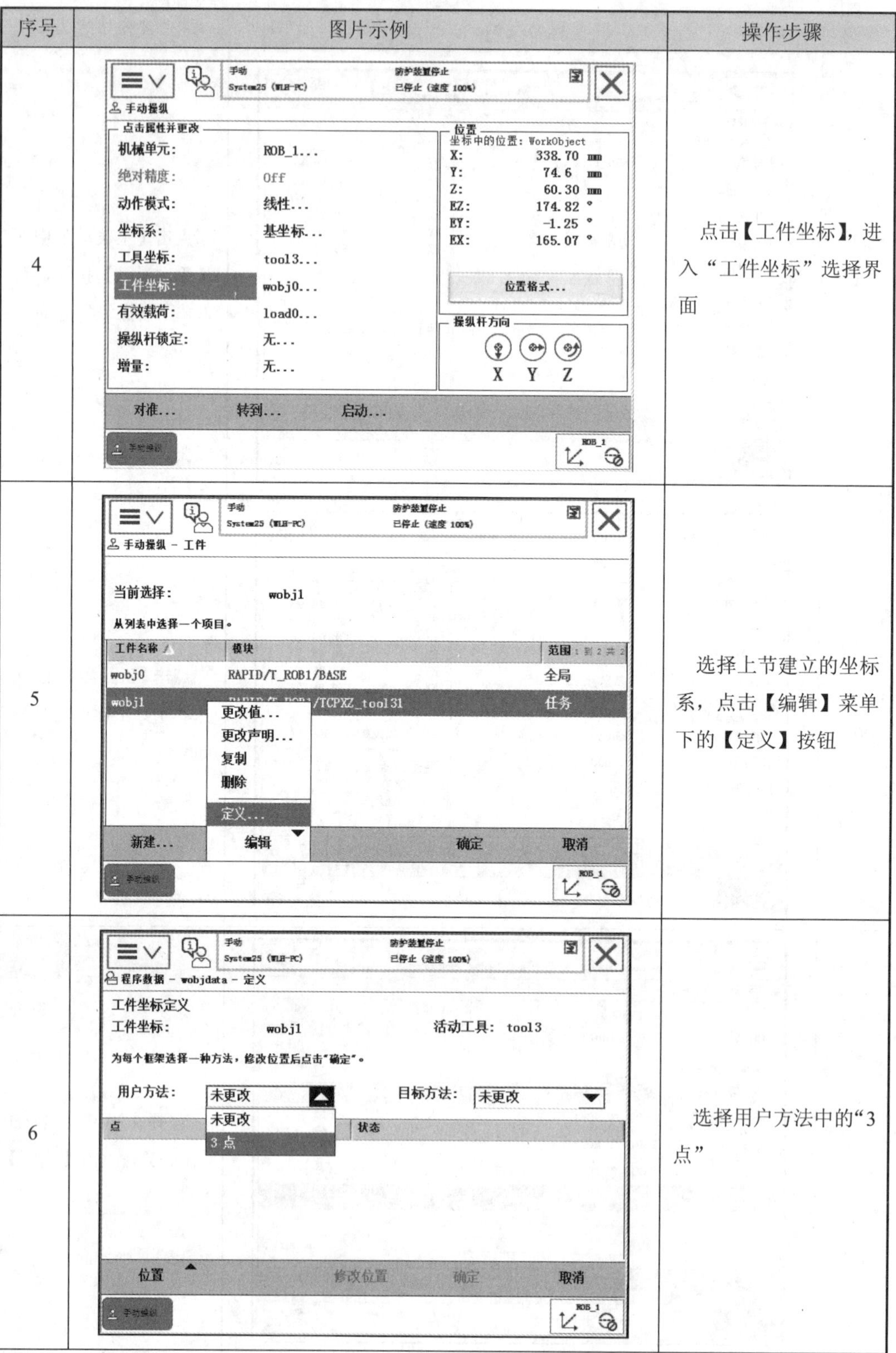

序号	图片示例	操作步骤
4		点击【工件坐标】，进入“工件坐标”选择界面
5		选择上节建立的坐标系，点击【编辑】菜单下的【定义】按钮
6		选择用户方法中的“3点”

续表 14.2

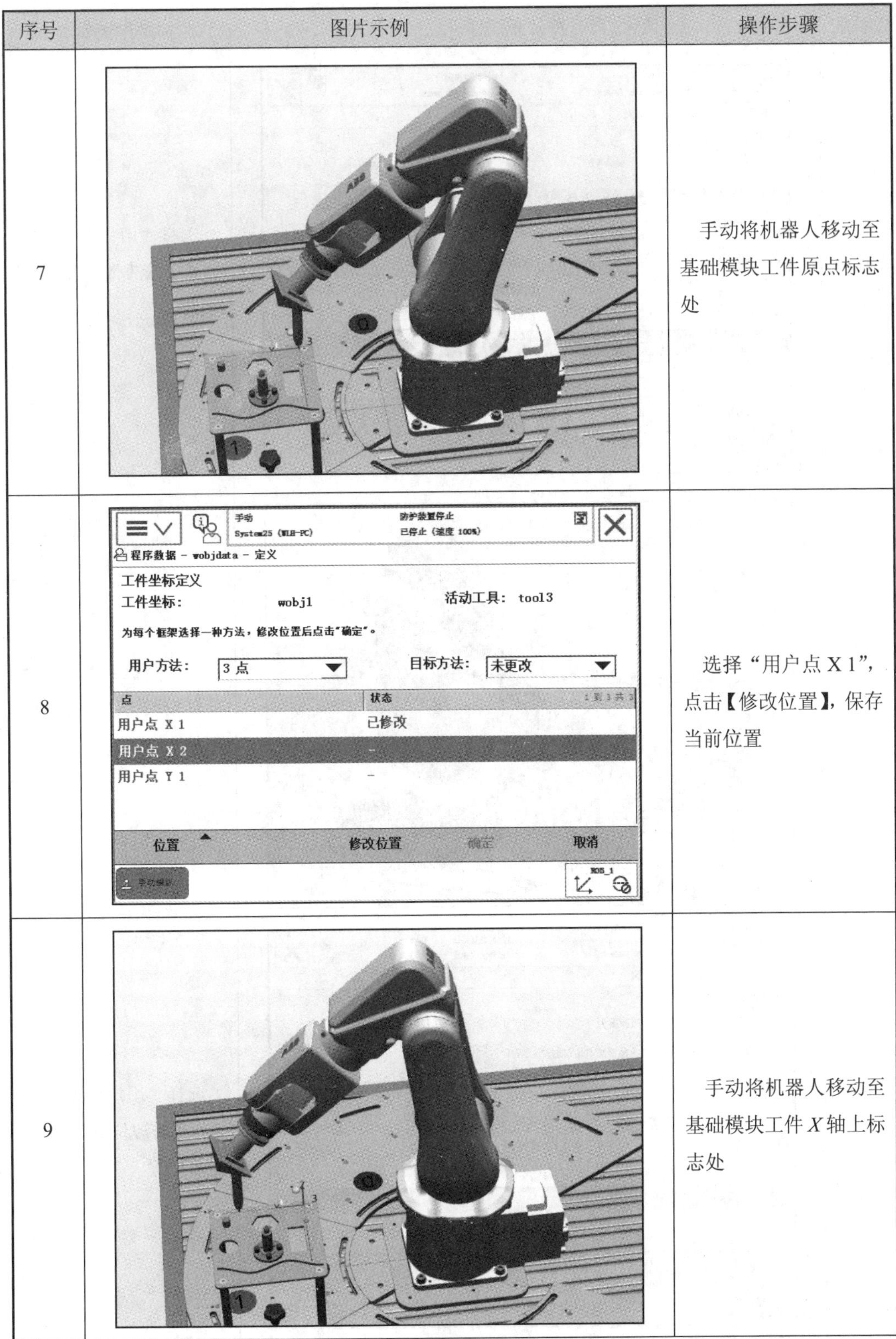

序号	图片示例	操作步骤
7		手动将机器人移动至基础模块工件原点标志处
8		选择“用户点 X 1”，点击【修改位置】，保存当前位置
9		手动将机器人移动至基础模块工件 X 轴上标志处

续表 14.2

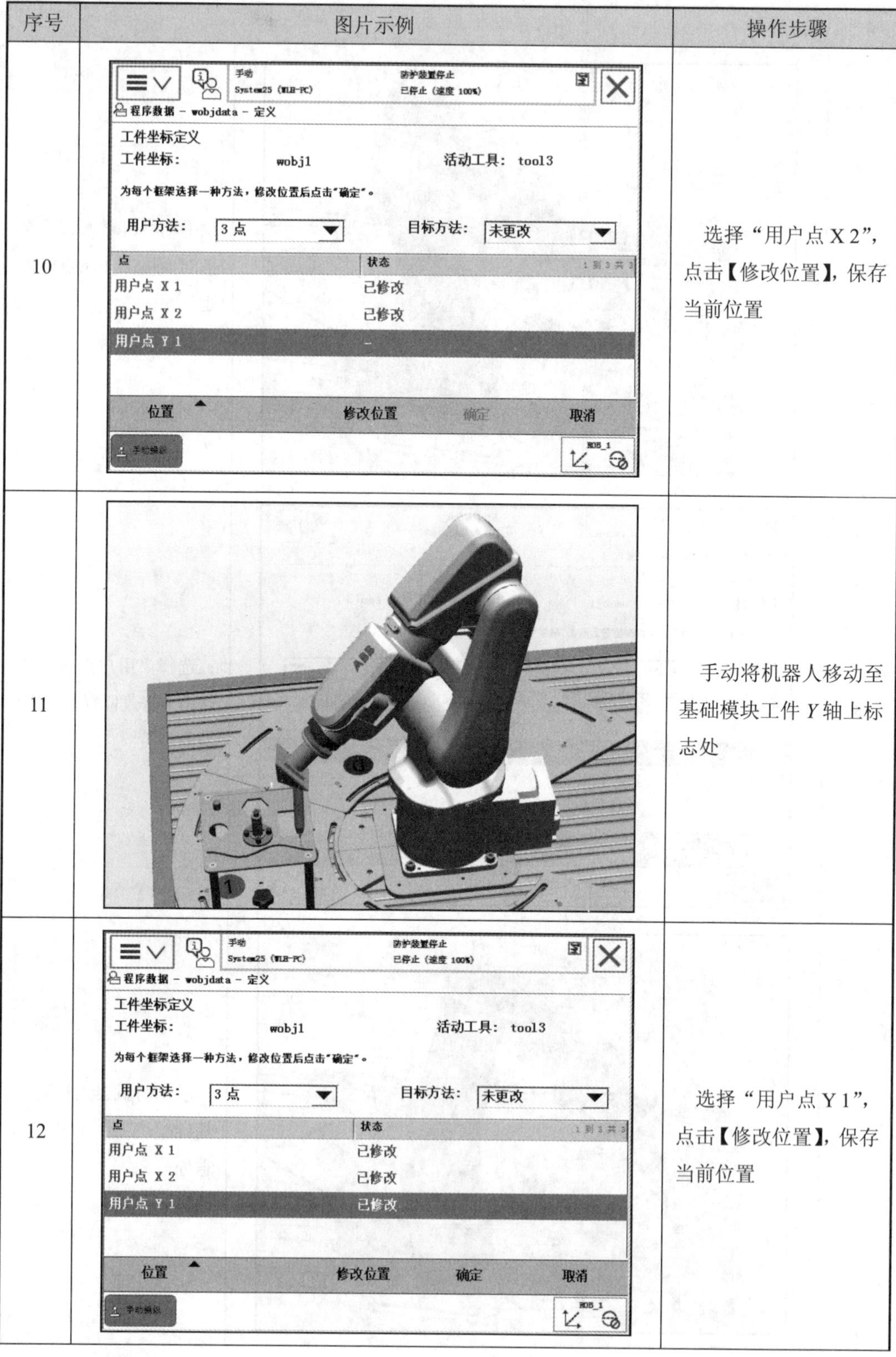

序号	图片示例	操作步骤
10		选择“用户点 X 2”，点击【修改位置】，保存当前位置
11		手动将机器人移动至基础模块工件 *Y* 轴上标志处
12		选择“用户点 Y 1”，点击【修改位置】，保存当前位置

续表 14.2

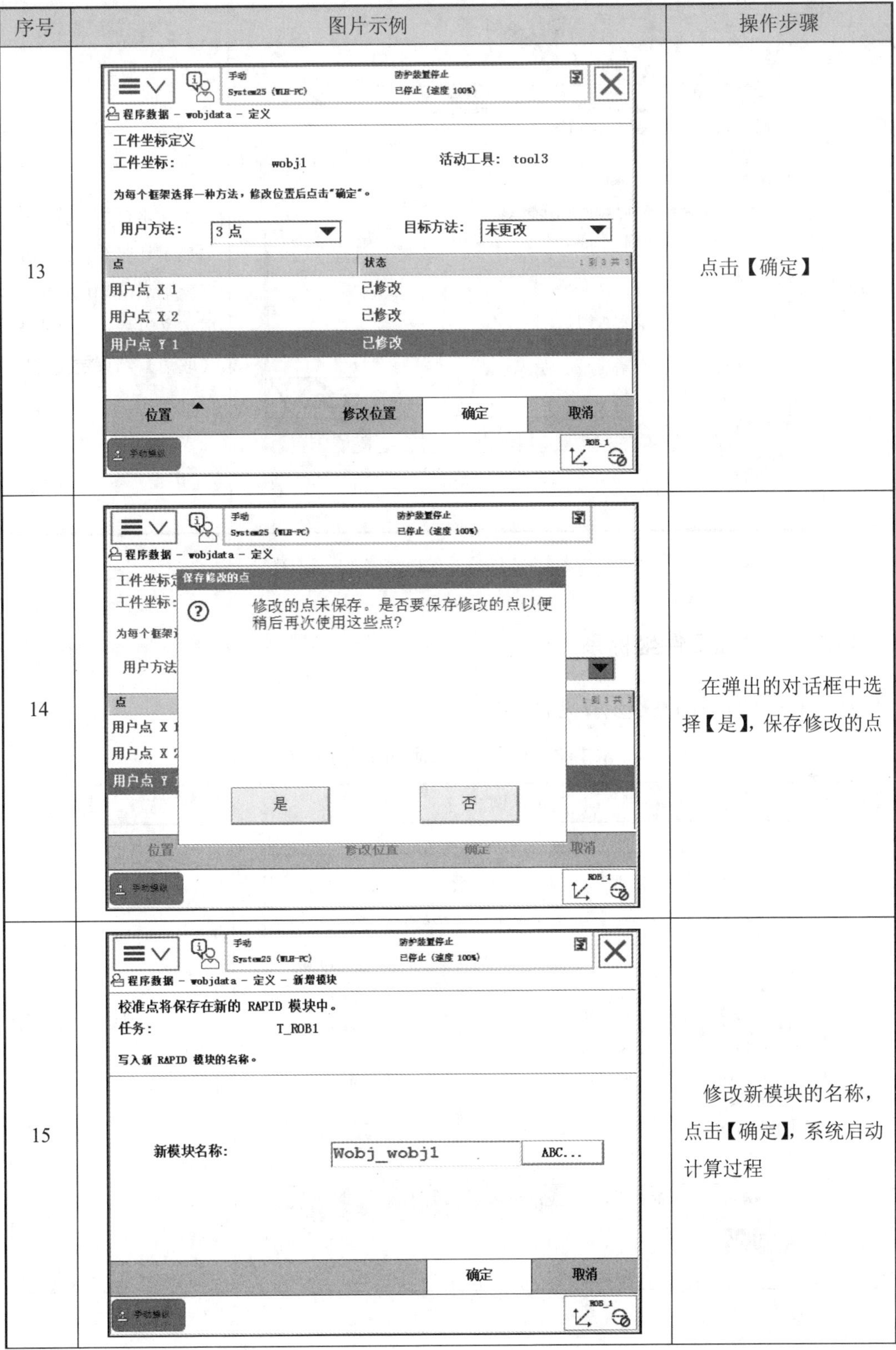

序号	图片示例	操作步骤
13		点击【确定】
14		在弹出的对话框中选择【是】，保存修改的点
15		修改新模块的名称，点击【确定】，系统启动计算过程

续表 14.2

序号	图片示例	操作步骤
16	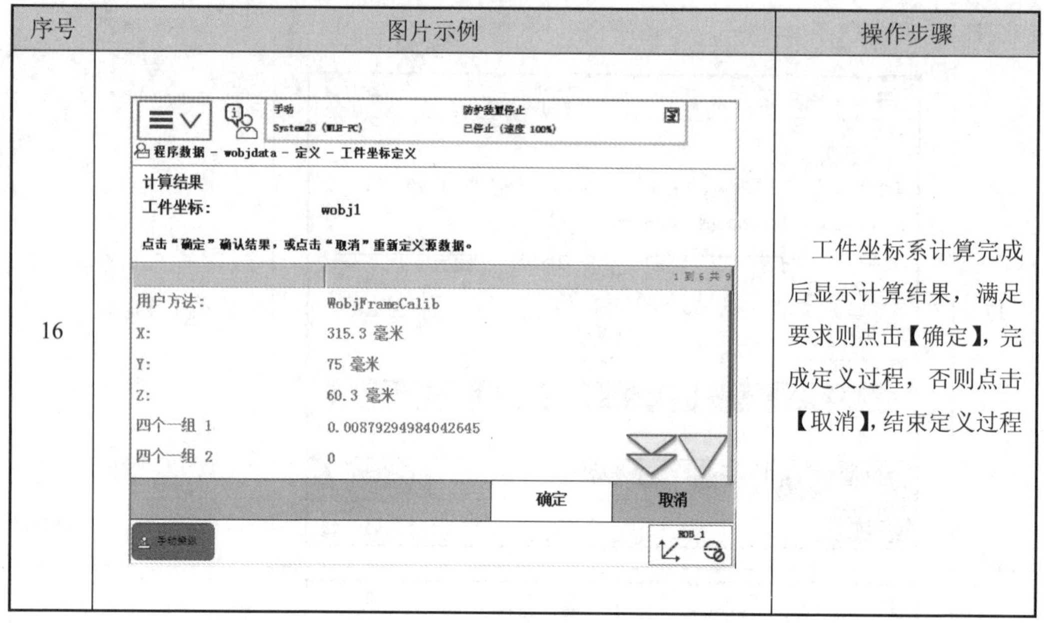	工件坐标系计算完成后显示计算结果，满足要求则点击【确定】，完成定义过程，否则点击【取消】，结束定义过程

14.3.3　验证工件坐标系

验证工件坐标系的操作步骤见表 14.3。

表 14.3　验证工件坐标系的操作步骤

序号	图片示例	操作步骤
1	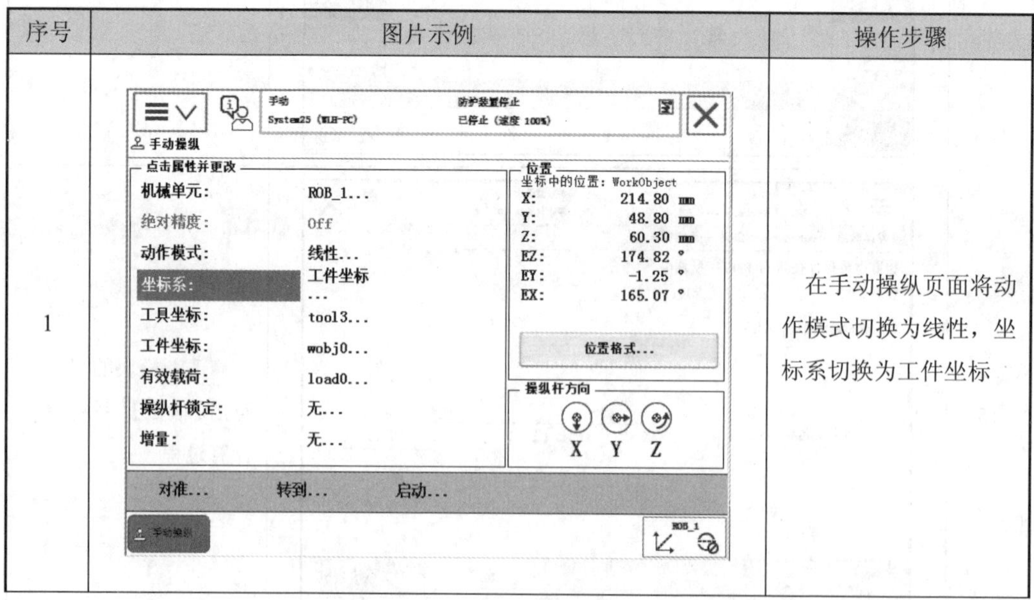	在手动操纵页面将动作模式切换为线性，坐标系切换为工件坐标

续表 14.3

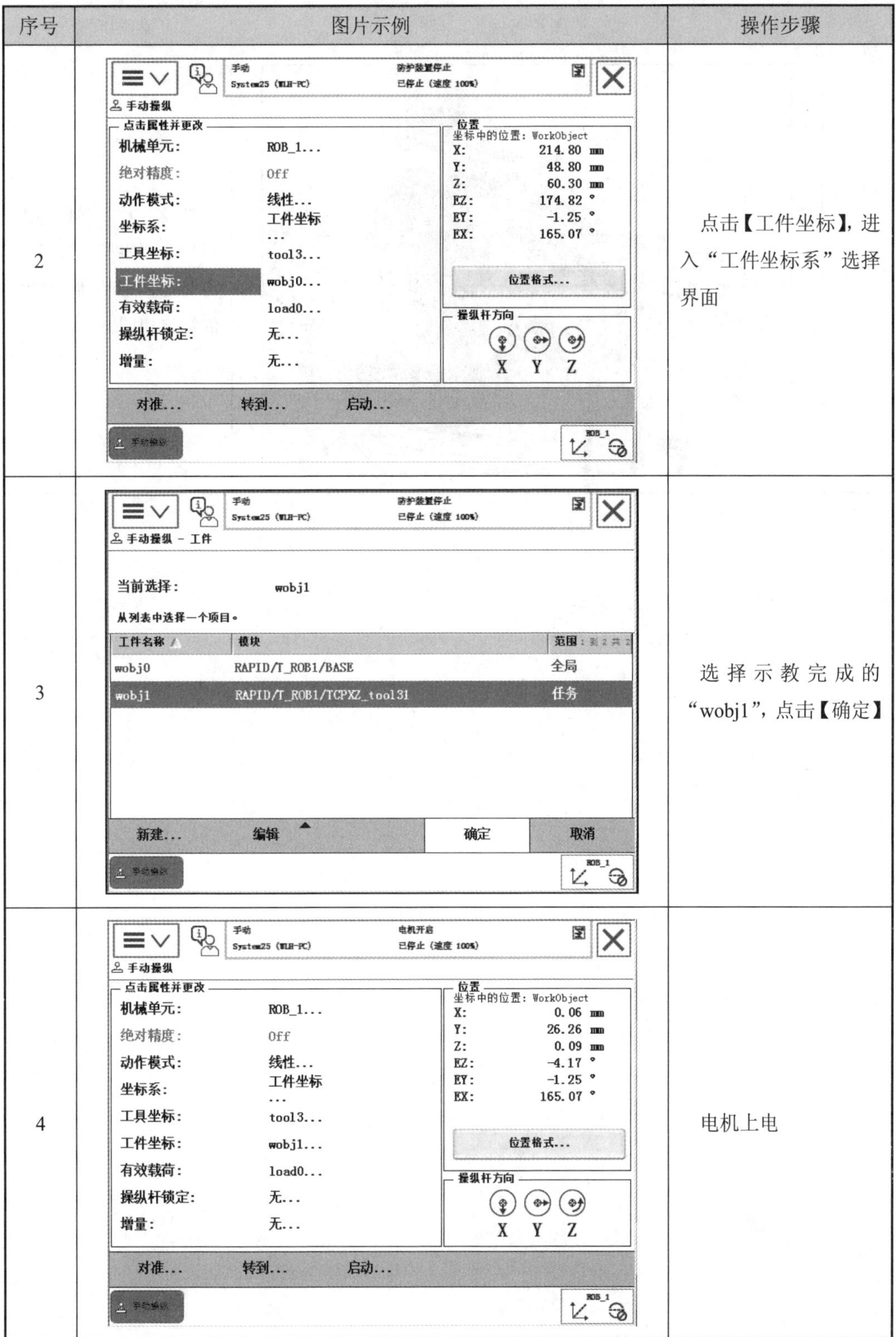

序号	图片示例	操作步骤
2		点击【工件坐标】，进入“工件坐标系”选择界面
3		选择示教完成的“wobj1”，点击【确定】
4		电机上电

续表 14.3

序号	图片示例	操作步骤
5	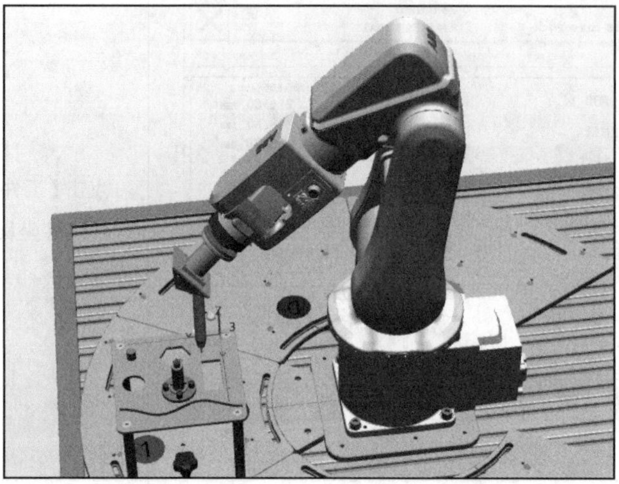	沿 *X*、*Y* 方向移动操纵杆，观察机器人各轴方向是否与基础模块上的标记相同

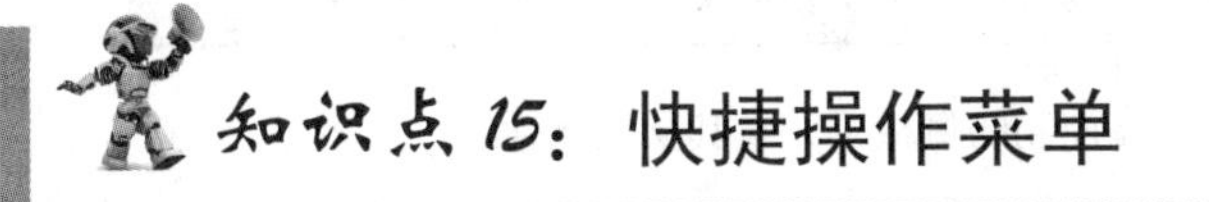

知识点 15：快捷操作菜单

15.1　本节要点

➢ 熟悉快捷操作菜单的作用
➢ 掌握快捷操作菜单的操作

※ 快捷操作菜单

15.2　要点解析

15.2.1　快捷操作子菜单

快捷操作菜单在手动模式下显示机器人当前的**机械单元**、**动作模式**和**增量大小**，并且提供了比手动操纵界面更加快捷的方式在各个属性间进行切换。熟练使用快捷操作菜单可以更为高效地操控机器人运动。点击示教器右下角的快捷操作菜单，示教器右边栏将弹出菜单按钮，如图 15.1 所示。

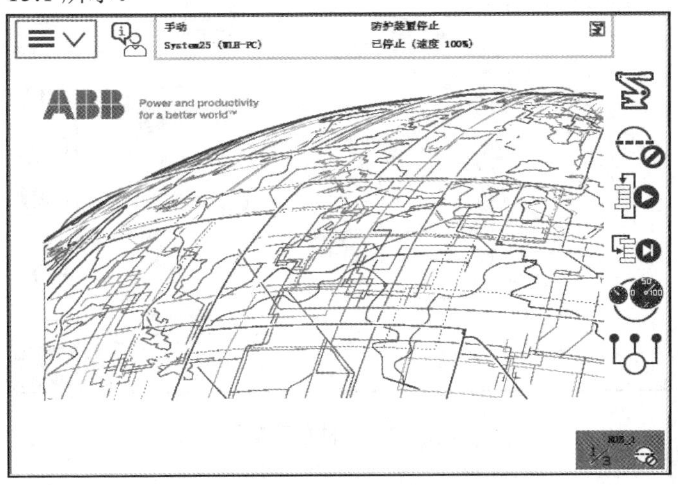

图 15.1　快捷操作菜单

各子菜单说明见表 15.1。

表 15.1 快捷操作各子菜单说明

序号	图例	说明
1		机械单元：用于选择控制的机械单元及其操纵属性
2		增量：用于切换增量模式
3		运行模式：用于选择程序的运行模式，可以在“单周”和“连续”之间切换
4		步进模式：用于选择逐步执行程序的方式
5		速度：用于设置当前模式下的执行速度，显示相对于最大运行速度的百分比
6		任务：用于启用/停用任务，安装 Multitasking 选项后可以包含多个任务，否则仅包含一个任务

15.2.2 机械单元

点击【机械单元】子菜单，弹出子菜单详情，如图 15.2 所示。

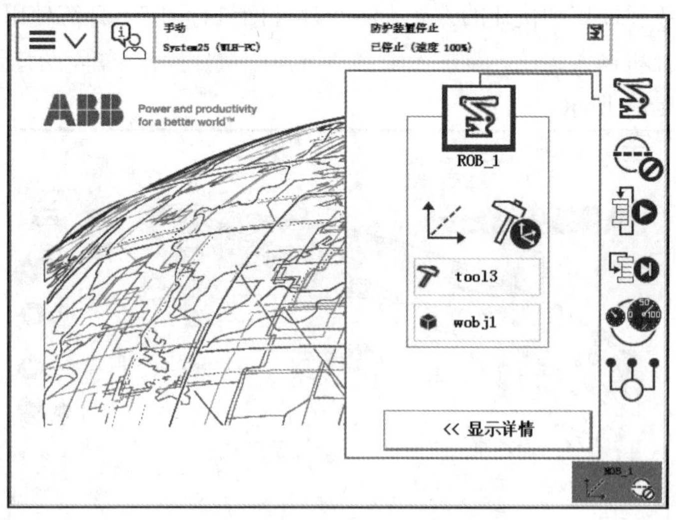

图 15.2 机械单元菜单

机械单元各菜单项说明见表 15.2。

表 15.2　机械单元各菜单项说明

序号	图例	说明
1		用于切换动作模式
2		用于切换运动坐标系
3	tool3	用于选择工具坐标系
4	wobj1	用于选择工件坐标系

点击【显示详情】，弹出详情页，如图 15.3 所示。

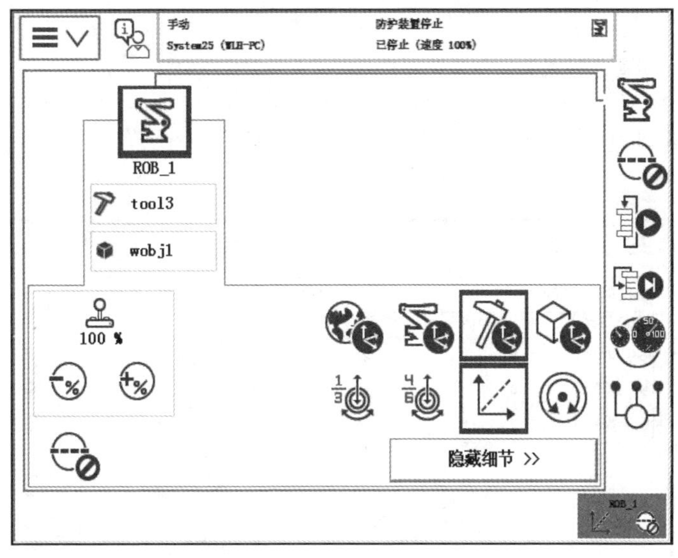

图 15.3　机械单元详情页

显示详情各菜单项说明见表 15.3。

表 15.3　显示详情各菜单项说明

序号	图例	说明
1	tool3	用于选择工具坐标系
2	wobj1	用于选择工件坐标系
3		用于选择参考坐标系
4		用于选择动作模式
5	100 %	用于切换速度
6		用于切换增量模式

15.2.3　增　量

点击【增量】子菜单，弹出子菜单详情，如图 15.4 所示。

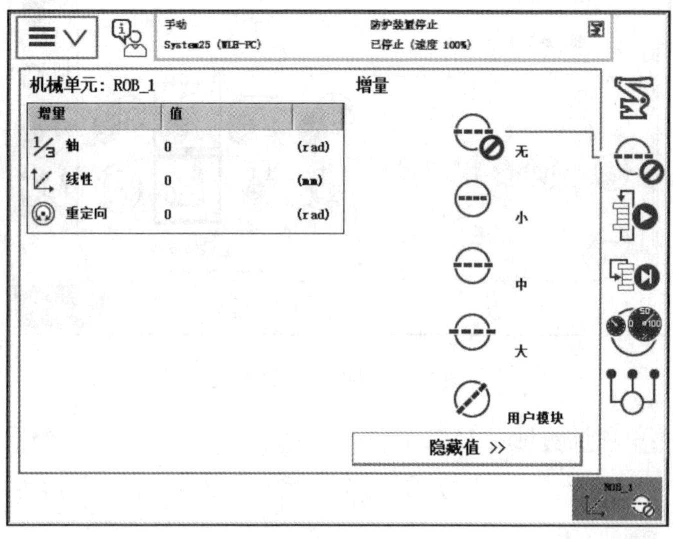

图 15.4　增量菜单

增量各菜单项说明见表 15.4。

表 15.4　增量各菜单项说明

序号	图例	说明
1	无	没有增量
2	小	小移动
3	中	中等移动
4	大	大移动
5	用户模块	用户定义的移动

15.2.4　运行模式

点击【运行模式】子菜单，弹出子菜单详情，如图 15.5 所示。

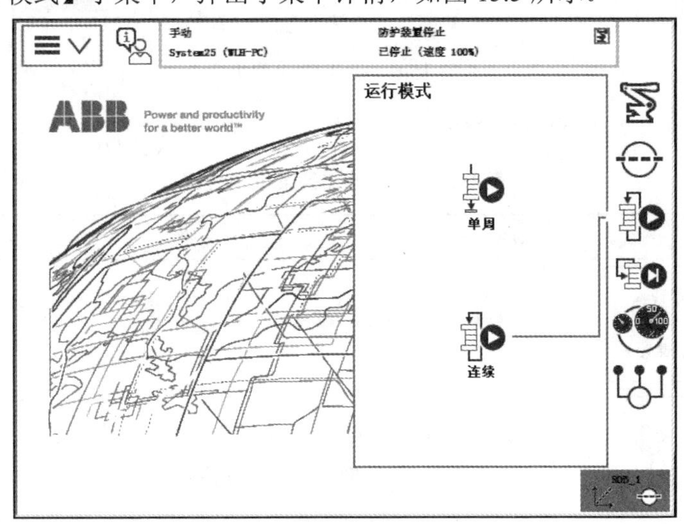

图 15.5　运行模式菜单

运行模式各菜单项说明见表 15.5。

表 15.5　运行模式各菜单项说明

序号	图例	说明
1	单周	运行一次循环然后停止执行
2	连续	连续运行

15.2.5 步进模式

点击【步进模式】子菜单，弹出子菜单详情，如图 15.6 所示。

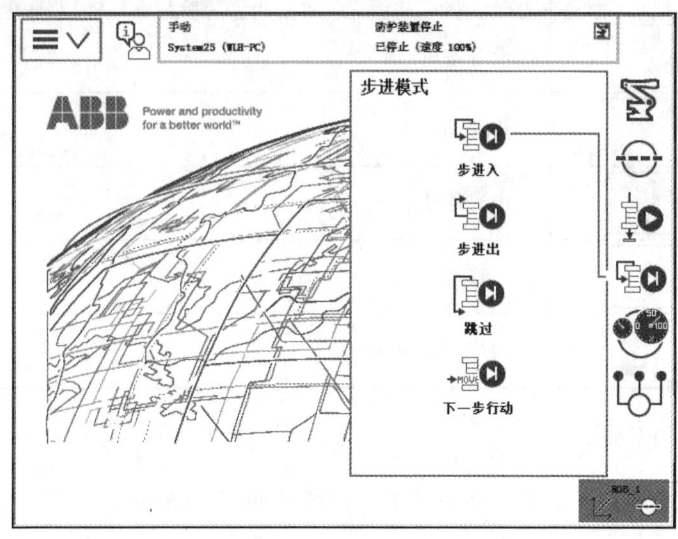

图 15.6 步进模式菜单

步进模式各菜单项说明见表 15.6。

表 15.6 步进模式各菜单项说明

序号	图例	说明
1	步进入	单击进入已调用的例行程序并逐步执行
2	步进出	执行当前例行程序的其余部分，然后在例行程序中的下一指令处停止，无法在 Main 例行程序中使用
3	跳过	一步执行调用的例行程序
4	下一步行动	步进到下一条运动指令，在运动指令之前和之后停止，以方便修改位置等操作

15.2.6 速 度

点击【速度】子菜单，弹出子菜单详情，如图 15.7 所示。

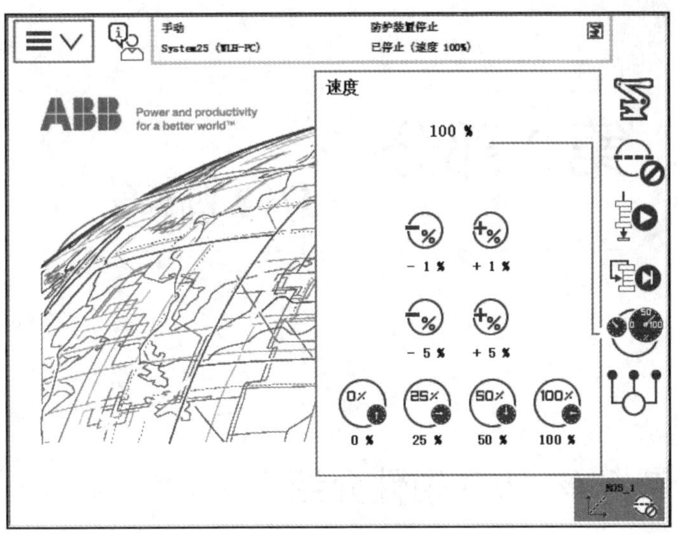

图 15.7　速度菜单

速度各菜单项说明见表 15.7。

表 15.7　速度各项菜单项说明

序号	图例	说明
1	- 1 %　+ 1 %	以 1%的步幅减小/增大运行速度
2	- 5 %　+ 5 %	以 5%的步幅减小/增大运行速度
3	0 %　25 %　50 %　100 %	将速度设置为 0%、25%、50%、100%

第 3 部分 I/O 配置

知识点 16：I/O 硬件介绍

16.1 本节要点

- 了解 ABB 机器人常见通信方式
- 熟悉 ABB 机器人标准 I/O 板分类
- 掌握 ABB 标准 I/O 板结构

※ I/O 硬件介绍

16.2 要点解析

16.2.1 常见通信方式

ABB 机器人常见的与外部通信的方式分为 3 类，见表 16.1。其中 IRB120 机器人标配 DeviceNet 总线。

表 16.1 ABB 机器人常见通信方式

PC	现场总线	ABB 标准
RS 232 通信 OPC Server Socket Message	DeviceNet Profibus Profibus-DP Profinet EtherNet IP	标准 I/O 板 PLC

16.2.2　标准 I/O 板分类

ABB 机器人常用的标准 I/O 板见表 16.2。其中 IRB 120 机器人标配 DSQC 652 I/O 板。

表 16.2　标准 I/O 板分类

型号	说明
DSQC 651	分布式 I/O 模块 8 位数字量输入+8 位数字量输出+2 位模拟量输出
DSQC 652	分布式 I/O 模块 16 位数字量输入+16 位数字量输出
DSQC 653	分布式 I/O 模块 8 位数字量输入+8 位数字量输出，带继电器
DSQC 355A	分布式 I/O 模块 4 位模拟量输入+4 位模拟量输出
DSQC 377A	输送链跟踪单元

16.2.3　DSQC 652 结构

DSQC 652 标准 I/O 板如图 16.1 所示。

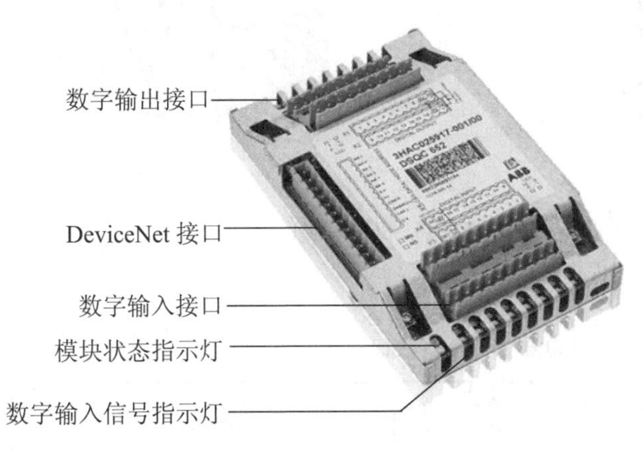

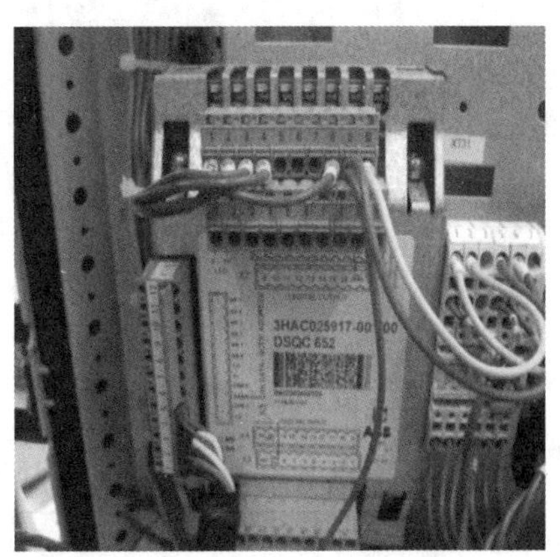

图 16.1　DSQC 652 标准 I/O 板

ABB 标准 I/O 板是挂在 DeviceNet 网络上的，地址可用范围为 10～63，其网络地址由端子 X5 上 6～12 的跳线决定。如图 16.2 所示，将第 8 脚和第 10 脚的跳线剪去，2＋8=10，即该模块地址为 10。

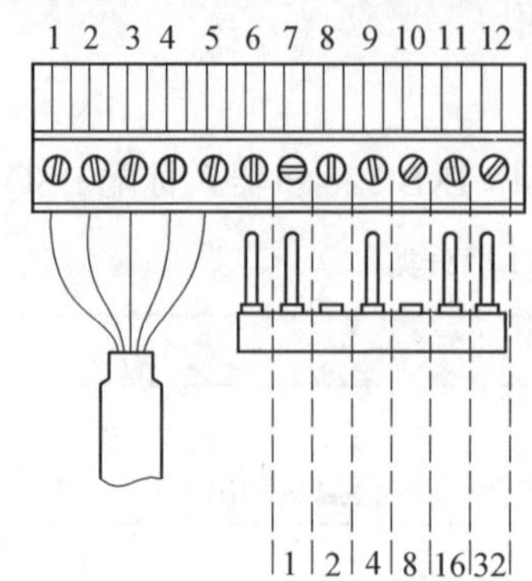

1. 0 V（黑色线）
2. CAN 信号线（Low，蓝色线）
3. 屏蔽线
4. CAN 信号线（High，白色线）
5. 24 V（红色线）
6. GND 地址选择公共端（0 V）

图 16.2　DeviceNet 接线图

IRB 120 机器人所采用的 IRC5 型紧凑型控制器 I/O 接口和控制电源接口如图 16.3 所示。

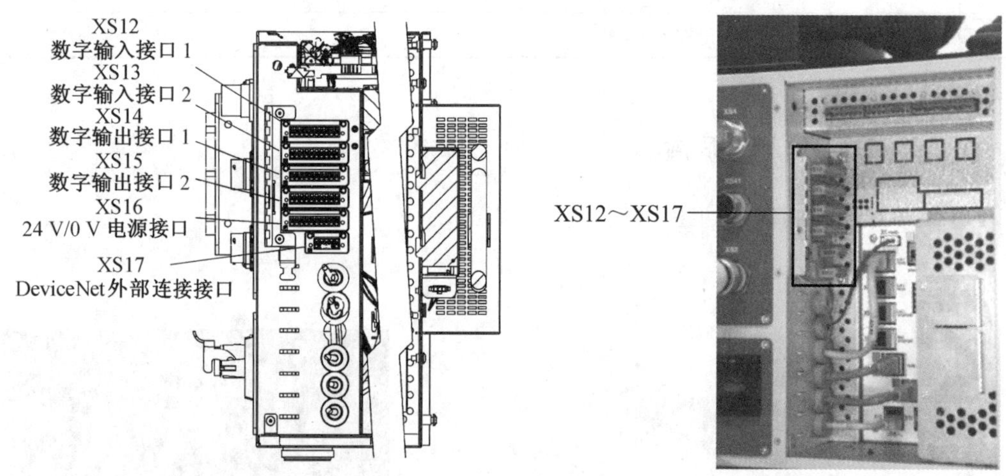

图 16.3　IRC5 型紧凑型控制器 I/O 接口和电源接口

各接口 I/O 说明见表 16.3。

表 16.3　IRB 120 机器人 I/O 接口

端子	接口	地址
XS12	8 位数字输入	0～7
XS13	8 位数字输入	8～15
XS14	8 位数字输出	0～7
XS15	8 位数字输出	8～15
XS16	24 V/0 V 电源	0 V 和 24 V 每位间隔
XS17	DeviceNet 外部连接接口	

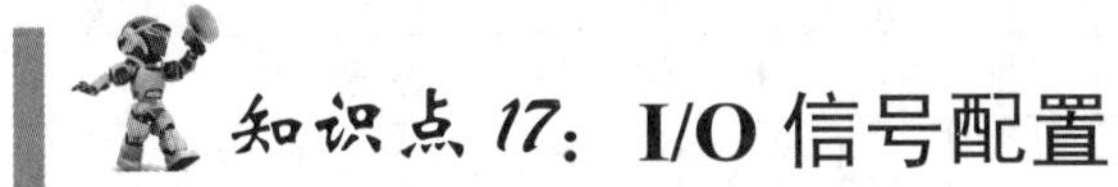

知识点17：I/O信号配置

17.1　本节要点

➢ 掌握I/O配置方法

※ I/O信号配置

17.2　要点解析

ABB标准I/O板安装完成后，需要对各信号进行一系列设置后才能在软件中使用，设置的过程称为I/O配置。I/O配置分为两个过程：一是将I/O板添加到DeviceNet总线上，二是映射I/O。

在DeviceNet总线上添加I/O板时，需要配置部分必要项，如图17.1所示。

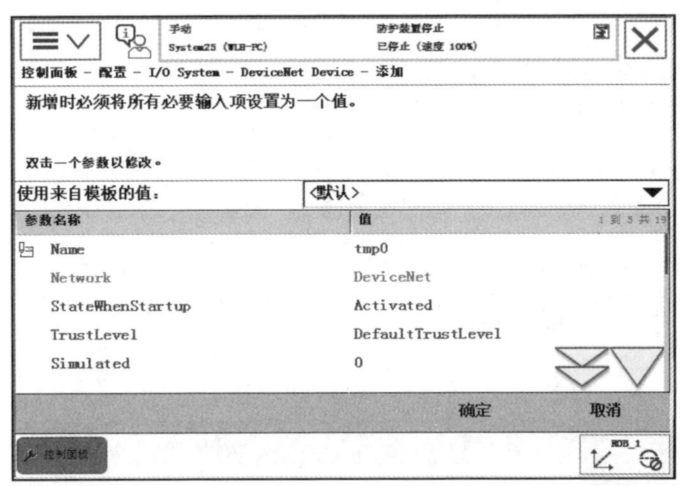

图17.1　添加I/O板配置项

其中各项内容见表 17.1。

表 17.1 DeviceNet 总线上添加 I/O 板时，需要配置的各项内容

序号	图例	说明
1	Name	设置 I/O 装置名称（*必设项）
2	Network	设置 I/O 装置实际连接的工业网络
3	StateWhenStartup	设置 I/O 装置在系统重启后的逻辑状态
4	TrustLevel	设置 I/O 装置在控制器错误情况下的行为
5	Simulated	指定是否对 I/O 装置进行仿真
6	VendorName	设置 I/O 装置厂商名称
7	ProductName	设置 I/O 装置产品名称
8	RecoveryTime	设置工业网络恢复丢失 I/O 装置的时间间隔
9	Label	设置 I/O 装置标签
10	Address	设置 I/O 装置地址（*必设项）
11	Vendor ID	设置 I/O 装置制造商 ID
12	Product Code	设置 I/O 装置产品代码
13	Device Type	设置 I/O 装置设备类型
14	Production Inhibit Time (ms)	设置 I/O 装置滤波时间
15	ConnectionType	设置 I/O 装置连接类型
16	PollRate	设置 I/O 装置采样频率
17	Connection Output Size (bytes)	设置 I/O 装置输出缓冲区大小
18	Connection Input Size (bytes)	设置 I/O 装置输入缓冲区大小
19	Quick Connect	指定 I/O 装置是否激活快速连接

在映射 I/O 信号时，需要配置部分必要项如图 17.2 所示。

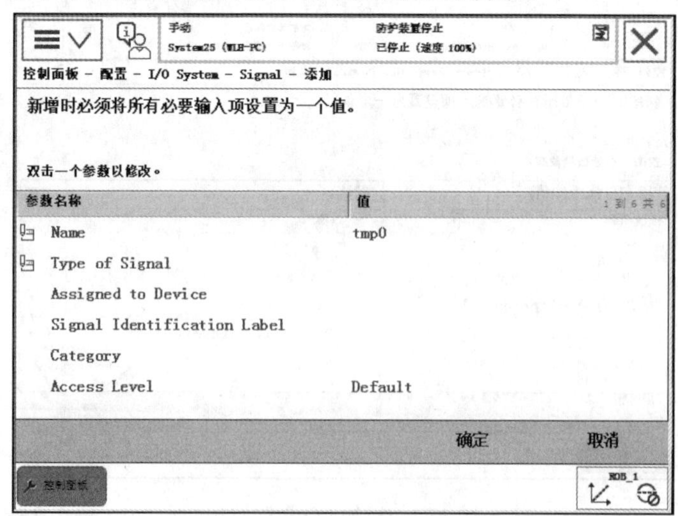

图 17.2 添加 I/O 信号配置项

其中各项内容见表 17.2。

表 17.2 在映射 I/O 信号时，需要配置的各项内容

序号	图例	说明
1	Name	设置 I/O 信号名称（*必设项）
2	Type of Signal	设置 I/O 信号类型（*必设项）
3	Assigned to Device	设置 I/O 信号所连接的 I/O 装置（*必设项）
4	Signal Identification Label	设置 I/O 信号标签
5	Device Mapping	设置 I/O 引脚地址（*必设项）
6	Category	设置 I/O 信号类别
7	Access Level	设置 I/O 信号权限等级

17.3 操作步骤

17.3.1 添加 I/O 板

添加 I/O 板的操作步骤见表 17.3。

表 17.3 添加 I/O 板操作步骤

序号	图片示例	操作步骤
1	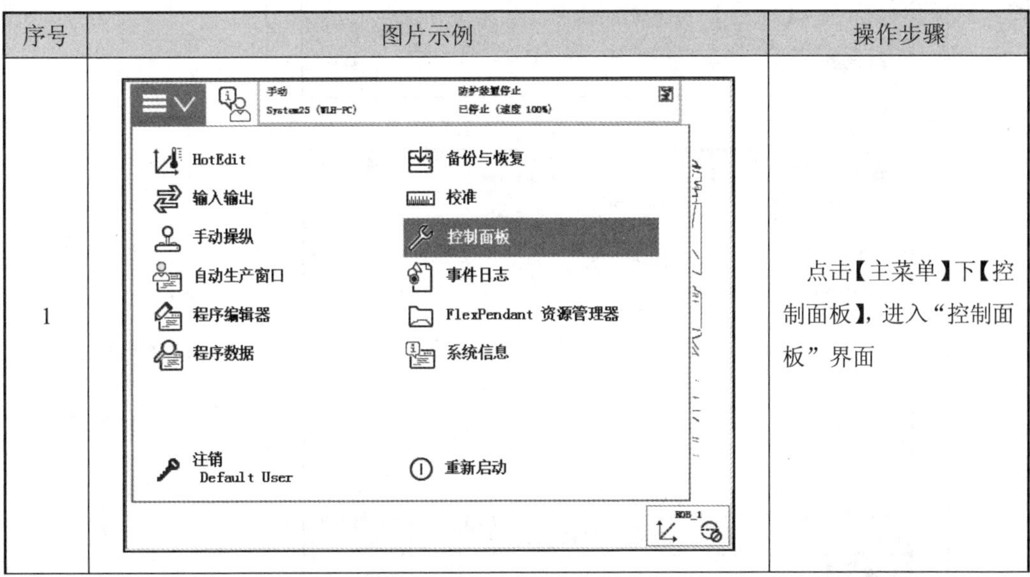	点击【主菜单】下【控制面板】，进入“控制面板”界面

续表 17.3

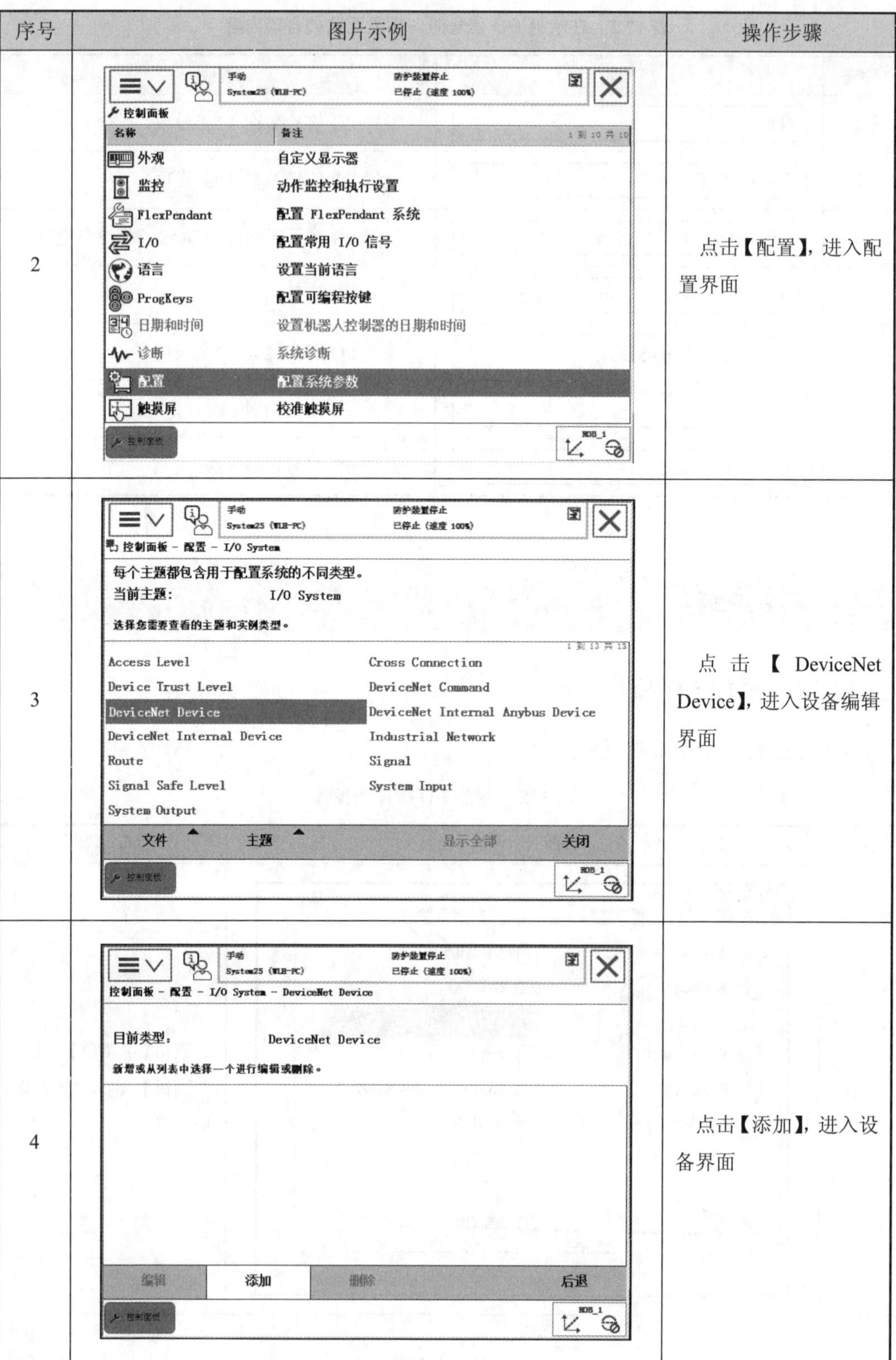

序号	图片示例	操作步骤
2		点击【配置】，进入配置界面
3		点击【DeviceNet Device】，进入设备编辑界面
4		点击【添加】，进入设备界面

续表 17.3

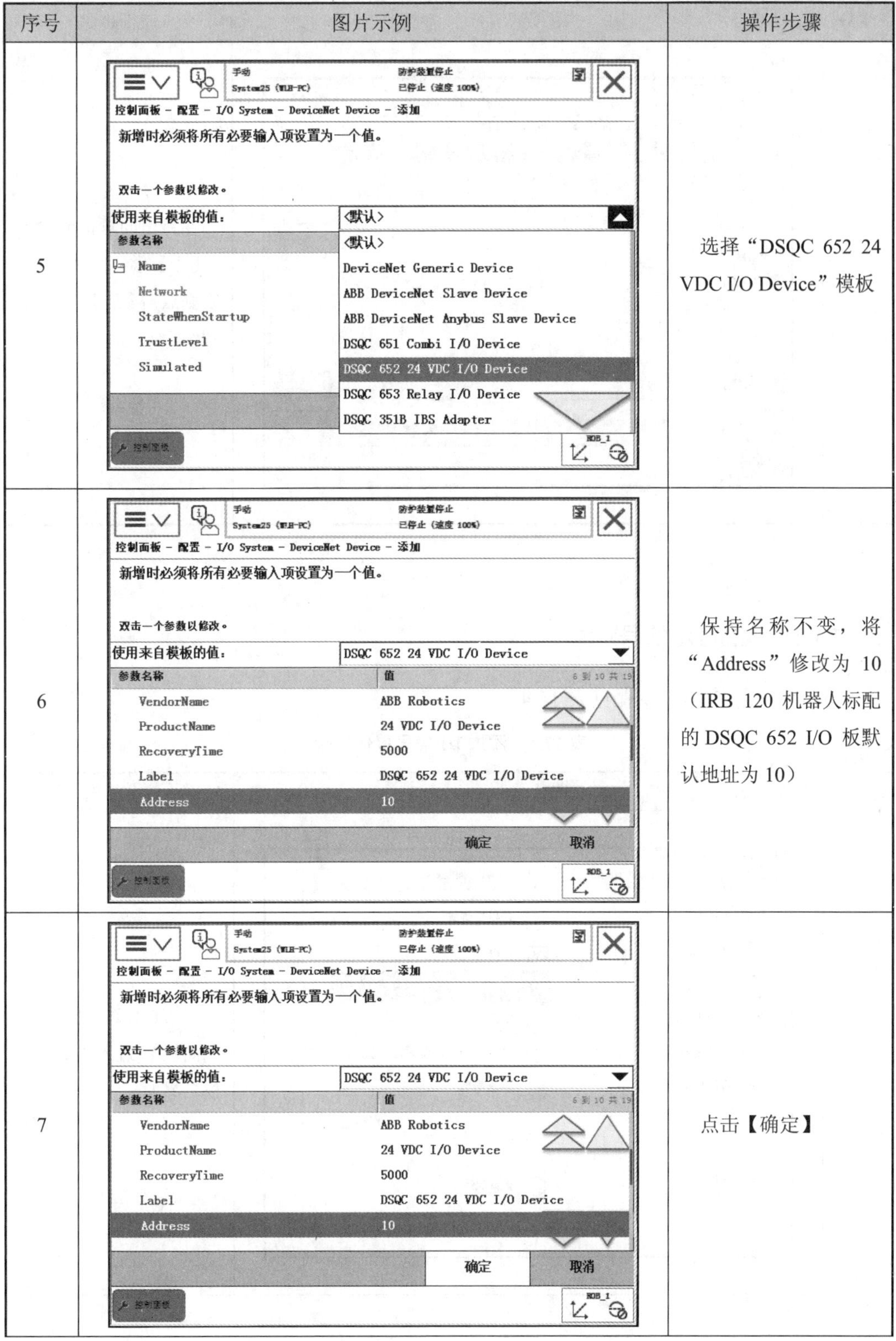

序号	图片示例	操作步骤
5		选择“DSQC 652 24 VDC I/O Device”模板
6		保持名称不变，将“Address”修改为 10（IRB 120 机器人标配的 DSQC 652 I/O 板默认地址为 10）
7		点击【确定】

续表 17.3

序号	图片示例	操作步骤
8	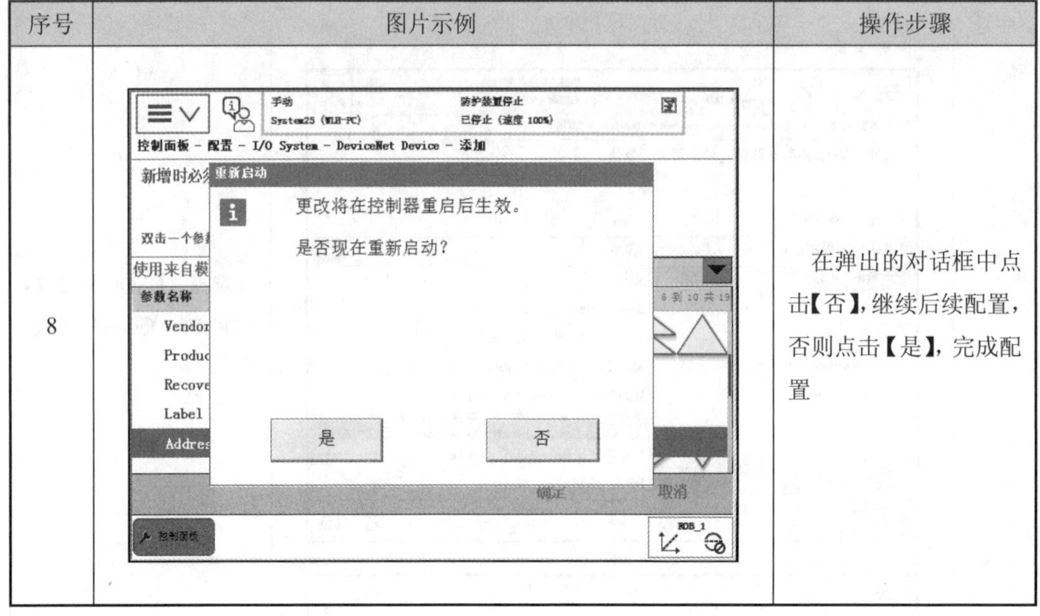	在弹出的对话框中点击【否】，继续后续配置，否则点击【是】，完成配置

17.3.2　添加 DI 信号

添加 DI 信号的操作步骤见表 17.4。

表 17.4　添加 DI 信号操作步骤

序号	图片示例	操作步骤
1	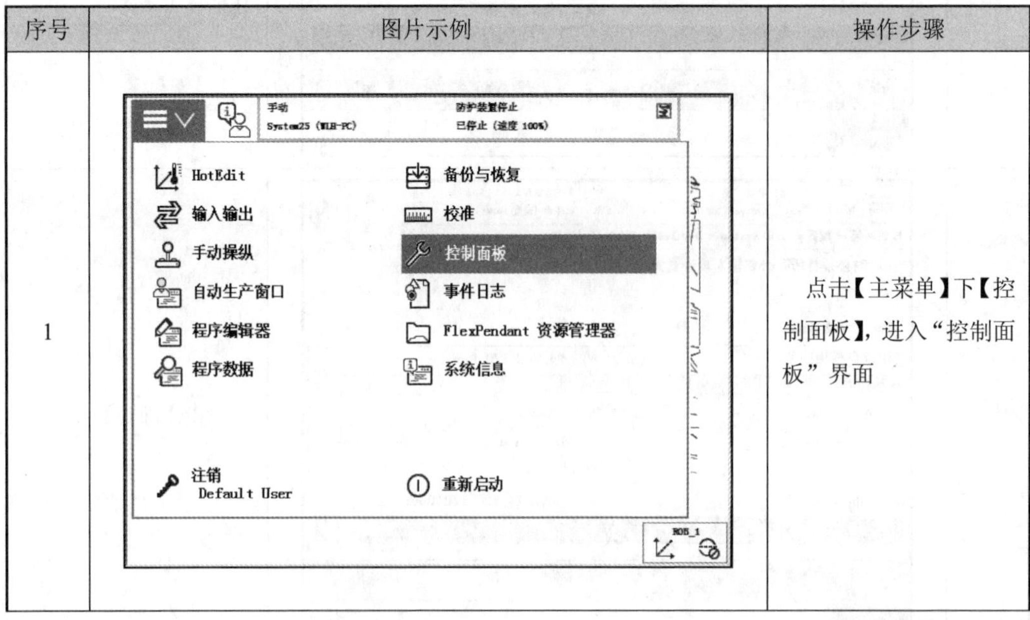	点击【主菜单】下【控制面板】，进入“控制面板”界面

续表 17.4

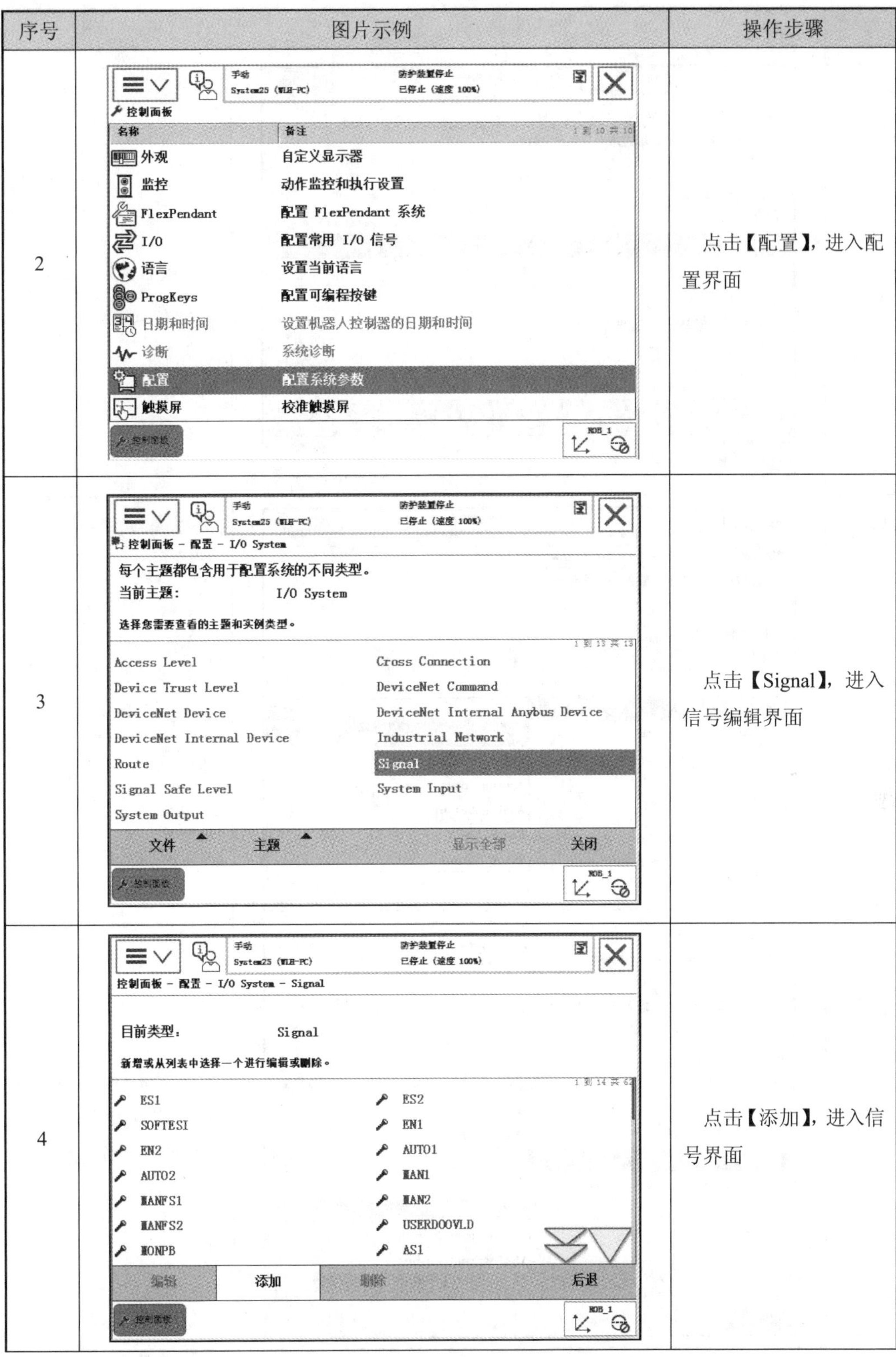

序号	图片示例	操作步骤
2		点击【配置】，进入配置界面
3		点击【Signal】，进入信号编辑界面
4		点击【添加】，进入信号界面

续表 17.4

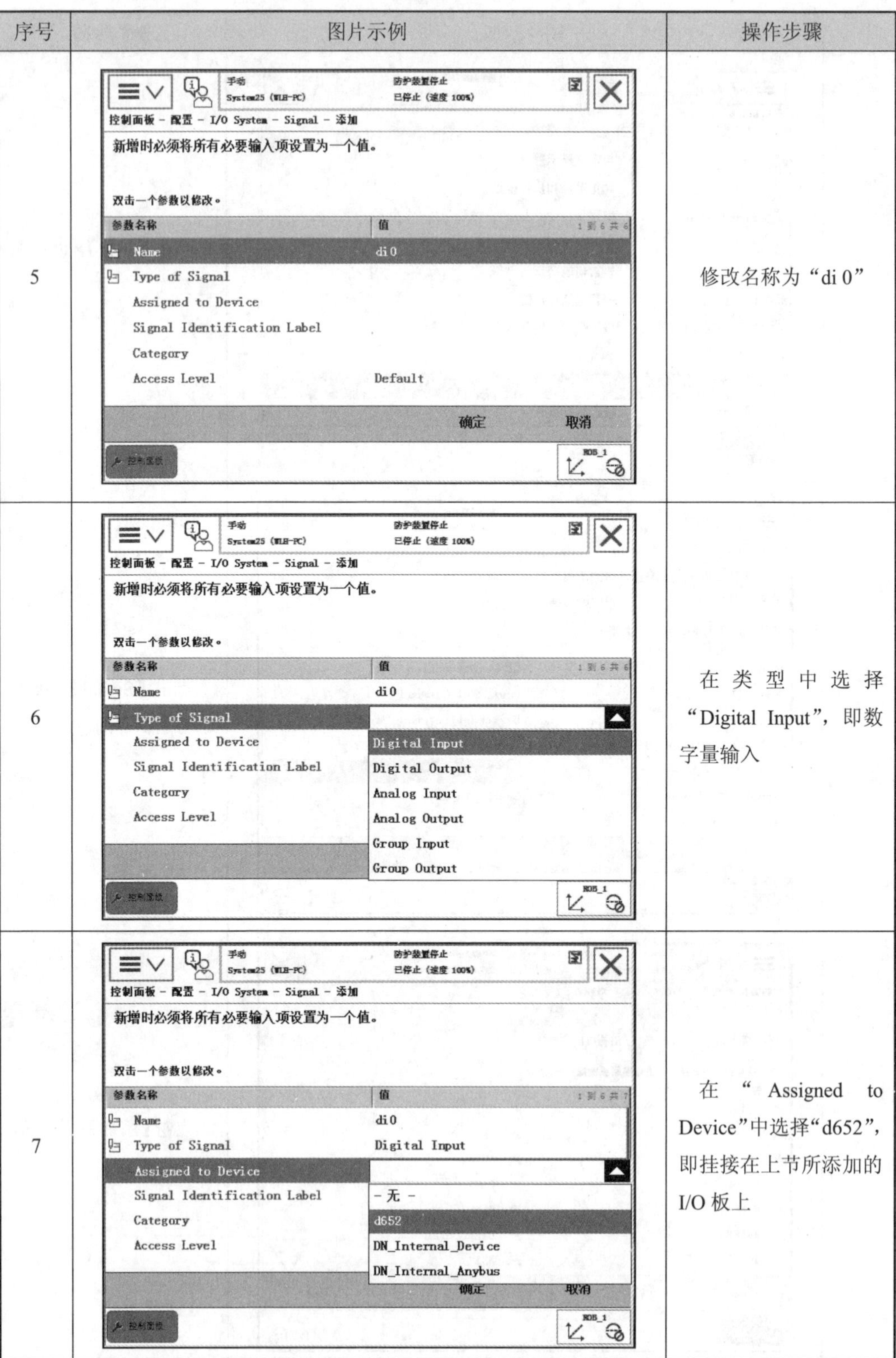

序号	图片示例	操作步骤
5		修改名称为“di 0”
6		在类型中选择“Digital Input”，即数字量输入
7		在“Assigned to Device”中选择“d652”，即挂接在上节所添加的 I/O 板上

续表 17.4

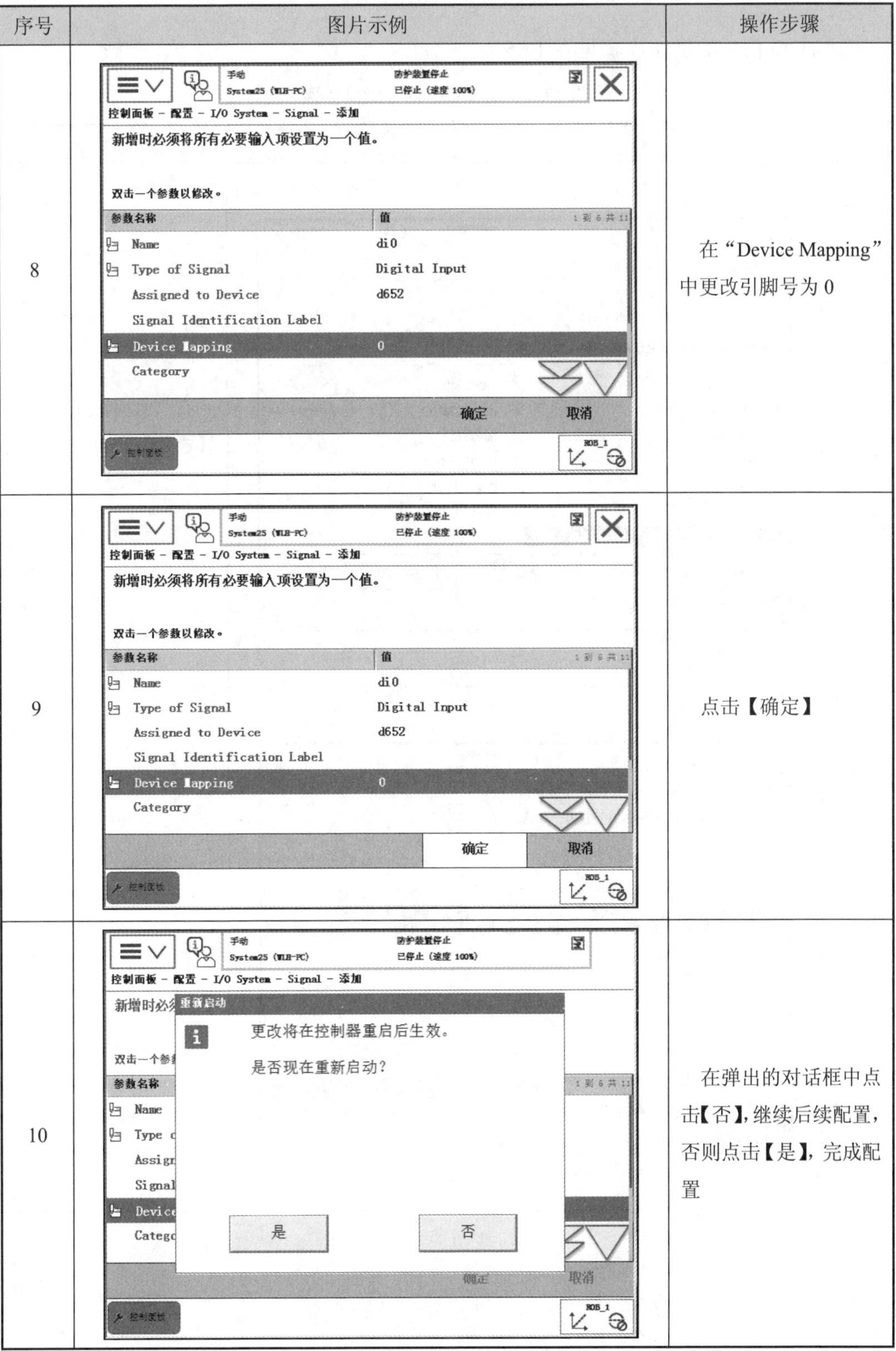

序号	图片示例	操作步骤
8		在“Device Mapping”中更改引脚号为 0
9		点击【确定】
10		在弹出的对话框中点击【否】，继续后续配置，否则点击【是】，完成配置

17.3.3 添加 GO 信号

添加 GO 信号的操作步骤见表 17.5。

表 17.5 添加 GO 信号操作步骤

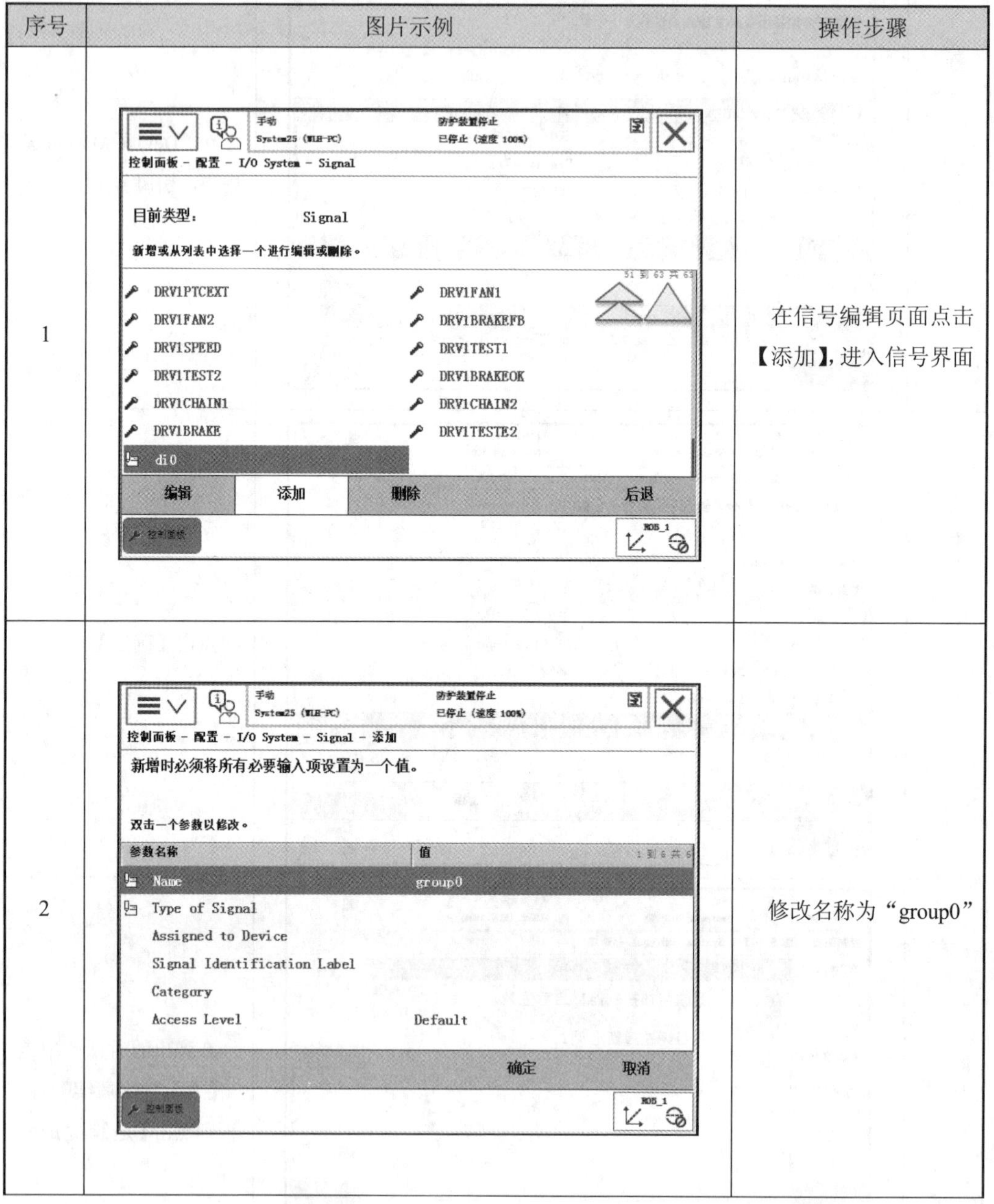

序号	图片示例	操作步骤
1		在信号编辑页面点击【添加】，进入信号界面
2		修改名称为“group0”

续表 17.5

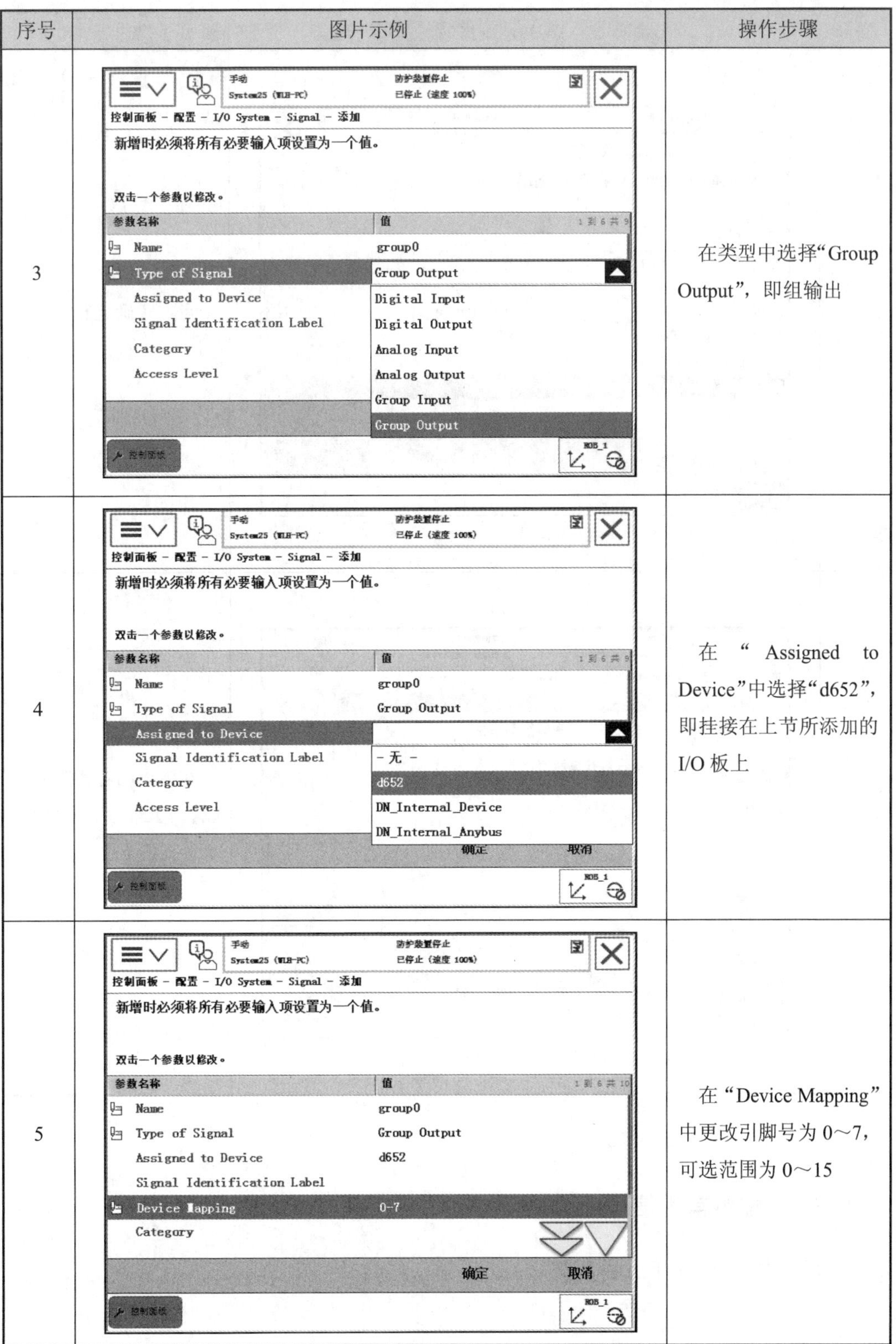

序号	图片示例	操作步骤
3		在类型中选择“Group Output”，即组输出
4		在“Assigned to Device”中选择“d652”，即挂接在上节所添加的I/O板上
5		在“Device Mapping”中更改引脚号为 0～7，可选范围为 0～15

续表 17.5

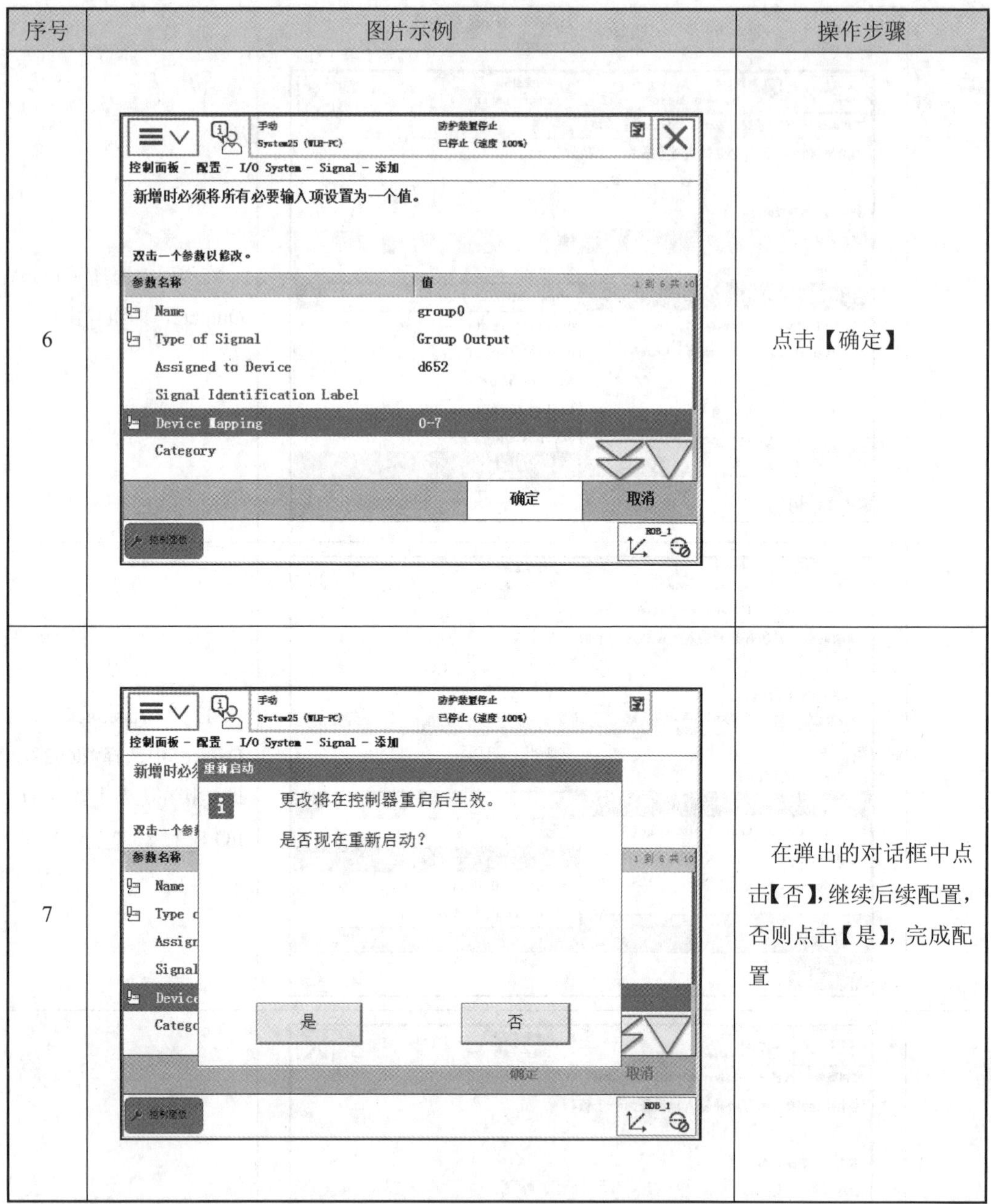

序号	图片示例	操作步骤
6	手动 System25 (WLB-PC) 防护装置停止 已停止（速度 100%） 控制面板 - 配置 - I/O System - Signal - 添加 新增时必须将所有必要输入项设置为一个值。 双击一个参数以修改。 参数名称 值 1 到 6 共 10 Name group0 Type of Signal Group Output Assigned to Device d652 Signal Identification Label Device Mapping 0-7 Category 确定 取消	点击【确定】
7	手动 System25 (WLB-PC) 防护装置停止 已停止（速度 100%） 控制面板 - 配置 - I/O System - Signal - 添加 重新启动 更改将在控制器重启后生效。 是否现在重新启动？ 是 否	在弹出的对话框中点击【否】，继续后续配置，否则点击【是】，完成配置

17.3.4　配置常用信号

配置常用信号的操作步骤见表 17.6。

表 17.6 配置常用信号操作步骤

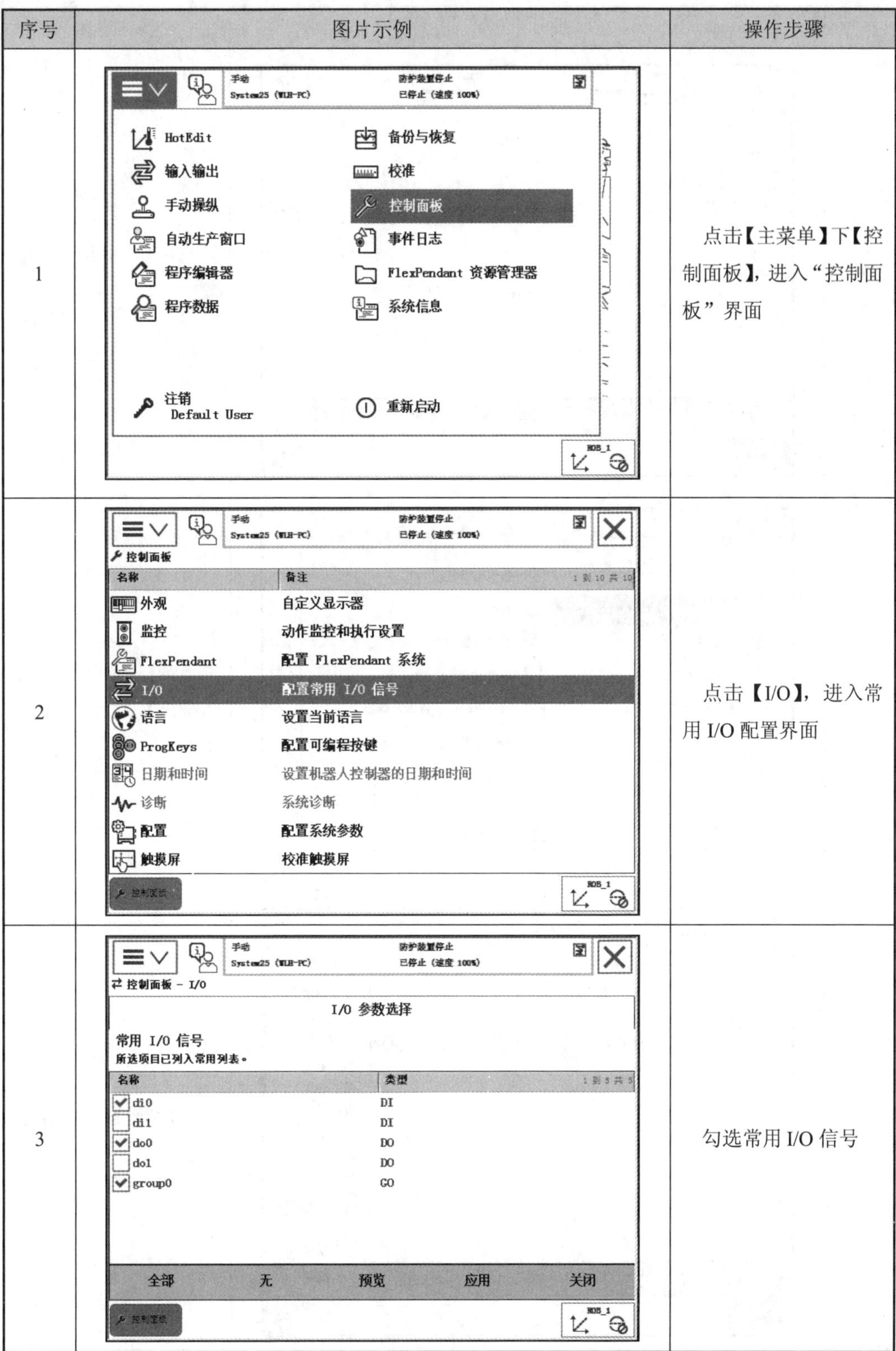

序号	图片示例	操作步骤
1		点击【主菜单】下【控制面板】，进入“控制面板”界面
2		点击【I/O】，进入常用 I/O 配置界面
3		勾选常用 I/O 信号

续表 17.6

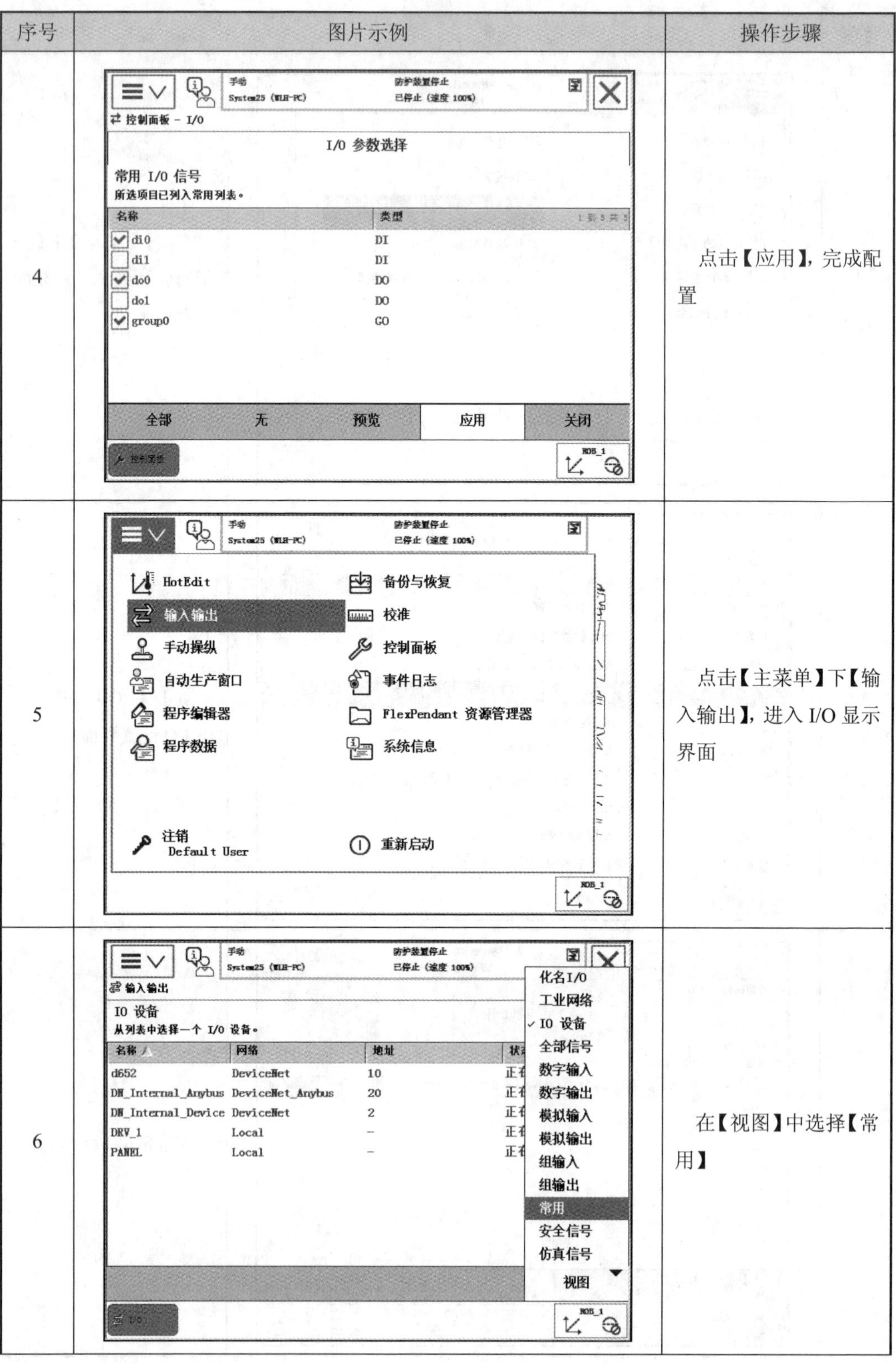

序号	图片示例	操作步骤
4		点击【应用】，完成配置
5		点击【主菜单】下【输入输出】，进入 I/O 显示界面
6		在【视图】中选择【常用】

续表 17.6

序号	图片示例	操作步骤
7	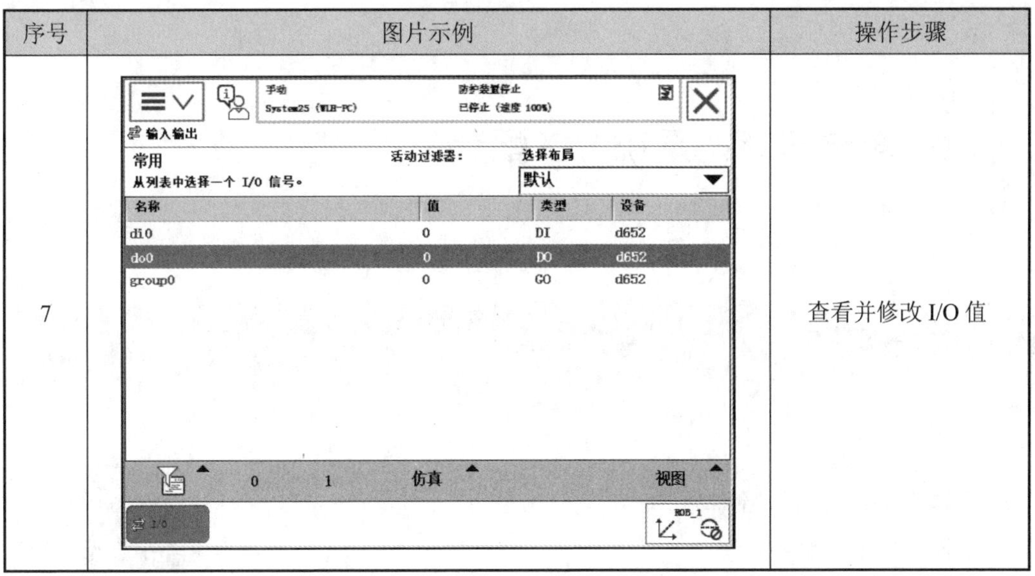	查看并修改 I/O 值

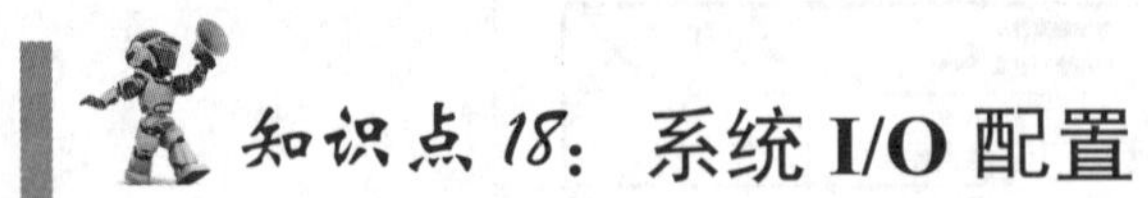

知识点 18：系统 I/O 配置

18.1 本节要点

➢ 了解常用系统信号名称

➢ 掌握系统 I/O 配置方法

※ 系统 I/O 配置

18.2 要点解析

18.2.1 常用系统输入信号

系统输入配置即将数字输入信号与机器人系统控制信号关联起来，通过外部信号对系统进行控制，ABB 机器人可被配置为系统输入的信号见表 18.1。

表 18.1 常用系统输入信号

序号	图例	说明
1	Motors On	电机上电
2	Motors Off	电机下电
3	Start	启动运行
4	Start at Main	从主程序启动运行
5	Stop	暂停
6	Quick Stop	快速停止
7	Soft Stop	软停止
8	Stop at end of Cycle	在循环结束后停止
9	Interrupt	中断触发
10	Load and Start	加载程序并启动运行

续表 18.1

序号	图例	说明
11	Reset Emergency stop	急停复位
12	Motors On and Start	电机上电并启动运行
13	System Restart	重启系统
14	Load	加载程序文件
15	Backup	系统备份
16	PP to Main	指针移至主程序 Main

18.2.2　常用系统输出信号

系统输出即将机器人系统状态信号与数字输出信号关联起来，将状态输出，ABB 机器人可被配置为系统输出的信号见表 18.2。

表 18.2　常用系统输出信号

序号	图例	说明
1	Motor On	电机上电
2	Motor Off	电机下电
3	Cycle On	程序运行状态
4	Emergency Stop	紧急停止
5	Auto On	自动运行状态
6	Runchain Ok	程序执行错误报警
7	TCP Speed	TCP 速度，以模拟量输出当前机器人速度
8	Motors On State	电机上电状态
9	Motors Off State	电机下电状态
10	Power Fail Error	动力供应失效状态
11	Motion Supervision Triggered	碰撞检测被触发
12	Motion Supervision On	动作监控打开状态
13	Path return Region Error	返回路径失败状态
14	TCP Speed Reference	TCP 速度参考状态，以模拟量输出当前指令速度
15	Simulated I/O	虚拟 I/O 状态
16	Mechanical Unit Active	激活机械单元
17	TaskExecuting	任务运行状态
18	Mechanical Unit Not Moving	机械单元没有运行
19	Production Execution Error	程序运行错误报警
20	Backup in progress	系统备份进行中
21	Backup error	备份错误报警

18.3 操作步骤

18.3.1 配置系统输入信号

配置系统输入信号的操作步骤见表 18.3。

表 18.3 配置系统输入信号操作步骤

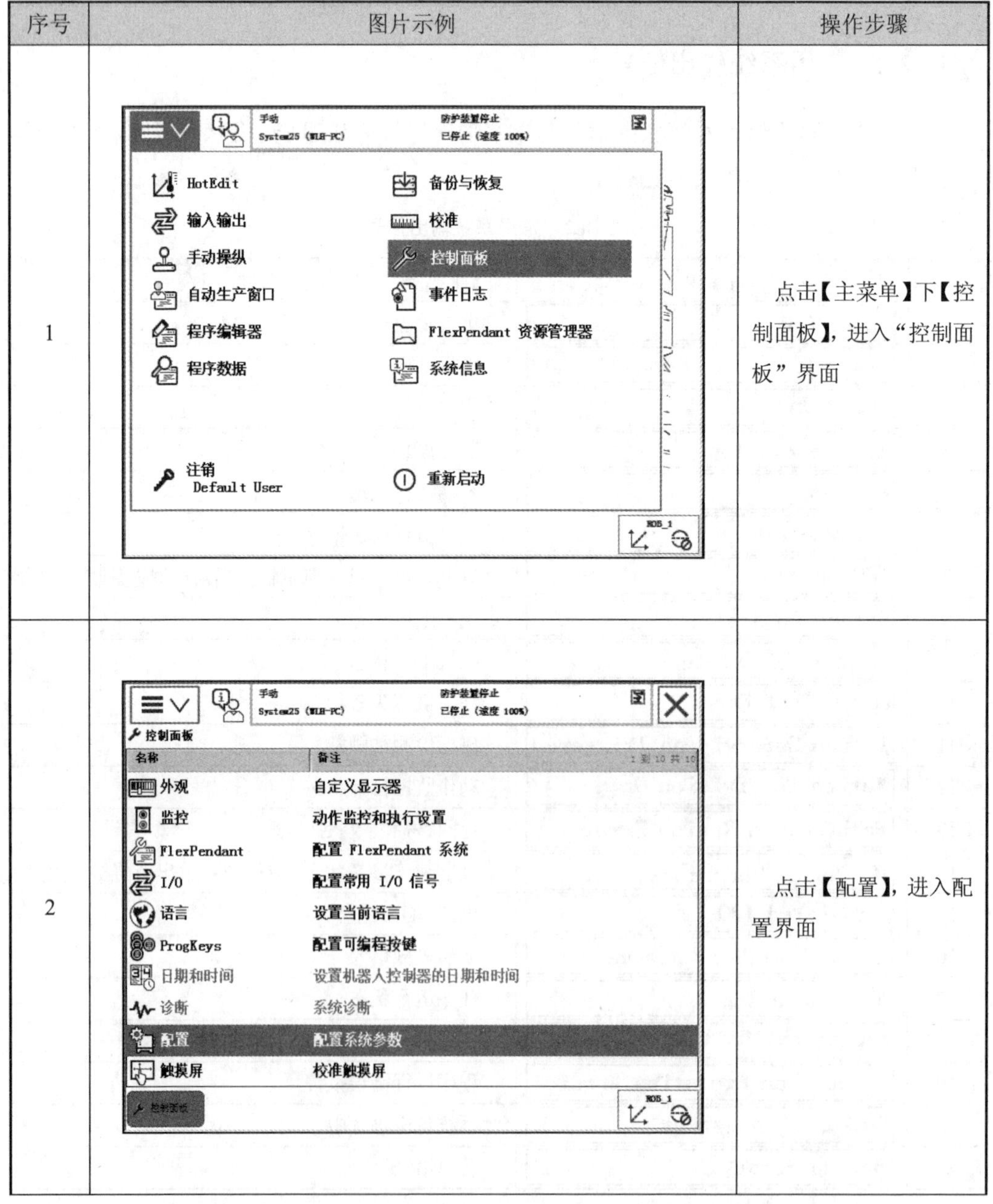

序号	图片示例	操作步骤
1		点击【主菜单】下【控制面板】，进入“控制面板”界面
2		点击【配置】，进入配置界面

续表 18.3

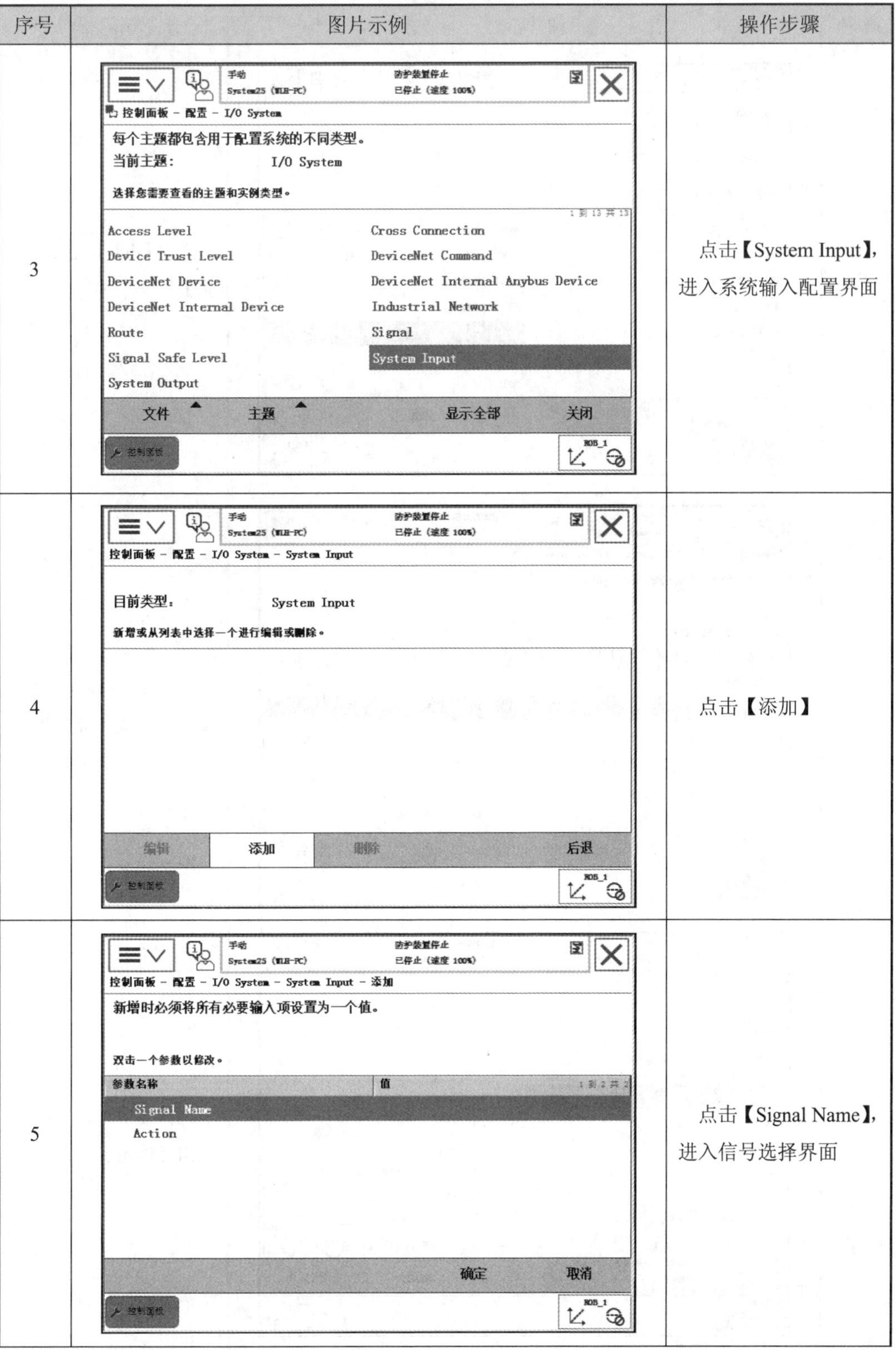

序号	图片示例	操作步骤
3		点击【System Input】，进入系统输入配置界面
4		点击【添加】
5		点击【Signal Name】，进入信号选择界面

续表 18.3

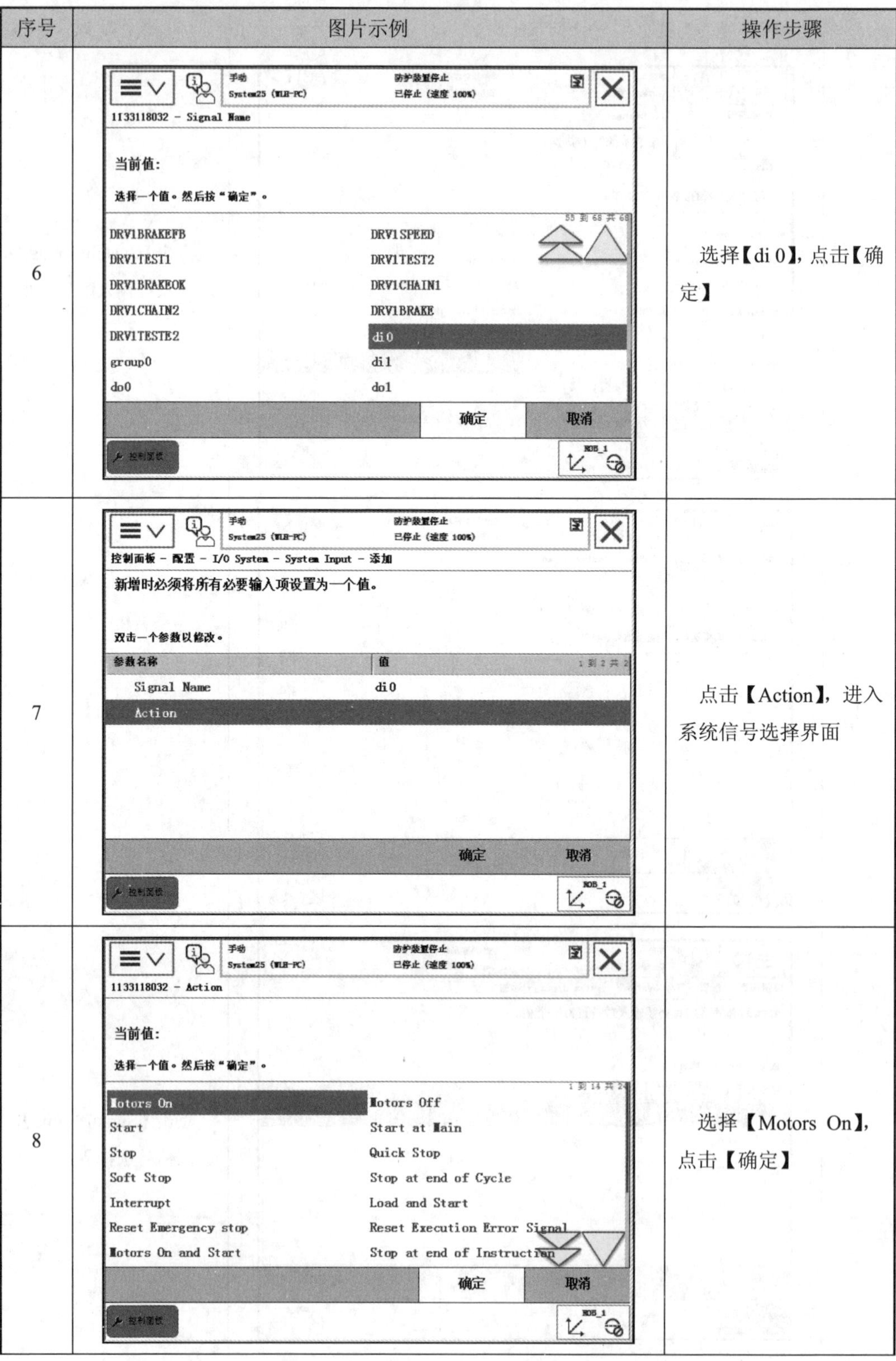

序号	图片示例	操作步骤
6		选择【di 0】，点击【确定】
7		点击【Action】，进入系统信号选择界面
8		选择【Motors On】，点击【确定】

续表 18.3

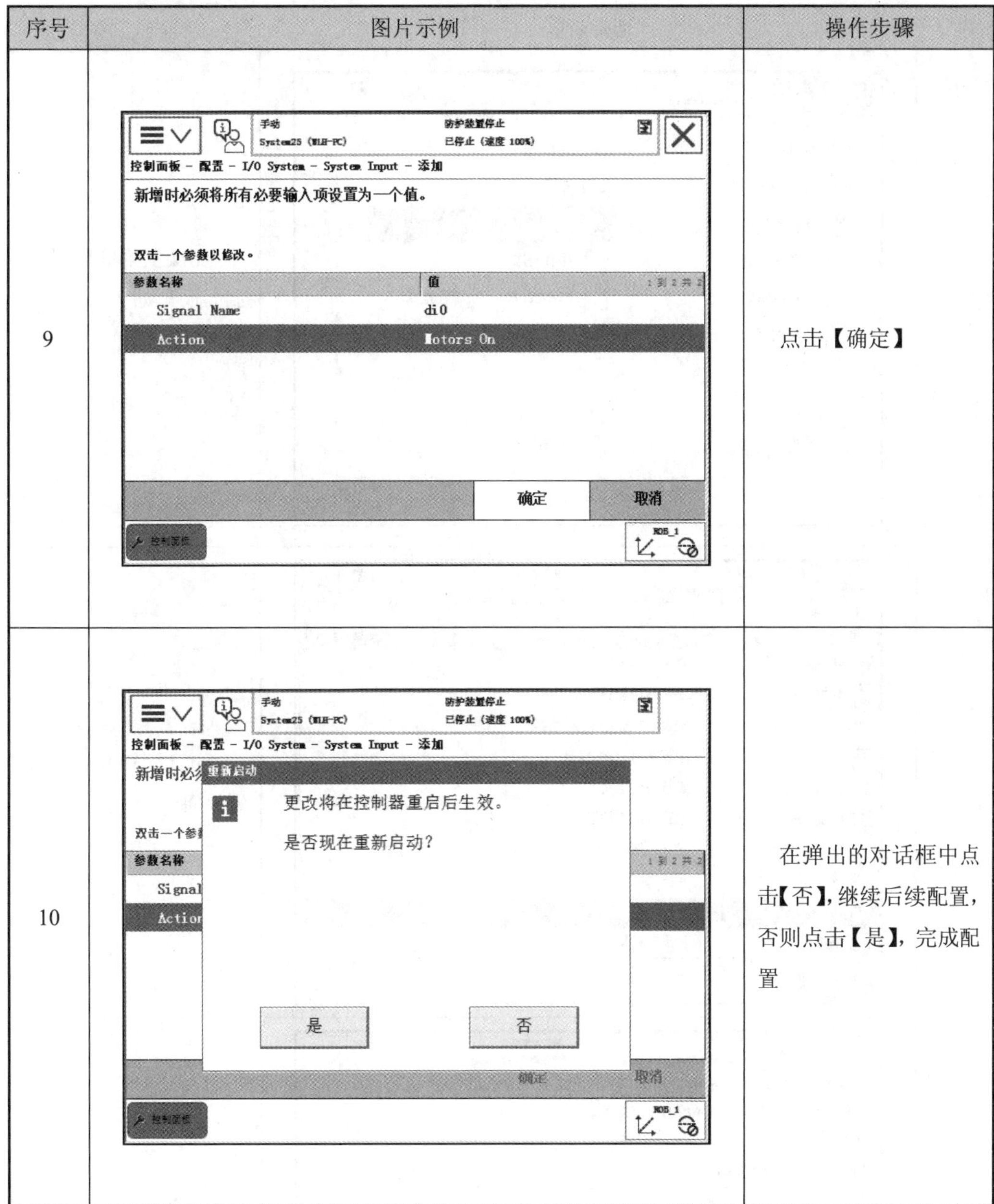

序号	图片示例	操作步骤
9		点击【确定】
10		在弹出的对话框中点击【否】，继续后续配置，否则点击【是】，完成配置

18.3.2 配置系统输出信号

配置系统输出信号的操作步骤见表 18.4。

表 18.4　配置系统输出信号操作步骤

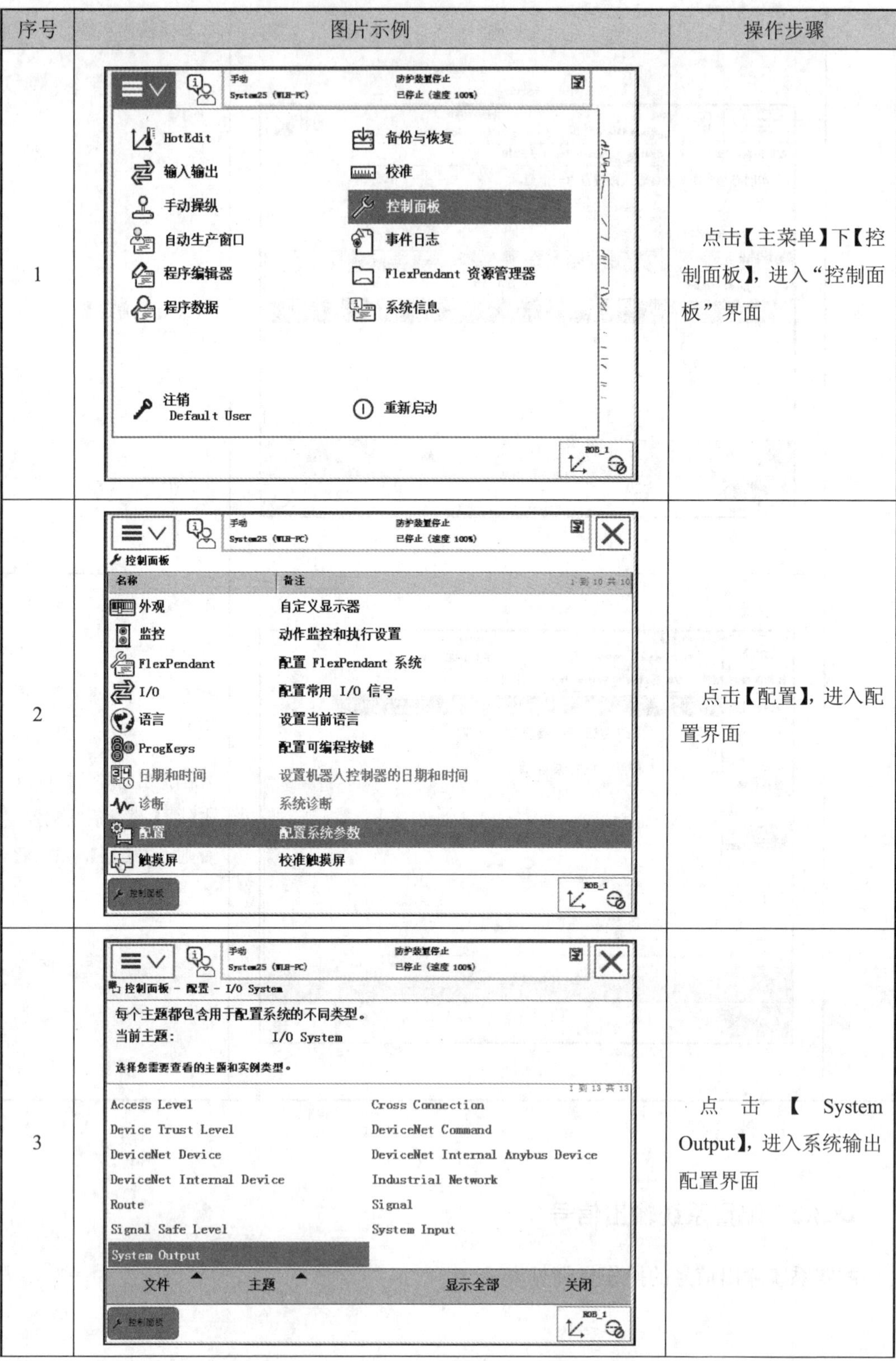

序号	图片示例	操作步骤
1		点击【主菜单】下【控制面板】，进入“控制面板”界面
2		点击【配置】，进入配置界面
3		点击【System Output】，进入系统输出配置界面

续表 18.4

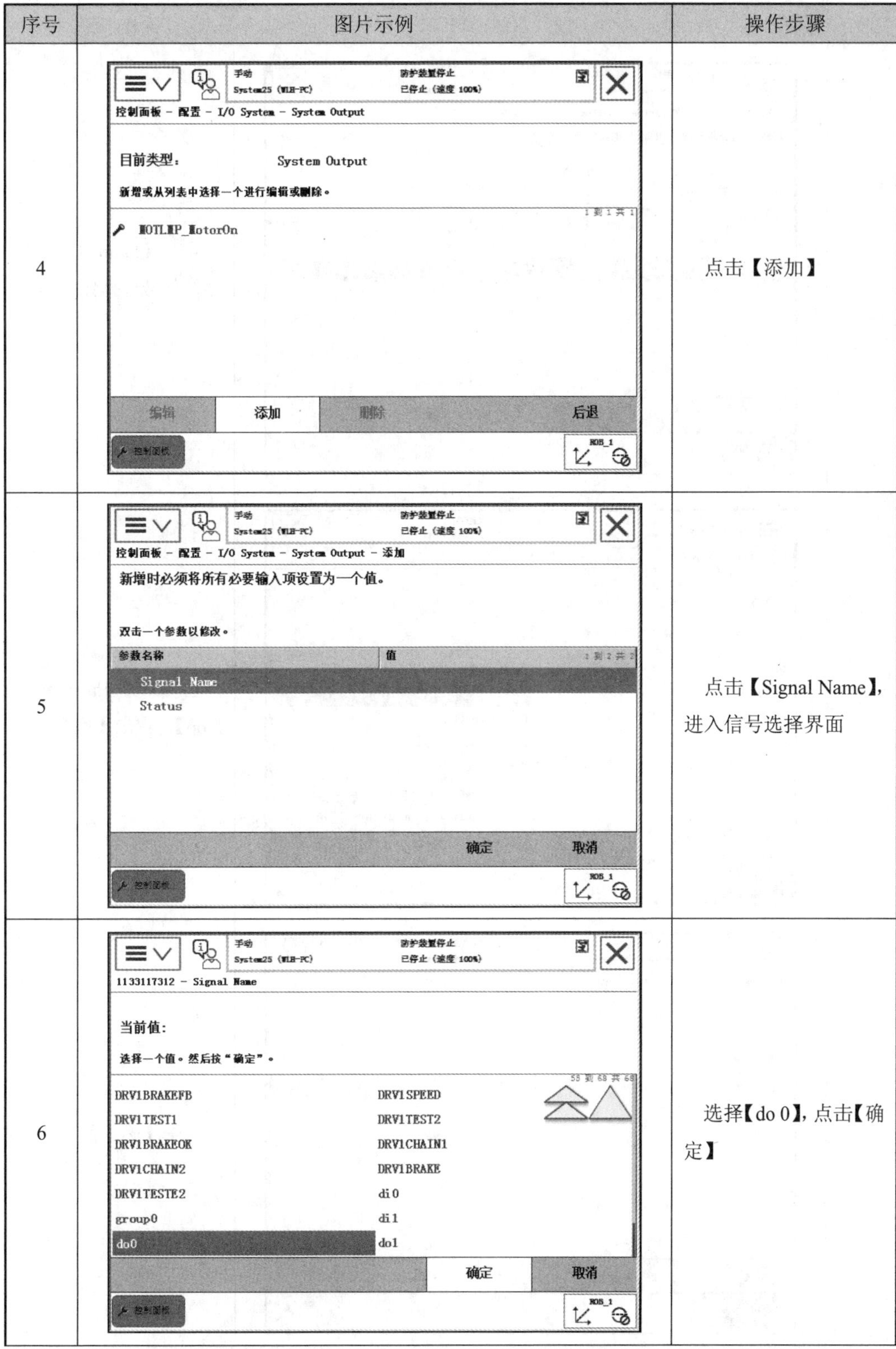

序号	图片示例	操作步骤
4		点击【添加】
5		点击【Signal Name】，进入信号选择界面
6		选择【do 0】，点击【确定】

续表 18.4

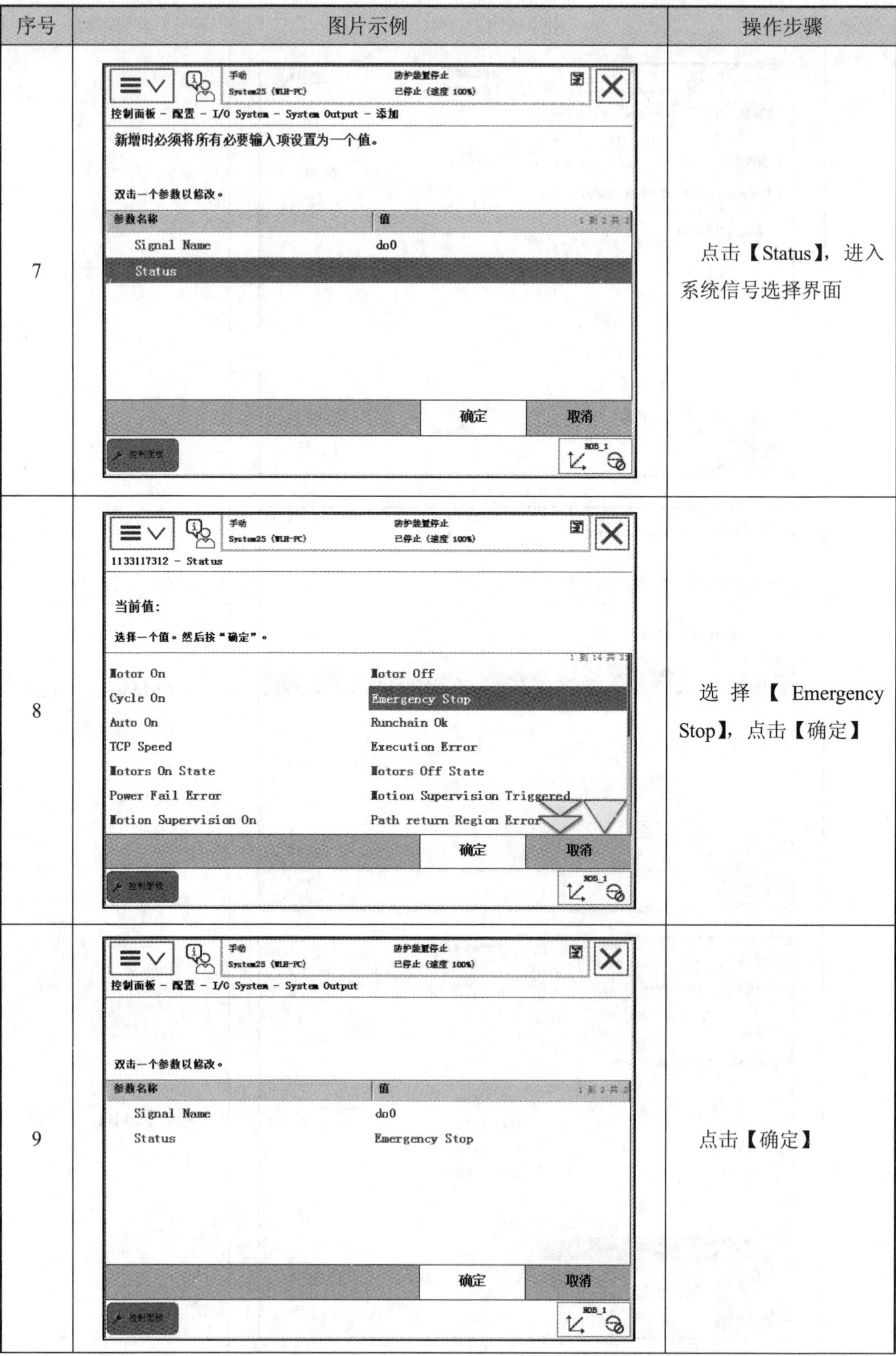

序号	图片示例	操作步骤
7		点击【Status】，进入系统信号选择界面
8		选择【Emergency Stop】，点击【确定】
9		点击【确定】

续表 18.4

序号	图片示例	操作步骤
10	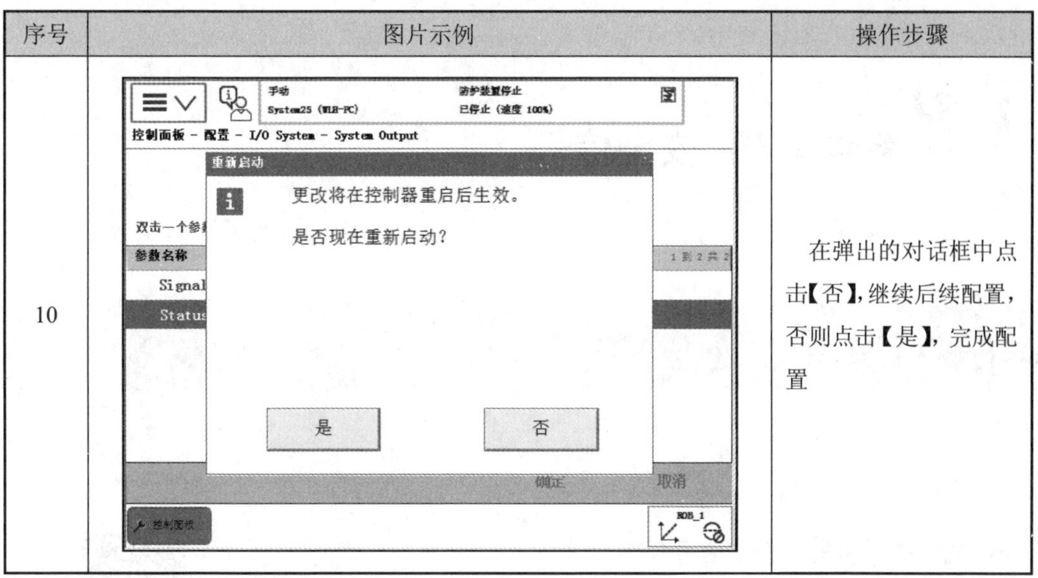	在弹出的对话框中点击【否】,继续后续配置,否则点击【是】,完成配置

知识点 19：安全信号

19.1 本节要点

- 了解 ABB 机器人安全信号分类
- 掌握急停信号接线

※ 安全信号

19.2 要点解析

19.2.1 安全信号分类

ABB 机器人共有 4 种安全信号，见表 19.1。

表 19.1 ABB 安全保护信号

序号	简称	功能
1	GS	常规模式安全保护停止，在任何模式下均有效，在自动和手动模式下都有效，主要由安全设备激活，例如光栅、安全光幕、安全垫等
2	AS	自动模式安全保护停止，在自动模式下有效，用于在自动程序执行过程中被外在检测装置激活的安全机制，如门互锁开关、光束或敏感的垫等
3	SS	上级安全保护停止，在任何模式下均有效（不适用于 IRC 5 Compact），具有一般停止的功能，但是主要用于外部设备的连接
4	ES	紧急停止：无论机器人处于何种状态，一旦紧急信号激活，机器人将立即处于停止状态，且在报警没有消除的状态下，机器人无法启动。紧急停止需要在很紧急情况下才能使用，不正确地使用紧急停止可能会缩短机器人的使用寿命

19.2.2 安全信号接线

IRB 120 机器人采用 IRC5 型紧凑型控制器，其安全信号位于顶部 XS7、XS8、XS9 接口上，其电气图如图 19.1 所示。

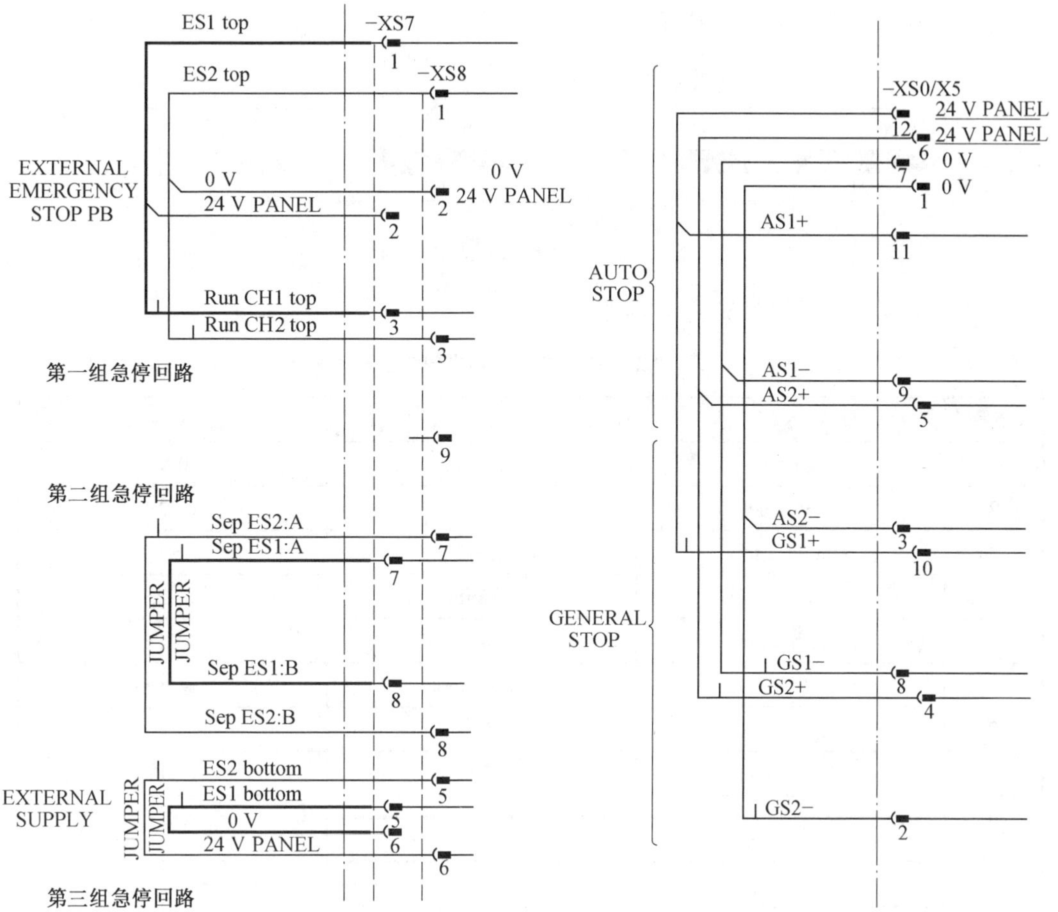

ES1 top
−XS7
1
ES2 top
−XS8
1
EXTERNAL
EMERGENCY
STOP PB
0 V
24 V PANEL
2
0 V
24 V PANEL
2
Run CH1 top
3
Run CH2 top
3
第一组急停回路
9
第二组急停回路
Sep ES2:A
7
Sep ES1:A
7
JUMPER
JUMPER
Sep ES1:B
8
Sep ES2:B
8
EXTERNAL
SUPPLY
JUMPER
JUMPER
ES2 bottom
5
ES1 bottom
5
0 V
6
24 V PANEL
6
第三组急停回路

−XS0/X5
24 V PANEL
12
24 V PANEL
6
0 V
7
0 V
1
AS1+
11
AUTO
STOP
AS1−
9
AS2+
5
AS2−
3
GS1+
10
GENERAL
STOP
GS1−
8
GS2+
4
GS2−
2

图 19.1 IRB 120 机器人控制器安全信号电气图

各端口如图 19.2 所示。

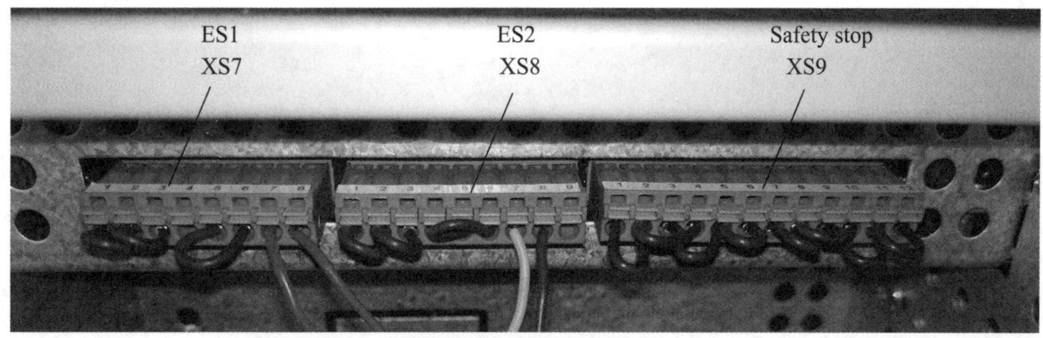

图 19.2 安全保护机制端口

机器人出厂时安全信号端子默认为短接状态，在使用该功能时可以取下跳线连接线，进行功能接线。控制器采用双回路急停保护机制，分别位于 XS7 和 XS8 上。两组回路共同作用，即只有当 XS7 和 XS8 同时接通时才能消除急停，只要两路端子上任何一路断开急停功能即生效。

XS7、XS8 接线如图 19.3 所示。

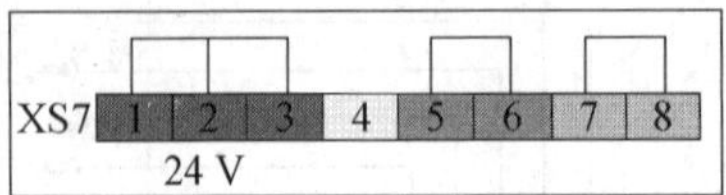

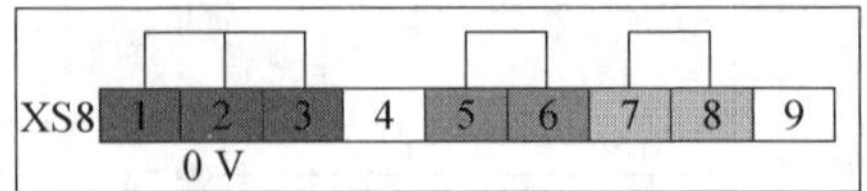

图 19.3　XS7 和 XS8 端口引脚

XS7～XS9 各端子的含义见表 19.2。

表 19.2　XS7～XS9 各端子的含义

序号	XS7	XS8	XS9
1	ES1 top	ES2 top	0 V
2	24 V panel	0 V	GS2−
3	Run CH1 top	Run CH2 top	AS2−
4	ES1:int	ES2:int	GS2+
5	ES1 bottom	ES2 bottom	AS2+
6	0 V	24 V panel	24 V panel
7	Sep ES1:A	Sep ES2:A	0 V
8	Sep ES1:B	Sep ES2:B	GS1−
9	——	——	AS1−
10	——	——	GS1+
11	——	——	AS1+
12	——	——	24 V panel

第 4 部分 基本编程

知识点 20：创建模块及程序

20.1 本节要点

- 了解 RAPID 语言程序结构
- 熟悉程序编辑器的使用
- 掌握创建模块及例行程序方法

※ 创建模块及程序

20.2 要点解析

20.2.1 RAPID 语言程序结构

ABB 机器人编程语言称为 RAPID 语言，其主要功能如图 20.1 所示。

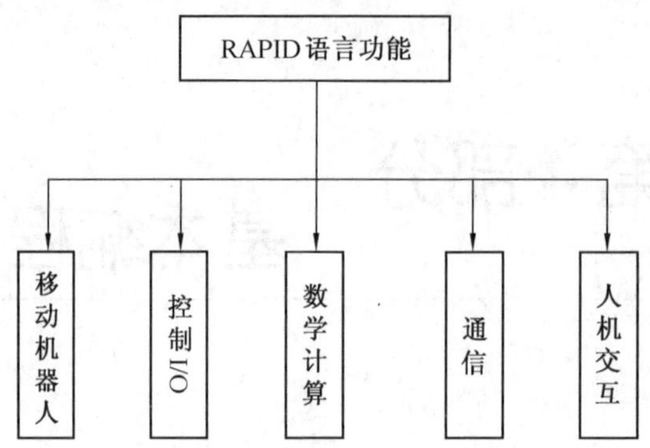

图 20.1　RAPID 语言功能

ABB 机器人程序包含 3 个等级：任务、模块、例行程序，其结构如图 20.2 所示，其中系统模块预定了程序系统数据，一般不做编辑。通常用户程序分布于不同的模块中，在不同的模块中编写对应的例行程序和中断程序。主程序（main）为程序执行的入口，有且仅有一个，通常通过执行 main 程序调用其他子程序，实现机器人的相应功能。

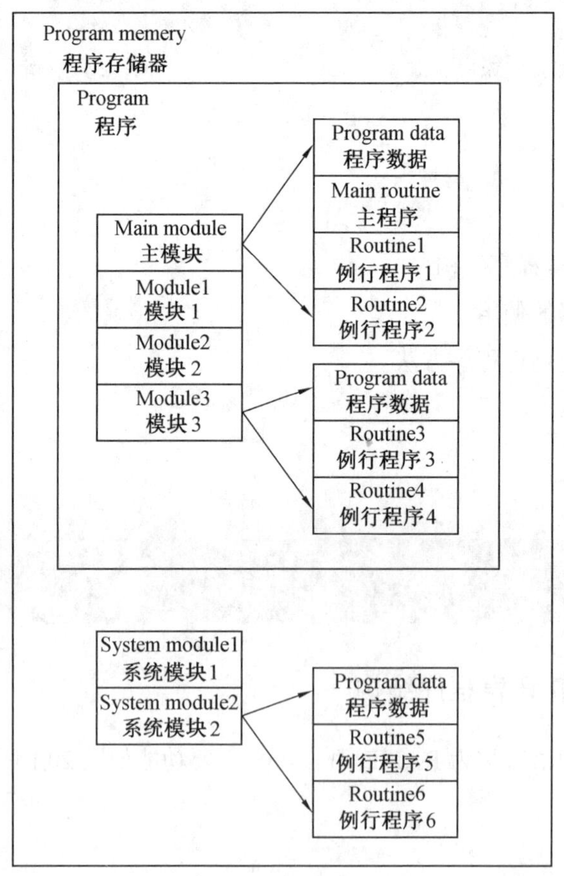

图 20.2　RAPID 语言结构

20.2.2 模块操作界面

模块操作界面用于对任务模块进行创建、编辑、删除等操作，如图 20.3 所示。

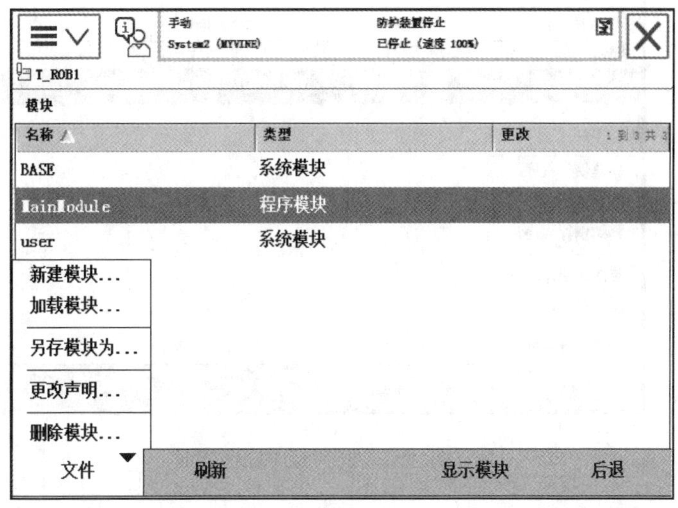

图 20.3 模块操作界面

各菜单项含义见表 20.1。

表 20.1 模块操作界面各菜单项含义

序号	图例	说明
1	新建模块...	建立一个新的模块，包括程序模块和系统模块。默认选择 Module 程序模块
2	加载模块...	通过外部 USB 存储设备加载程序模块
3	另存模块为..	保存当前程序模块，可以保存至控制器也可以保存至外部 USB 存储设备
4	更改声明...	通过更改声明可以更改模块的名称和类型
5	删除模块...	删除当前模块，操作不可逆，谨慎操作

20.2.3 例行程序操作界面

例行程序操作界面用于对例行程序进行创建、编辑、删除等操作，如图 20.4 所示。

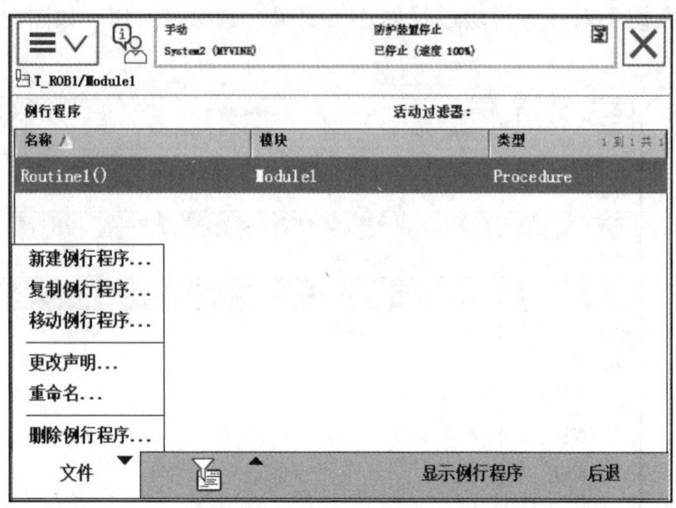

图 20.4　例行程序操作界面

各菜单项含义见表 20.2。

表 20.2　例行程序操作界面各项菜单项含义

序号	图例	说明
1	新建例行程序...	弹出新建例行程序界面，可以修改名称、程序类型
2	复制例行程序...	弹出复制例行程序界面，可以修改名称、程序类型，复制程序所在模块位置
3	移动例行程序...	弹出移动例行程序界面，移动程序到别的模块
4	更改声明...	弹出例行程序声明界面，可以更改程序类型、程序参数、所在模块
5	重命名...	重命名例行程序

20.2.4　程序编辑器菜单

程序编辑器菜单中的编辑项主要用于对程序进行修改，如复制、剪切、粘贴等操作，如图 20.5 所示。

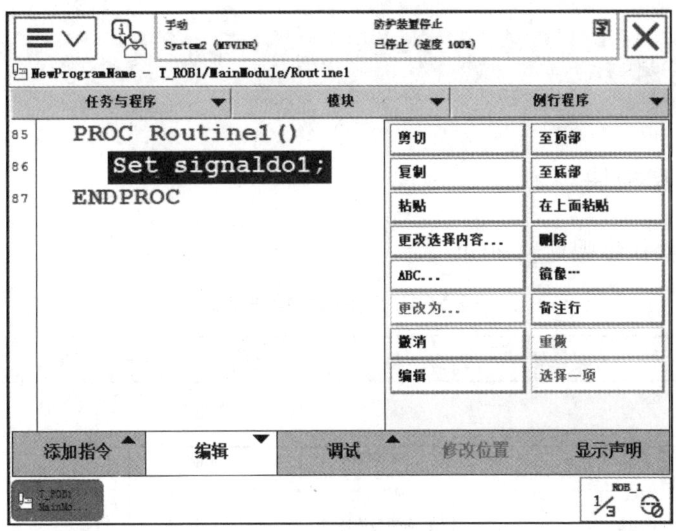

图 20.5 程序编辑器菜单

程序编辑器菜单各菜单项含义见表 20.3。

表 20.3　程序编辑器菜单各菜单项含义

序号	图例	说明
1	剪切	将选择内容剪切到剪辑板
2	复制	将选择内容复制到剪辑板
3	粘贴	默认粘贴内容为在光标下面
4	在上面粘贴	粘贴内容在光标上面
5	至顶部	滚页到第一页
6	至底部	滚页到最后一页
7	更改选择内容...	弹出待更改的变量
8	删除	删除选择内容
9	ABC...	弹出键盘，可以直接进行指令编辑修改
10	更改为 MoveL	将 MoveJ 指令更改为 MoveL；将 MoveL 指令修改为 MoveJ
11	备注行	将选择内容改为注释，且不被程序执行
12	撤消	撤消当前操作，最多可撤消 3 步
13	重做	恢复当前操作，最多可恢复 3 步
14	编辑	可以进行多行选择

20.3 操作步骤

20.3.1 创建模块

创建模块的操作步骤见表 20.4。

表 20.4 创建模块操作步骤

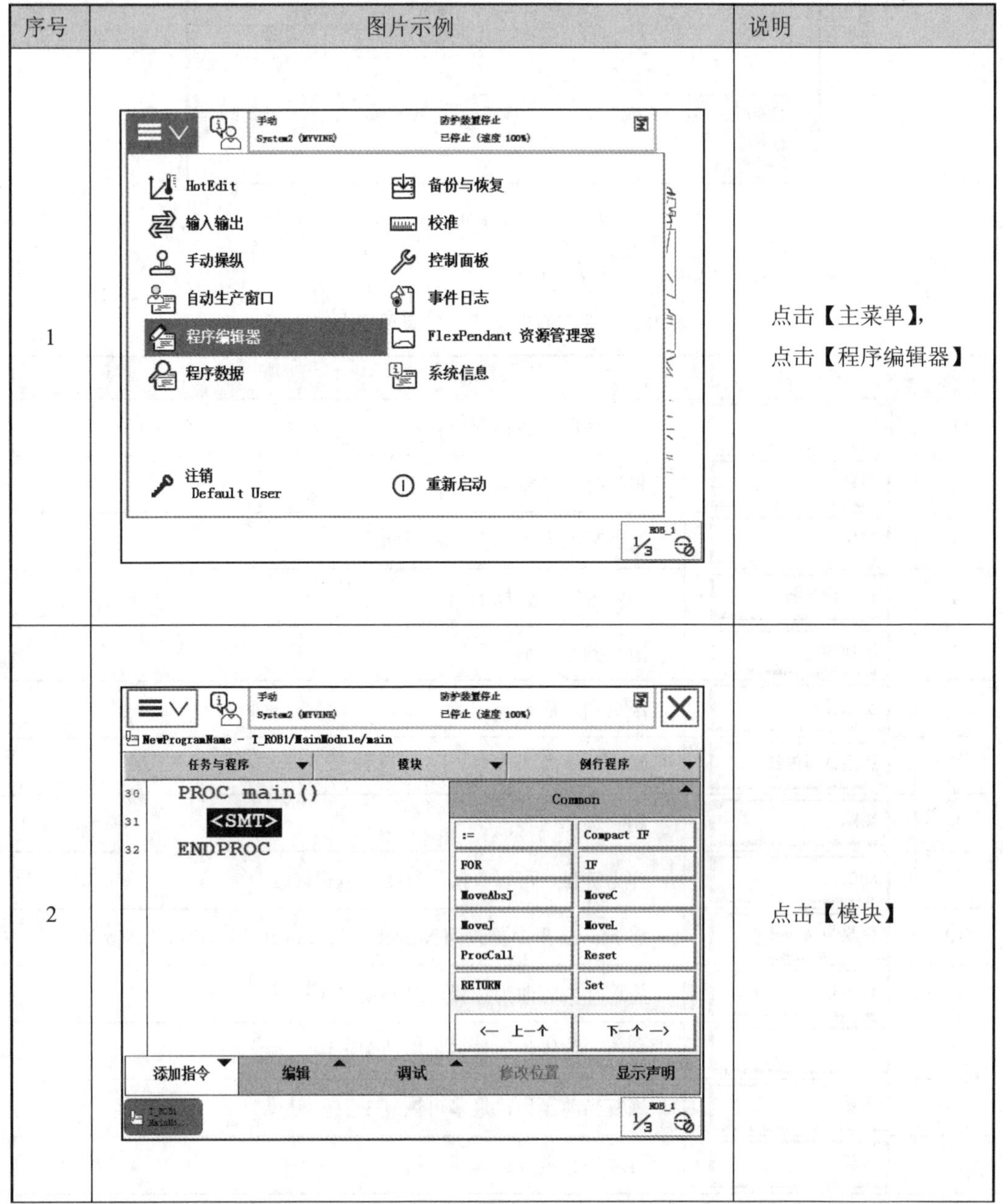

序号	图片示例	说明
1		点击【主菜单】， 点击【程序编辑器】
2		点击【模块】

续表 20.4

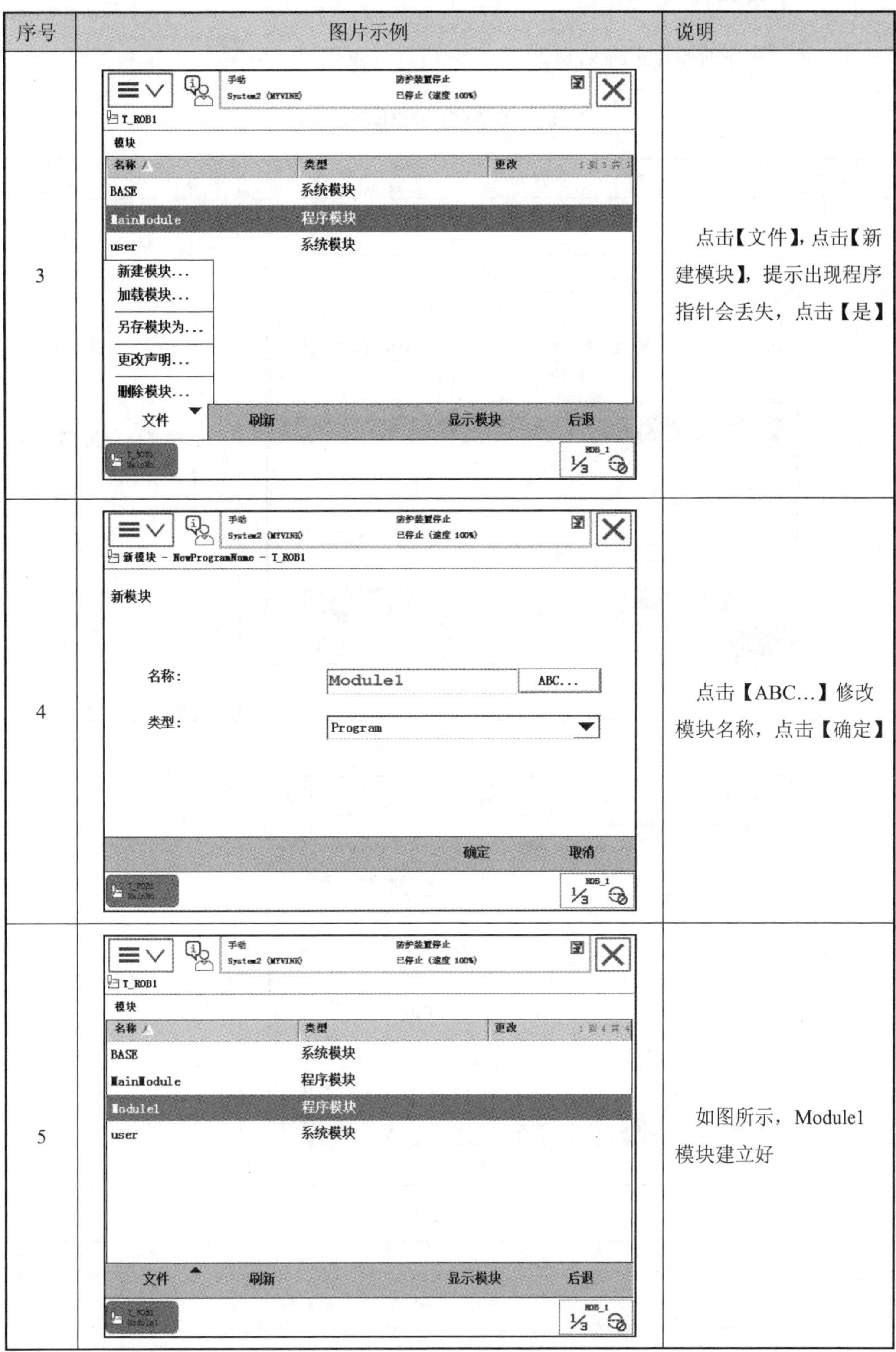

序号	图片示例	说明
3		点击【文件】，点击【新建模块】，提示出现程序指针会丢失，点击【是】
4		点击【ABC…】修改模块名称，点击【确定】
5		如图所示，Module1模块建立好

20.3.2 建立例行程序

建立例行程序的操作步骤见表 20.5。

表 20.5 建立例行程序操作步骤

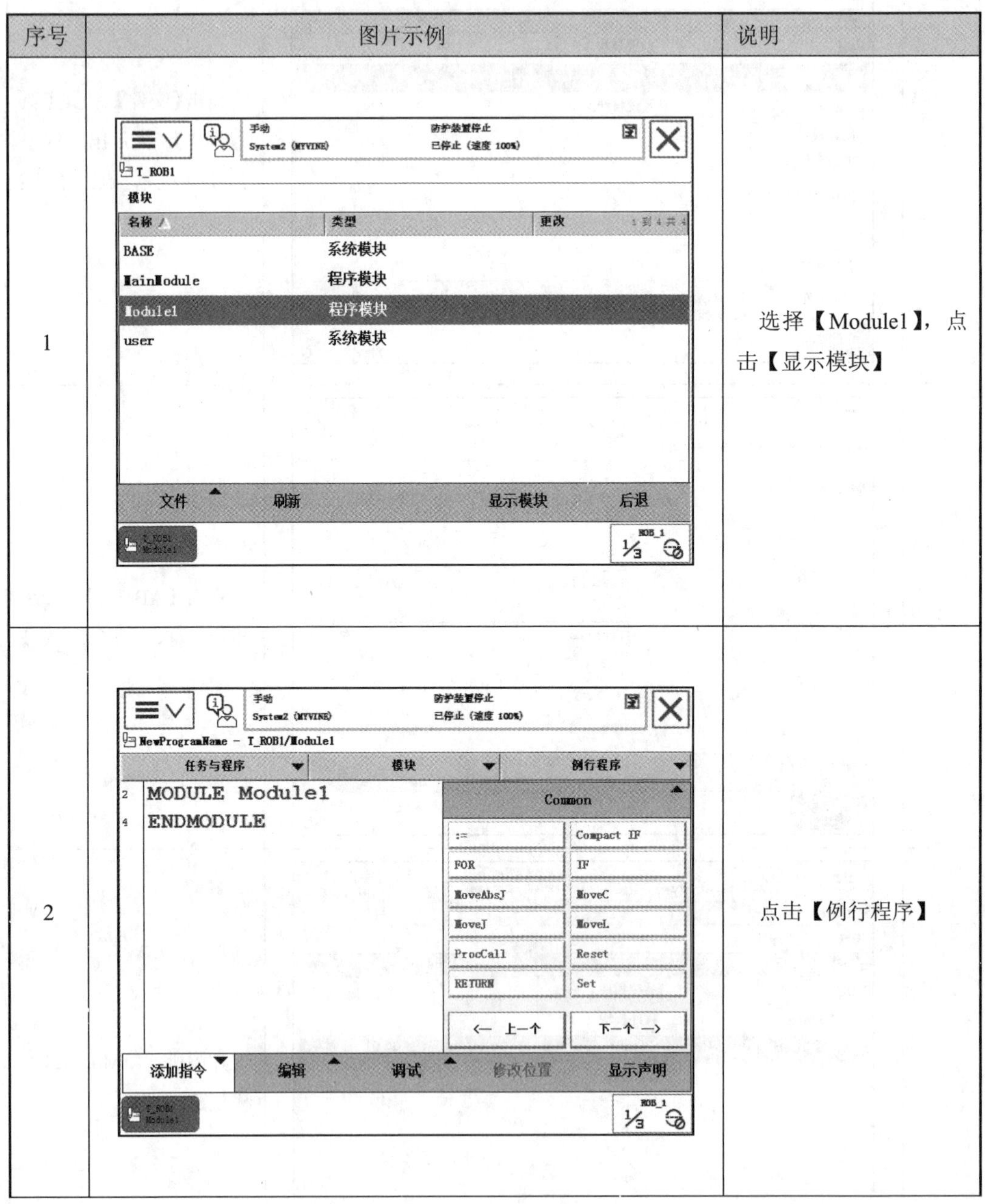

序号	图片示例	说明
1		选择【Module1】，点击【显示模块】
2		点击【例行程序】

续表 20.5

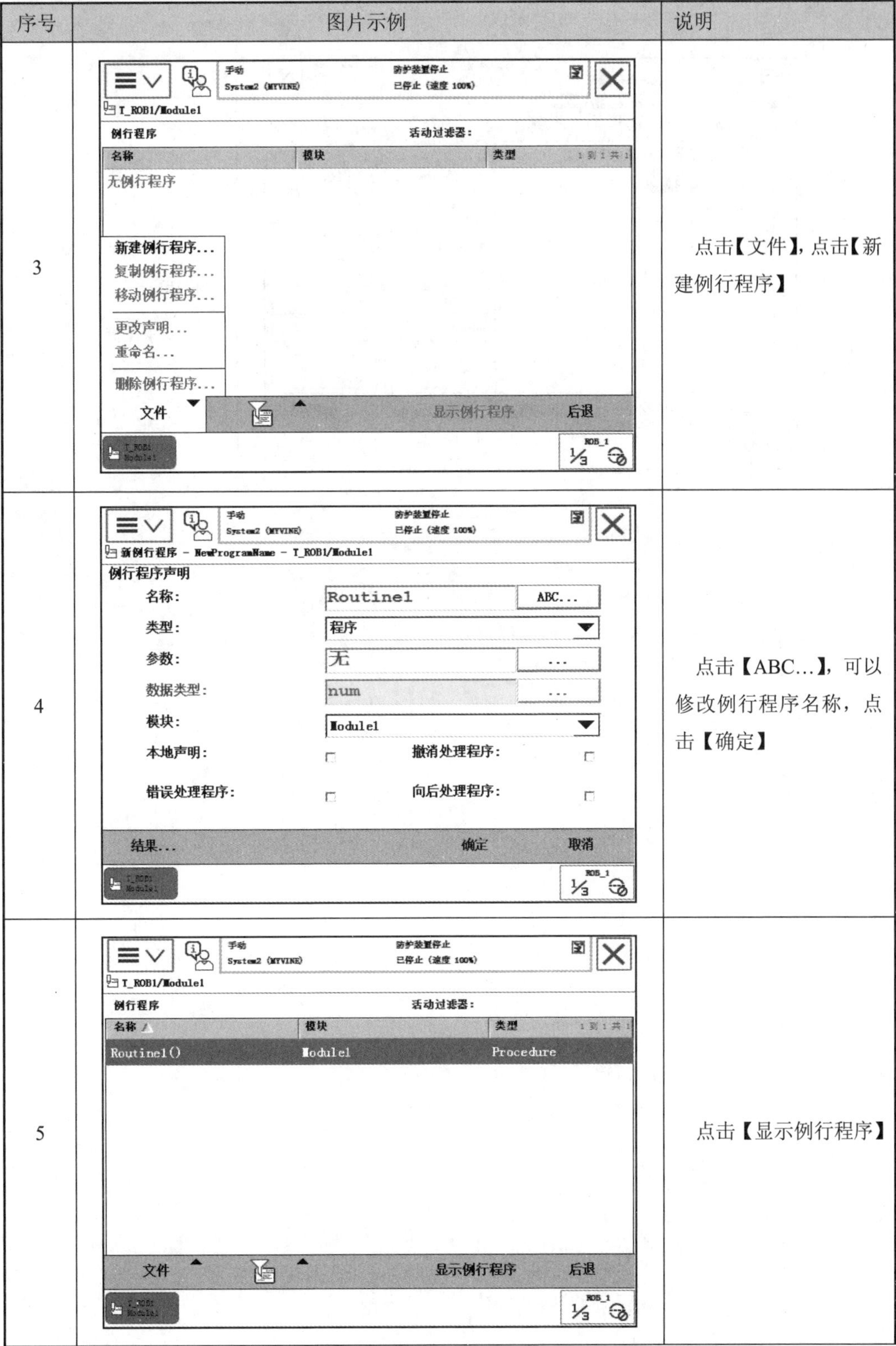

序号	图片示例	说明
3		点击【文件】，点击【新建例行程序】
4		点击【ABC…】，可以修改例行程序名称，点击【确定】
5		点击【显示例行程序】

续表 20.5

序号	图片示例	说明
6	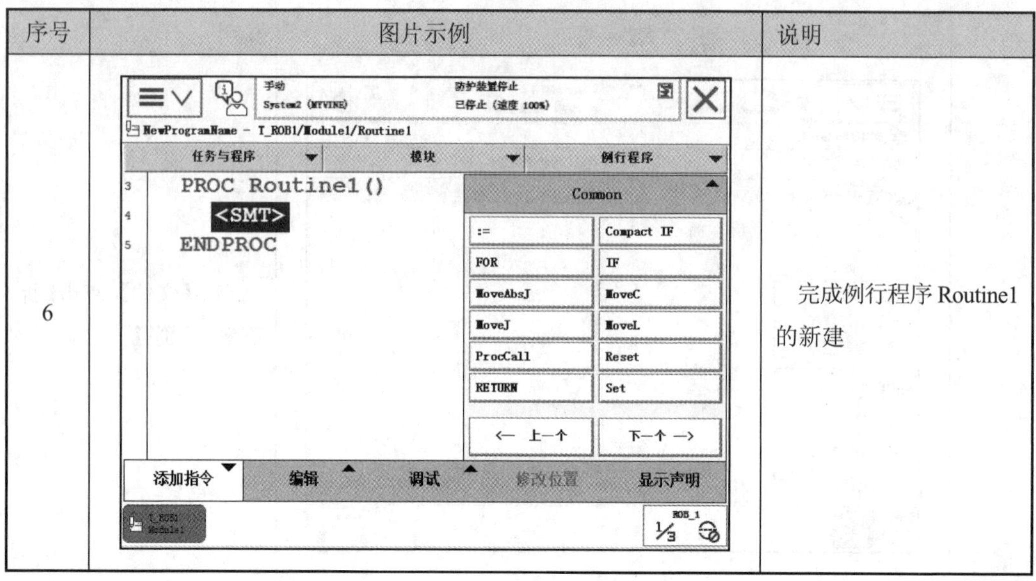	完成例行程序 Routine1 的新建

知识点 21：程序数据

21.1　本节要点

➢ 熟悉数据存储类型
➢ 掌握常用数据类型

※ 程序数据

21.2　要点解析

21.2.1　数据存储类型

ABB 机器人的数据存储类型见表 21.1。

表 21.1　ABB 机器人数据存储类型

序号	存储类型	说明
1	常量 CONST	常量 CONST 的特点是在定义时已赋予了数值，并不能在程序中进行修改，除非手动修改
2	变量 VAR	变量 VAR 的特点是数据在程序执行的过程中和停止时，会保持当前的值。但如果程序指针被移到主程序后，数据就会丢失
3	可变量 PERS	可变量 PERS 的特点是，无论程序的指针如何，都会保持最后赋予的值。在机器人执行的 RAPID 程序中也可以对可变量存储类型数据进行赋值操作，在程序执行以后，赋值的结果会一直保持，直到对其进行重新赋值

21.2.2 常用数据类型

ABB 机器人的常用数据存储类型见表 21.2。

表 21.2 ABB 机器人常用数据存储类型

序号	数据类型	作用
1	loaddata	存储载荷相关数据
2	num	数值型数据，和数值相关的数据都存在 num 型数据里
3	tooldata	存储工具坐标系相关信息
4	wobjdata	存储工件坐标系相关信息

21.3 操作步骤

21.3.1 查看数据

各数据类型查看过程类似，本节以 num 型数据为例进行操作，具体步骤见表 21.3。

表 21.3 查看数据操作步骤

序号	图片示例	说明
1	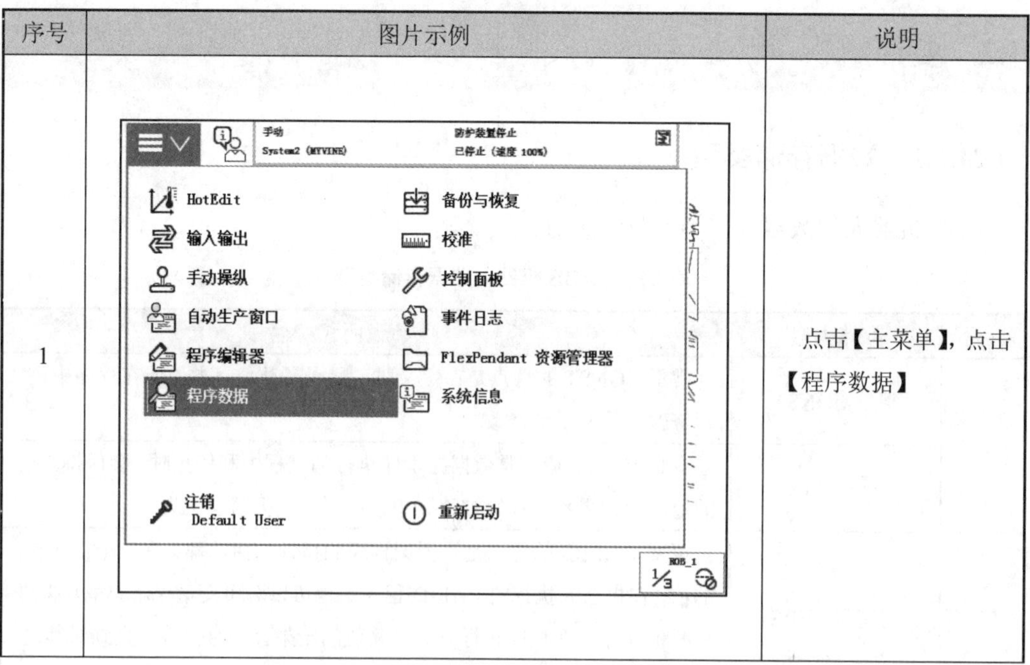	点击【主菜单】，点击【程序数据】

续表 21.3

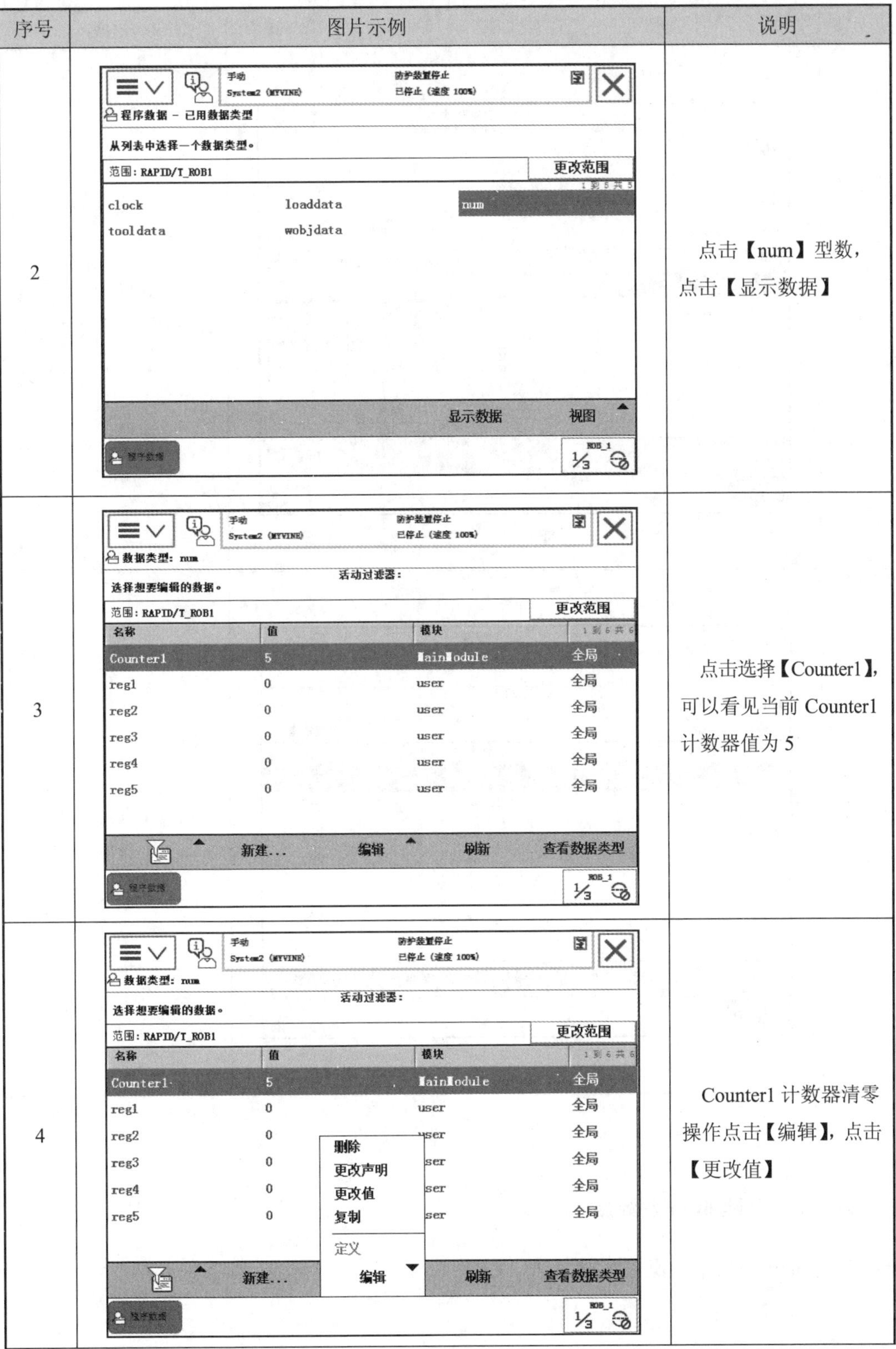

序号	图片示例	说明
2		点击【num】型数，点击【显示数据】
3		点击选择【Counter1】，可以看见当前 Counter1 计数器值为 5
4		Counter1 计数器清零操作点击【编辑】，点击【更改值】

续表 21.3

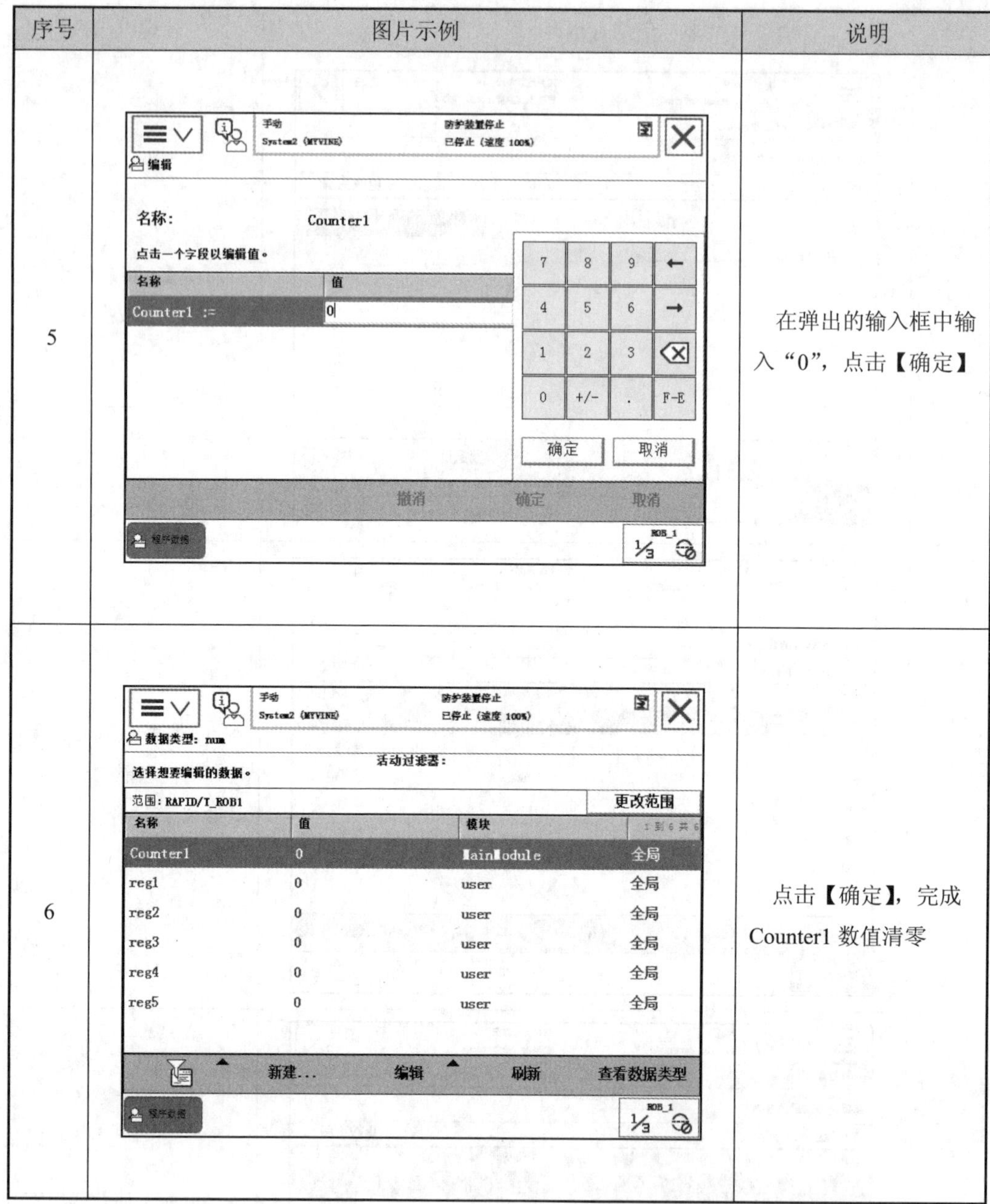

序号	图片示例	说明
5		在弹出的输入框中输入“0”，点击【确定】
6		点击【确定】，完成 Counter1 数值清零

21.3.2 新建 num 型数据

新建 num 型数据的操作步骤见表 21.4。

表 21.4　新建 num 型数据操作步骤

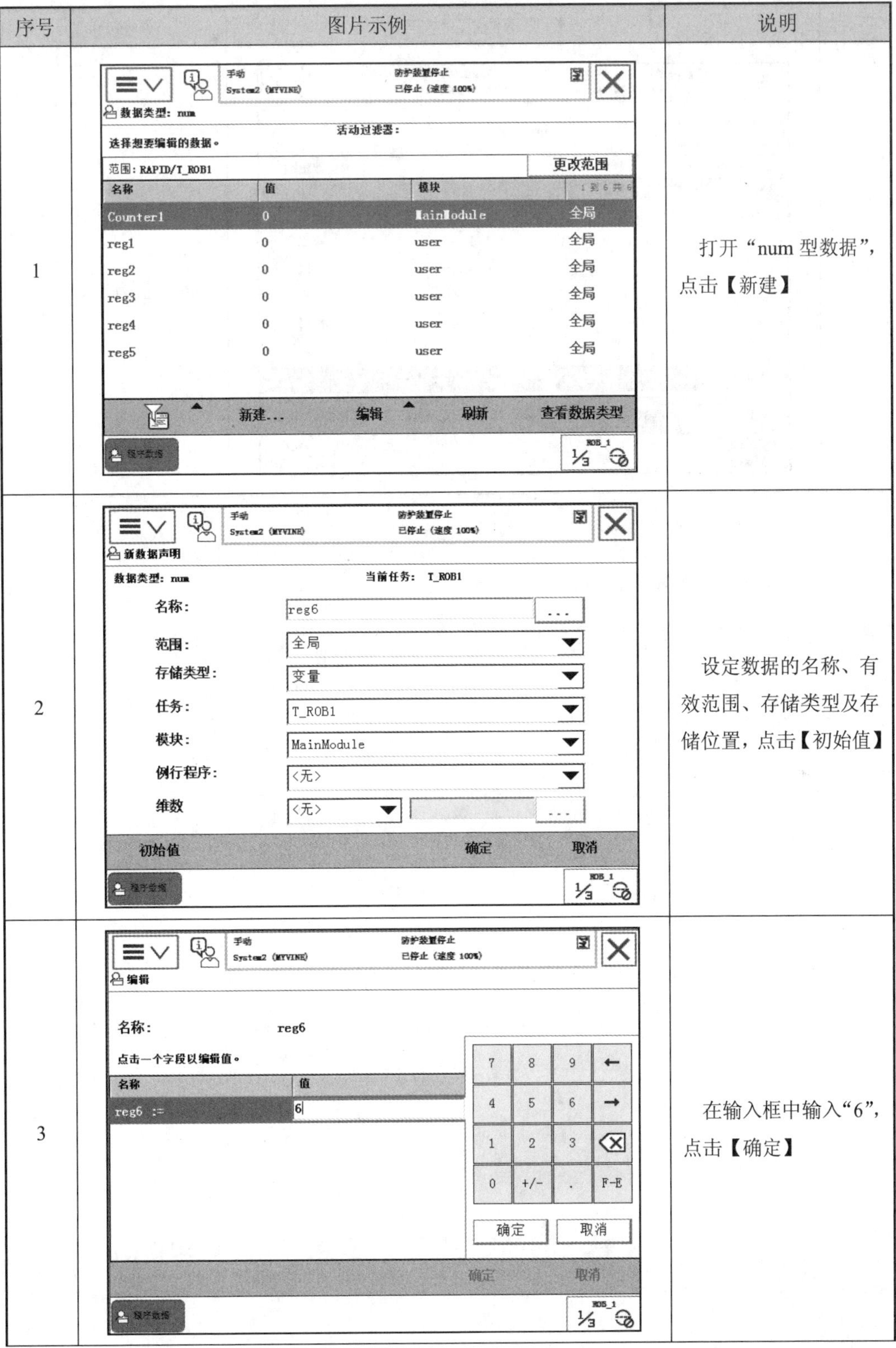

序号	图片示例	说明
1		打开“num 型数据”，点击【新建】
2		设定数据的名称、有效范围、存储类型及存储位置，点击【初始值】
3		在输入框中输入“6”，点击【确定】

续表 21.4

序号	图片示例	说明
4	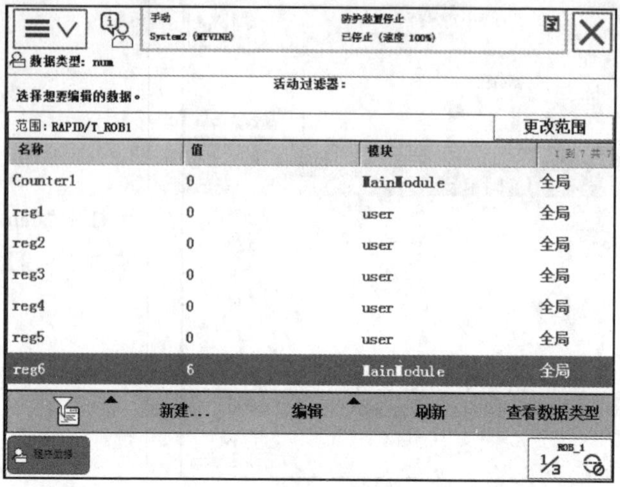 手动 System2 (MYVINE) 防护装置停止 已停止 (速度 100%) 数据类型: num 选择想要编辑的数据。 活动过滤器: 范围: RAPID/T_ROB1 更改范围 名称 值 模块 Counter1 0 MainModule 全局 reg1 0 user 全局 reg2 0 user 全局 reg3 0 user 全局 reg4 0 user 全局 reg5 0 user 全局 reg6 6 MainModule 全局 新建... 编辑 刷新 查看数据类型 程序数据 ROB_1 1/3	可以看到当前变量 reg6 的值为 6

知识点 22：运动指令——MoveJ

22.1 本节要点

- 了解运动指令分类
- 掌握 MoveJ 指令的使用
- 掌握程序调试常用操作

※ 运动指令——MoveJ

22.2 要点解析

22.2.1 运动指令分类

ABB 机器人运动指令分为 4 种，分别为：关节运动 **MoveJ**、直线运动 **MoveL**、圆弧运动 **MoveC** 和绝对位置运动 **MoveAbsJ**。

22.2.2 MoveJ 指令

机器人以最快捷的方式运动至目标点，其运动状态不完全可控，但运动路径保持唯一。

MoveJ 指令常用于机器人在空间大范围移动，如图 22.1 所示。

MoveJ 指令示例如图 22.2 所示。

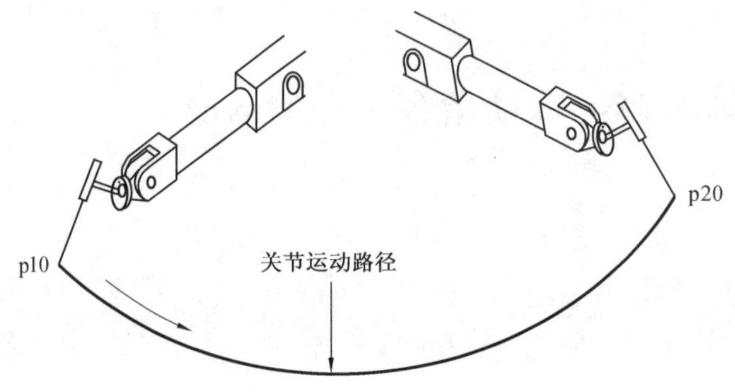

图 22.1　关节运动路径

```
MoveJ p10, v1000, z50, tool0\WObj:=wobj0;
```

图 22.2　MoveJ 示例

MoveJ 指令各部分含义见表 22.1。

表 22.1　MoveJ 指令各部分含义

序号	参数	说明
1	MoveJ	**指令名称**：关节运动
2	p10	**位置点**：数据类型为 robtarget，机器人和外部轴的目标点
3	v1000	**速度**：数据类型为 speeddata，适用于运动的速度数据。速度数据规定了关于工具中心点、工具方位调整和外轴的速率
4	z50	**转弯半径**：数据类型为 zonedata，相关移动的转弯半径。转弯半径描述了所生成拐角路径的大小
5	tool0	**工具坐标系**：数据类型为 tooldata，移动机械臂时正在使用的工具。工具中心点是指移动至指定目的点的点
6	wobj	**工件坐标系**：数据类型为 wobjdata，指令中机器人位置关联的工件坐标系。该参数可省略

22.2.3　程序调试菜单

程序调试菜单用于对程序的调试操作，如图 22.3 所示。

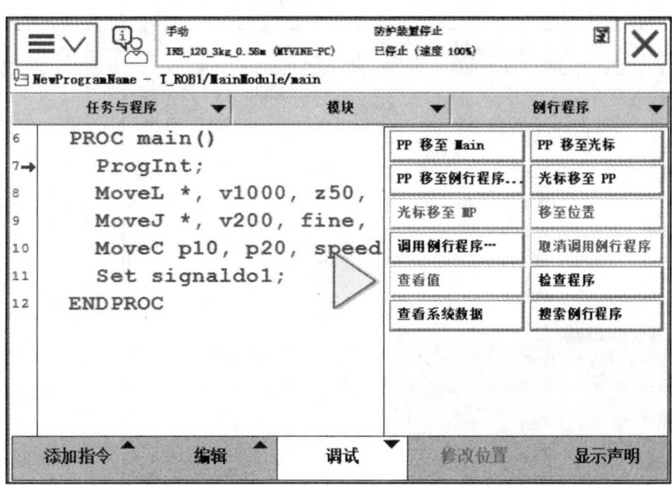

图 22.3　程序调试菜单

程序调试菜单各菜单项说明见表 22.2。

表 22.2　程序调试菜单各项菜单项说明

序号	菜单项	说明
1	PP 移至 Main	将程序指针（PP）移至 Main 起始行
2	PP 移至光标	将程序指针（PP）移至选择光标位置
3	PP 移至例行程序...	将程序指针（PP）移至所选例行程序
4	光标移至 PP	将选择光标移至程序指针（PP）位置
5	光标移至 MP	将光标移至动作指针（MP）位置
6	查看值	查看选中的变量值
7	检查程序	检测程序语法，存在错误时弹出错误提示

22.3　操作步骤

22.3.1　程序编写

程序编写的操作步骤见表 22.3。

表 22.3　程序编写操作步骤

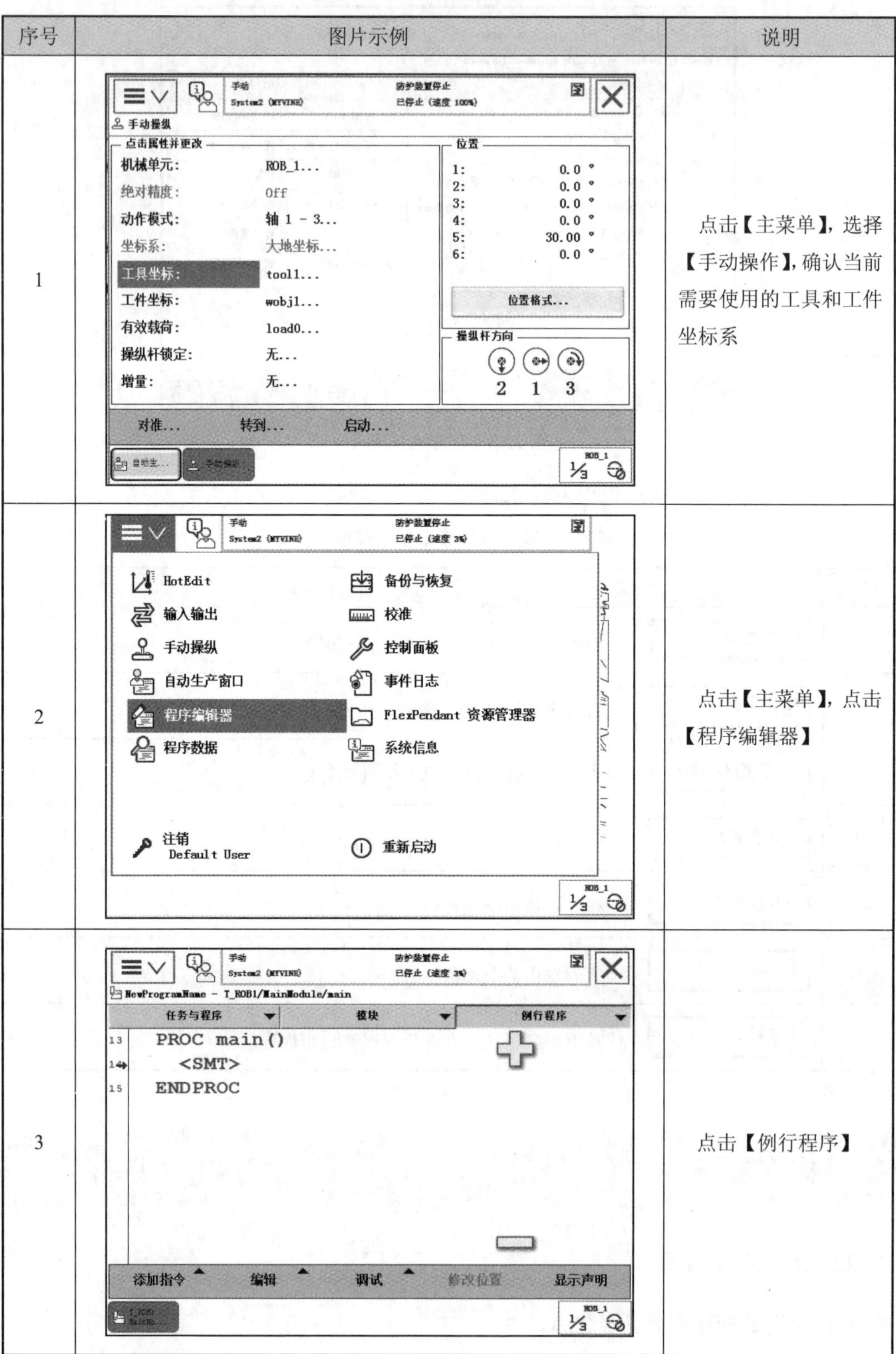

序号	图片示例	说明
1		点击【主菜单】，选择【手动操作】，确认当前需要使用的工具和工件坐标系
2		点击【主菜单】，点击【程序编辑器】
3		点击【例行程序】

续表 22.3

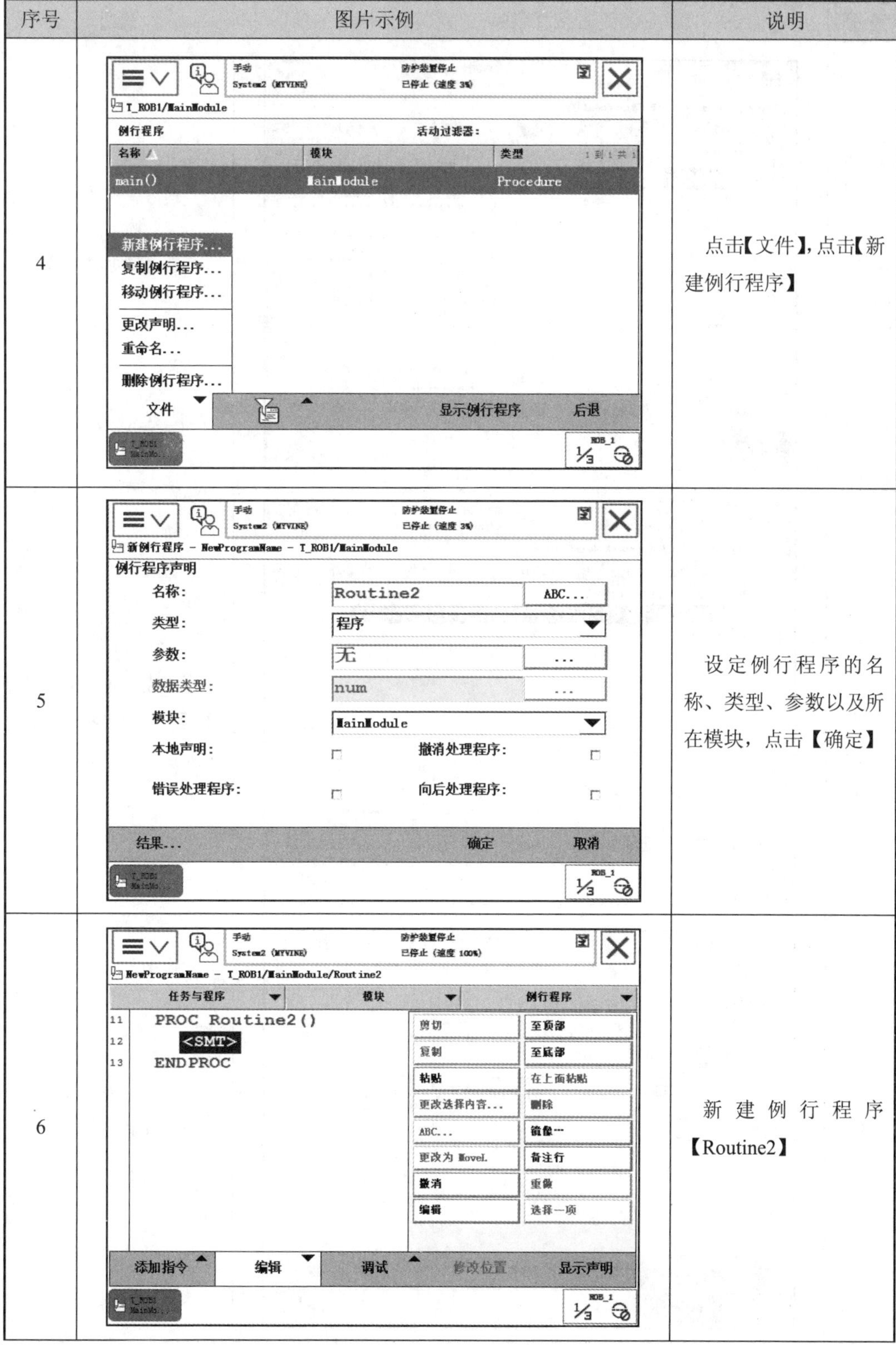

序号	图片示例	说明
4		点击【文件】，点击【新建例行程序】
5		设定例行程序的名称、类型、参数以及所在模块，点击【确定】
6		新建例行程序【Routine2】

续表 22.3

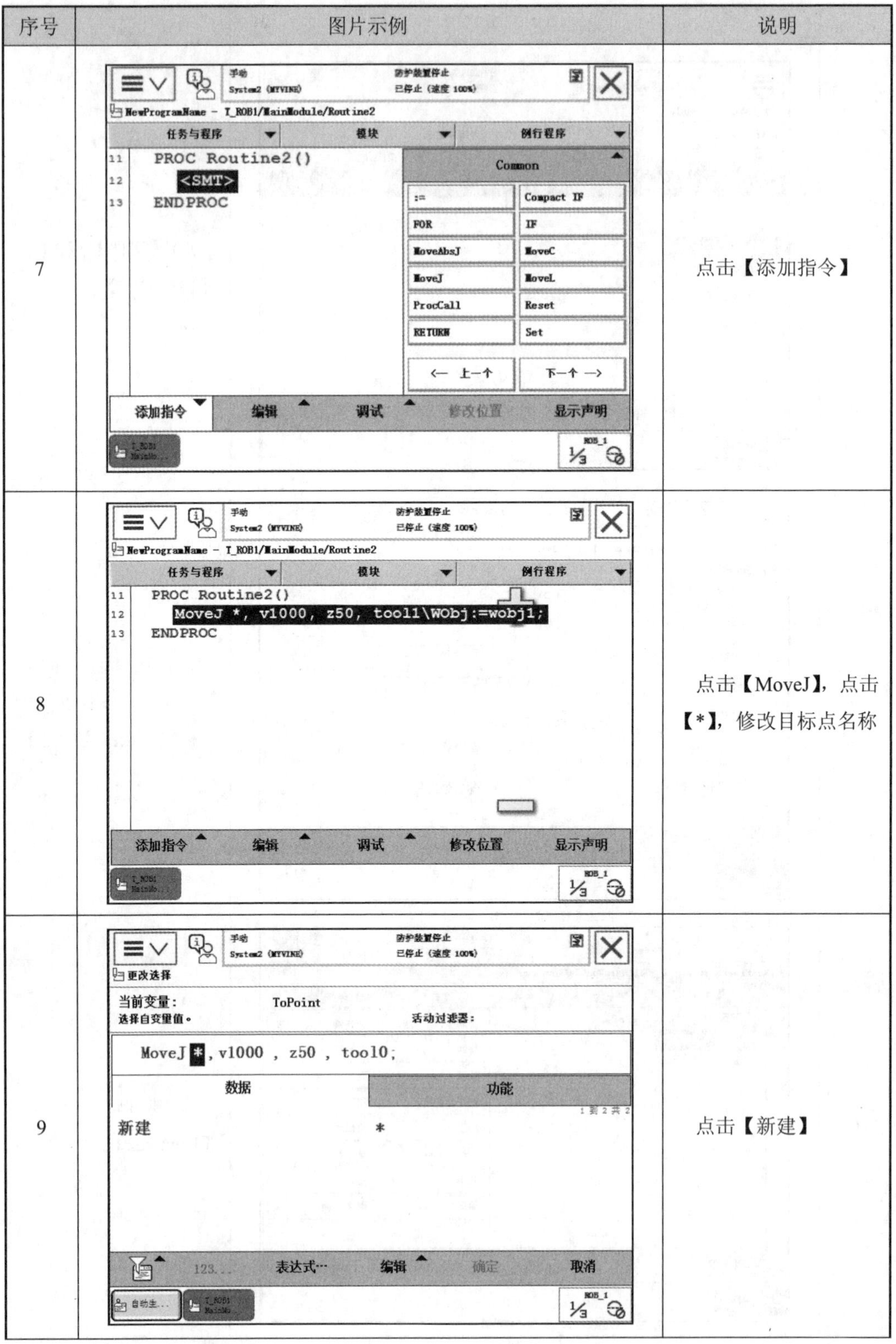

序号	图片示例	说明
7		点击【添加指令】
8		点击【MoveJ】，点击【*】，修改目标点名称
9		点击【新建】

续表 22.3

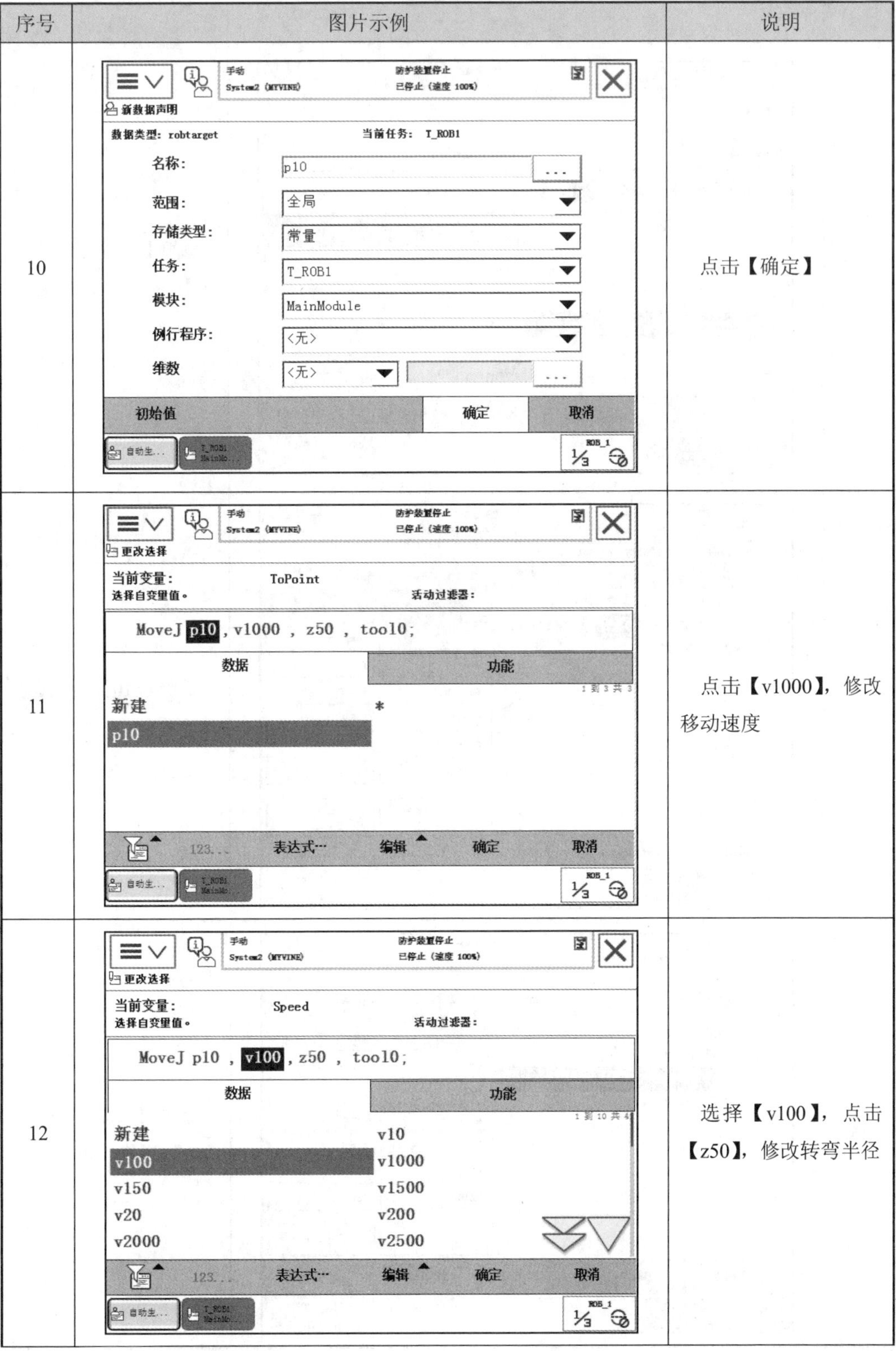

序号	图片示例	说明
10		点击【确定】
11		点击【v1000】，修改移动速度
12		选择【v100】，点击【z50】，修改转弯半径

续表 22.3

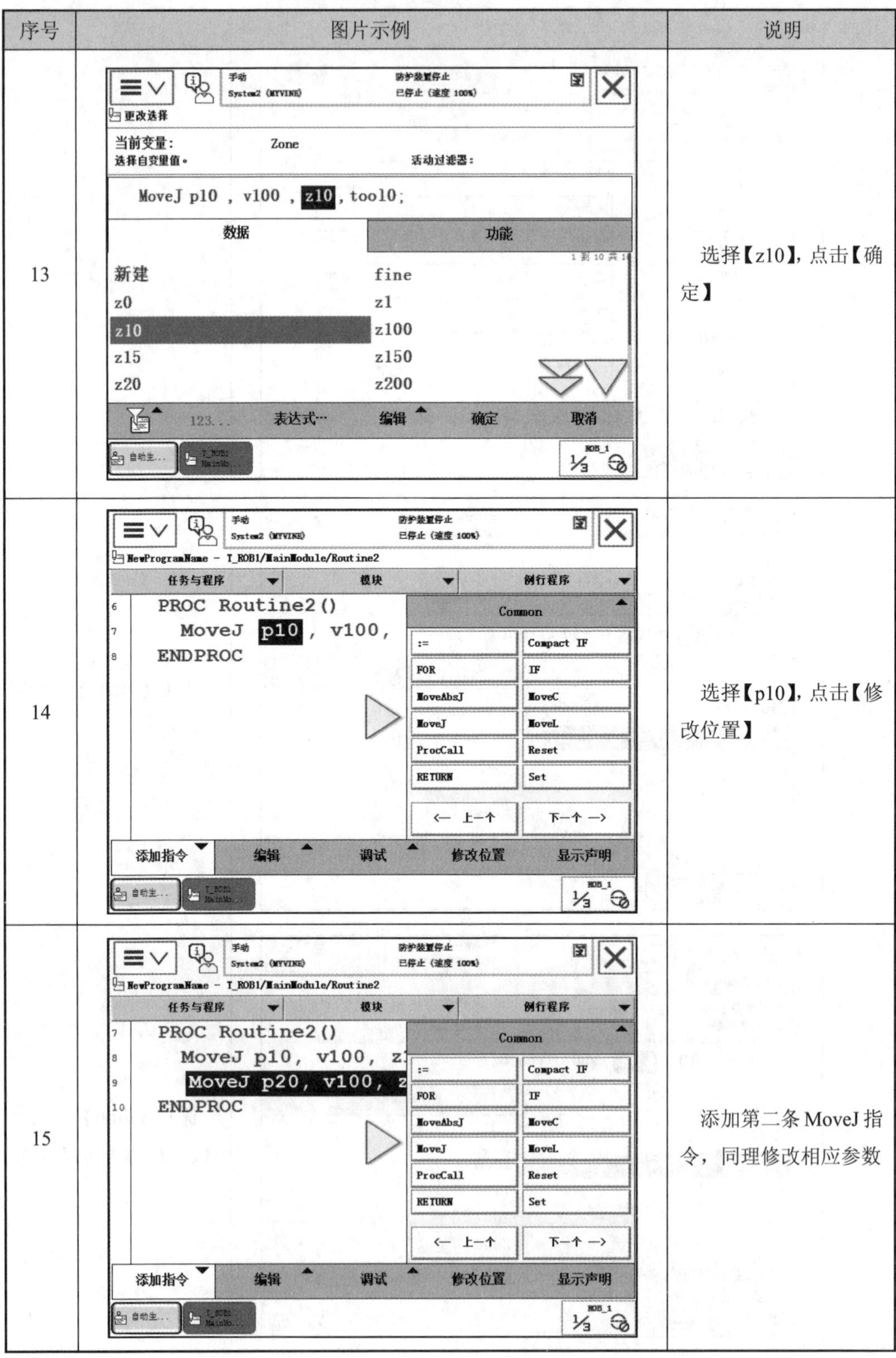

序号	图片示例	说明
13		选择【z10】，点击【确定】
14		选择【p10】，点击【修改位置】
15		添加第二条 MoveJ 指令，同理修改相应参数

22.3.2　程序调试

程序调试的操作步骤见表 22.4。

表 22.4　程序调试操作步骤

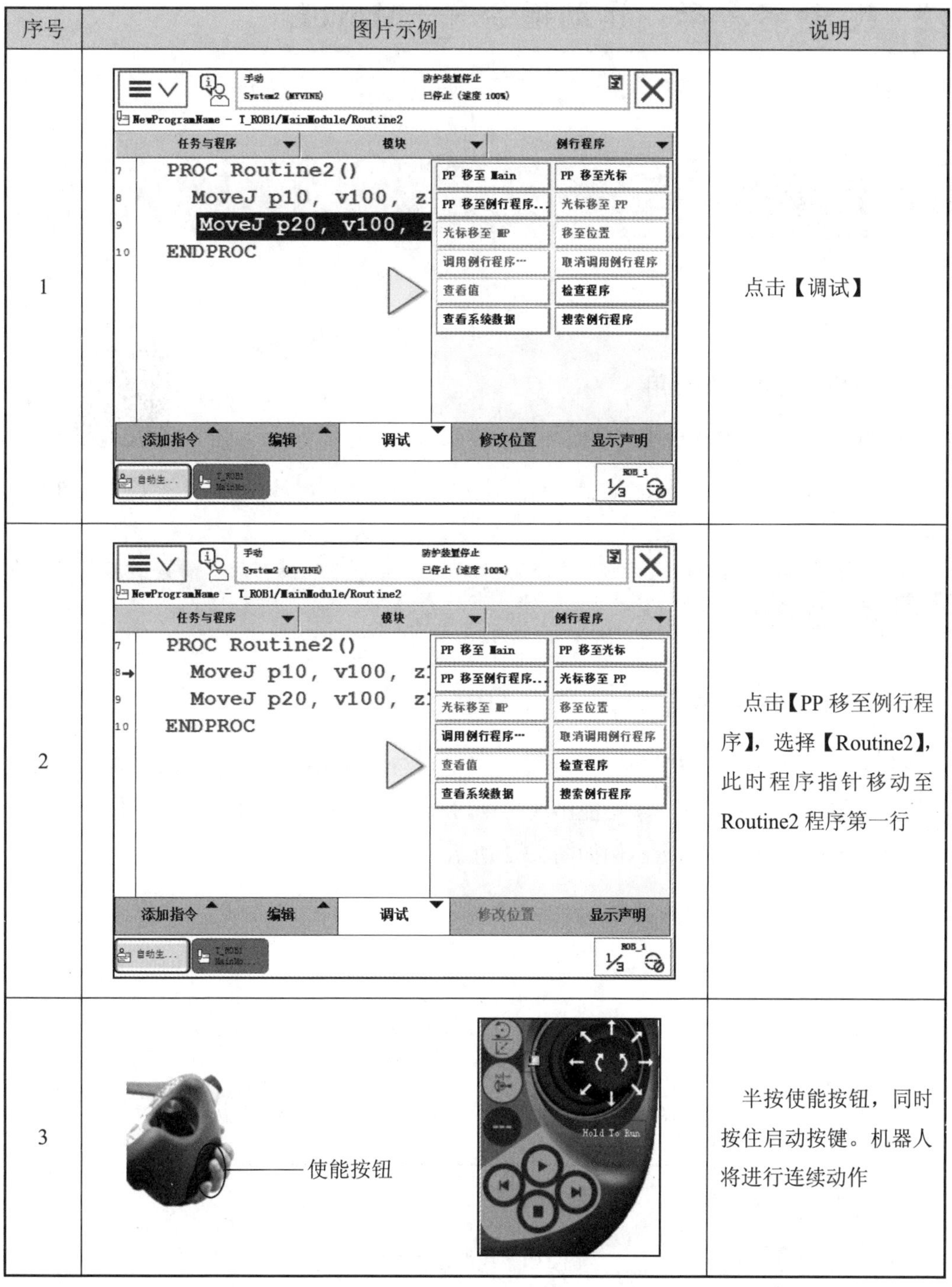

序号	图片示例	说明
1		点击【调试】
2		点击【PP 移至例行程序】，选择【Routine2】，此时程序指针移动至 Routine2 程序第一行
3	使能按钮	半按使能按钮，同时按住启动按键。机器人将进行连续动作

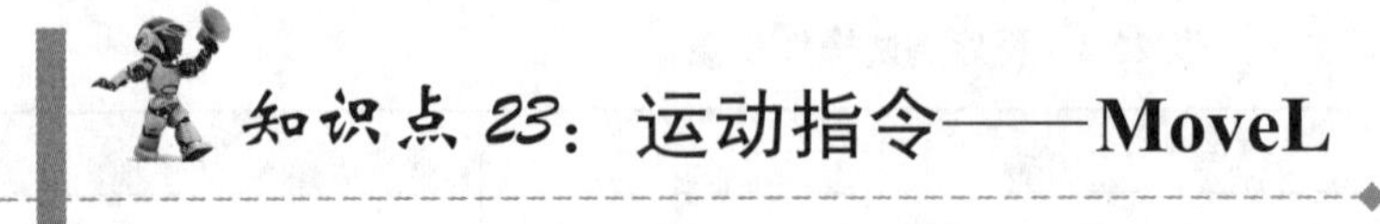

知识点 23：运动指令——MoveL

23.1 本节要点

※ 运动指令——MoveL

➢ 掌握 MoveL 指令的使用
➢ 掌握 MoveL 和 MoveJ 指令的区别

23.2 要点解析

23.2.1 MoveL 指令

机器人以线性移动方式运动至目标点，当前点与目标点两点决定一条直线，机器人运动状态可控制，运动路径唯一，可能出现死点。MoveL 指令常用于机器人在工作状态移动。如图 23.1 所示，MoveL 指令示例如图 23.2 所示。

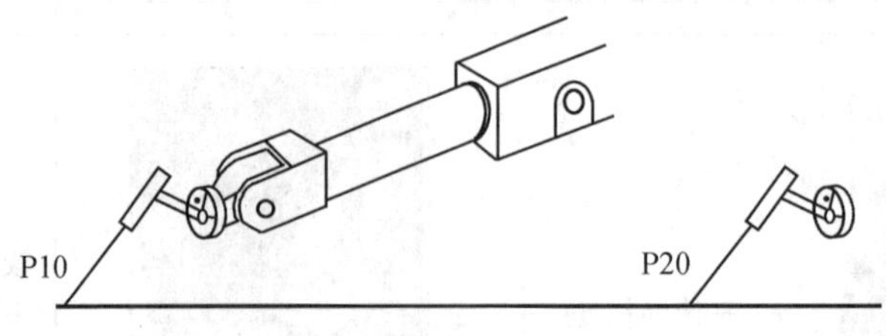

图 23.1 线性运动路径

```
MoveL p20, v1000, z50, tool0\WObj:=wobj0;
```

图 23.2　MoveL 指令示例

MoveL 指令示例各部分含义见表 23.1。

表 23.1　MoveL 指令各部分含义

序号	参数	说明
1	MoveL	**指令名称：**直线运动
2	p20	**位置点：**数据类型为 robtarget，机器人和外部轴的目标点
3	v1000	**速度：**数据类型为 speeddata，适用于运动的速度数据。速度数据规定了关于工具中心点、工具方位调整和外轴的速率
4	z50	**转弯半径：**数据类型为 zonedata，相关移动的转弯半径。转弯半径描述了所生成拐角路径的大小
5	tool0	**工具坐标系：**数据类型为 tooldata，移动机械臂时正在使用的工具。工具中心点是指移动至指定目的点的点
6	wobj	**工件坐标系：**数据类型为 wobjdata，指令中机器人位置关联的工件坐标系。省略该参数，则位置坐标以机器人基坐标为准

23.2.2　MoveL 和 MoveJ 指令的区别

MoveL 和 MoveJ 指令的区别见表 23.2。

表 23.2　MoveL 和 MoveJ 指令的区别

序号	MoveL	MoveJ
1	轨迹为直线	轨迹为弧线
2	运动路径可控	运动路径不完全可控
3	运动中会有死点	运动中不会有死点
4	常用于工作状态移动	常用于大范围移动

23.3　操作步骤

23.3.1　程序编写

程序编写的操作步骤见表 23.3。

表 23.3　程序编写操作步骤

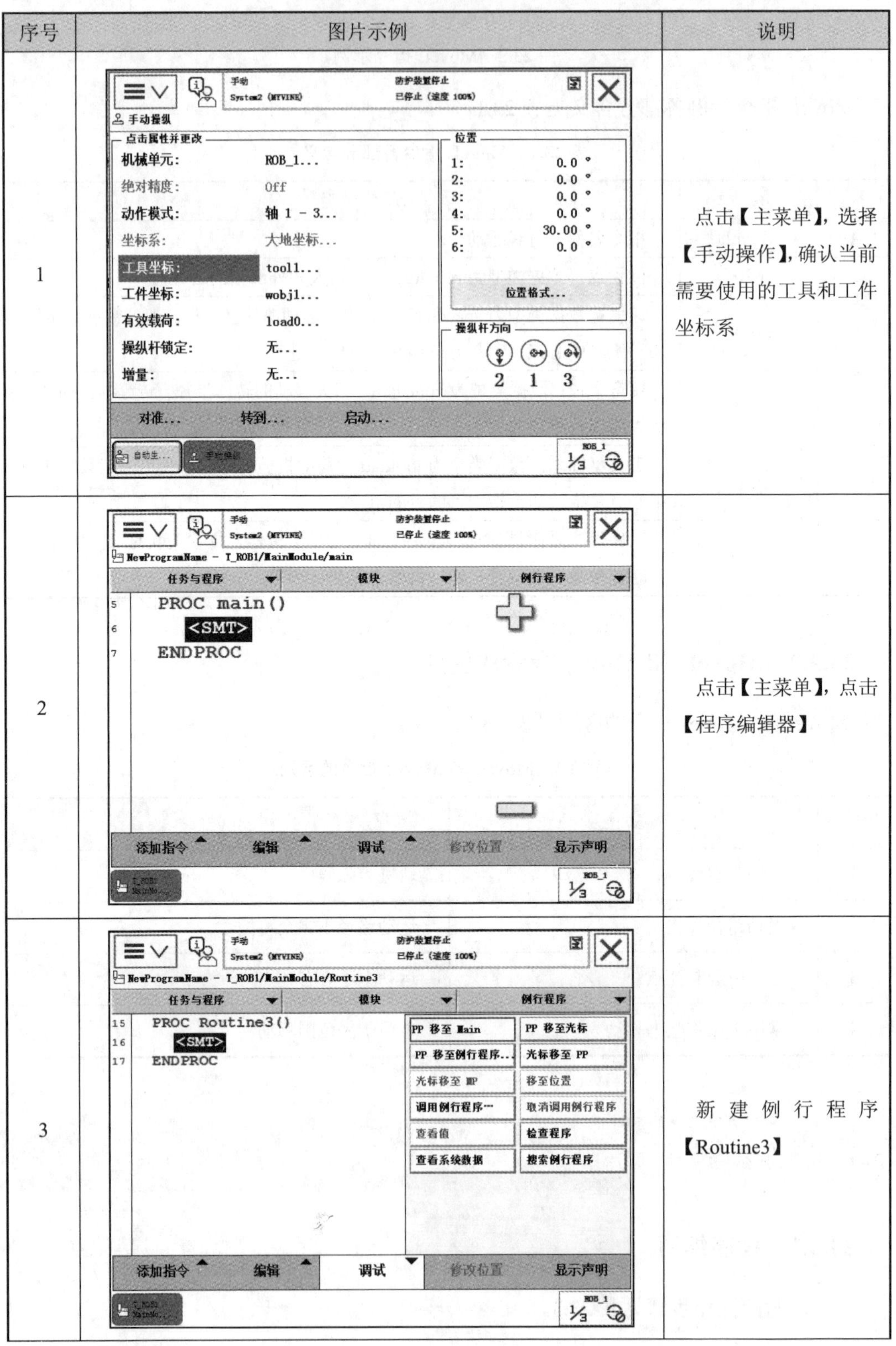

序号	图片示例	说明
1		点击【主菜单】，选择【手动操作】，确认当前需要使用的工具和工件坐标系
2		点击【主菜单】，点击【程序编辑器】
3		新建例行程序【Routine3】

续表 23.3

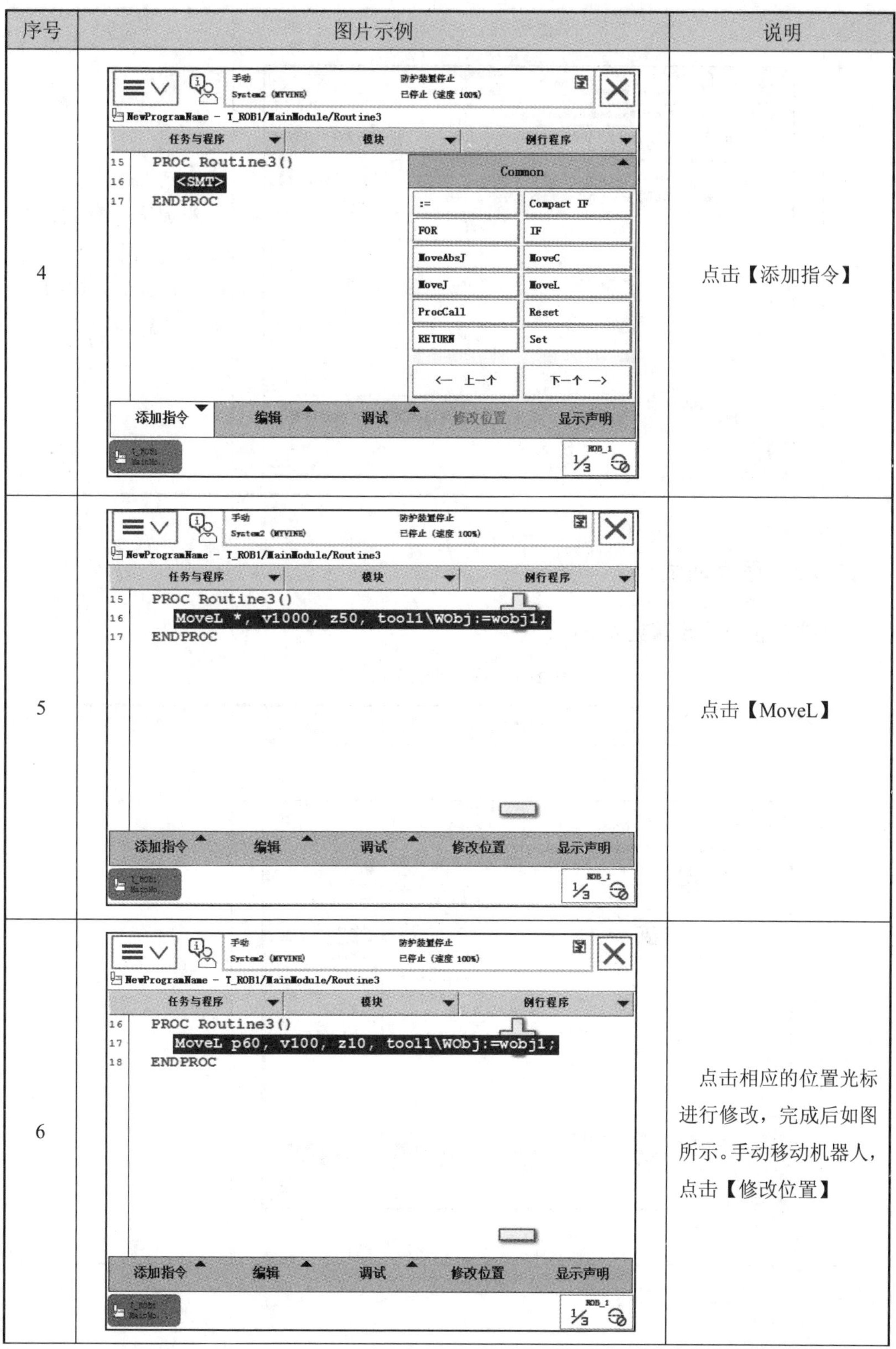

序号	图片示例	说明
4		点击【添加指令】
5		点击【MoveL】
6		点击相应的位置光标进行修改，完成后如图所示。手动移动机器人，点击【修改位置】

续表 23.3

序号	图片示例	说明
7	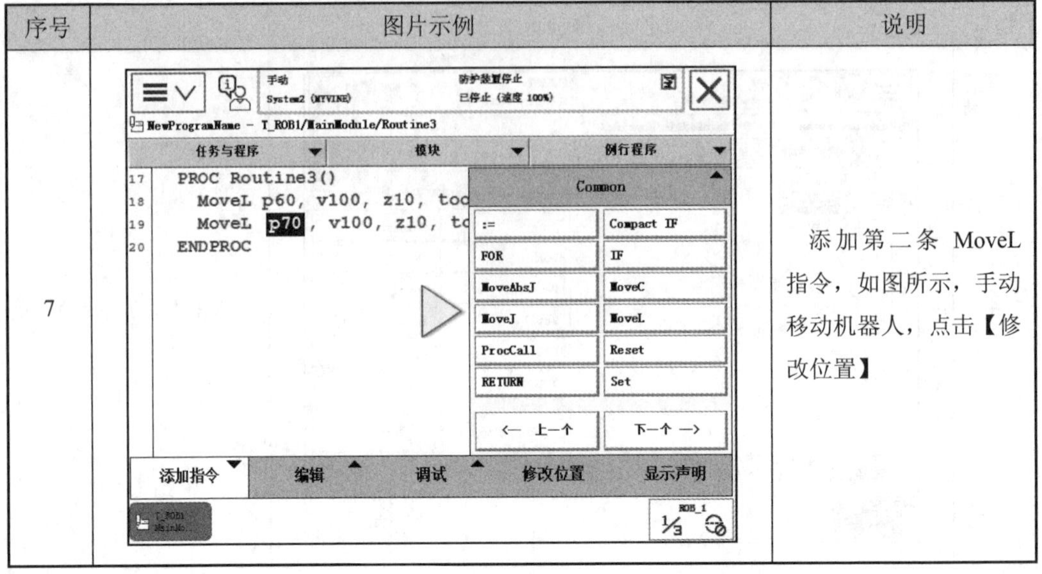	添加第二条 MoveL 指令，如图所示，手动移动机器人，点击【修改位置】

23.3.2　程序调试

程序调试的操作步骤见表 23.4。

表 23.4　程序调试操作步骤

序号	图片示例	说明
1	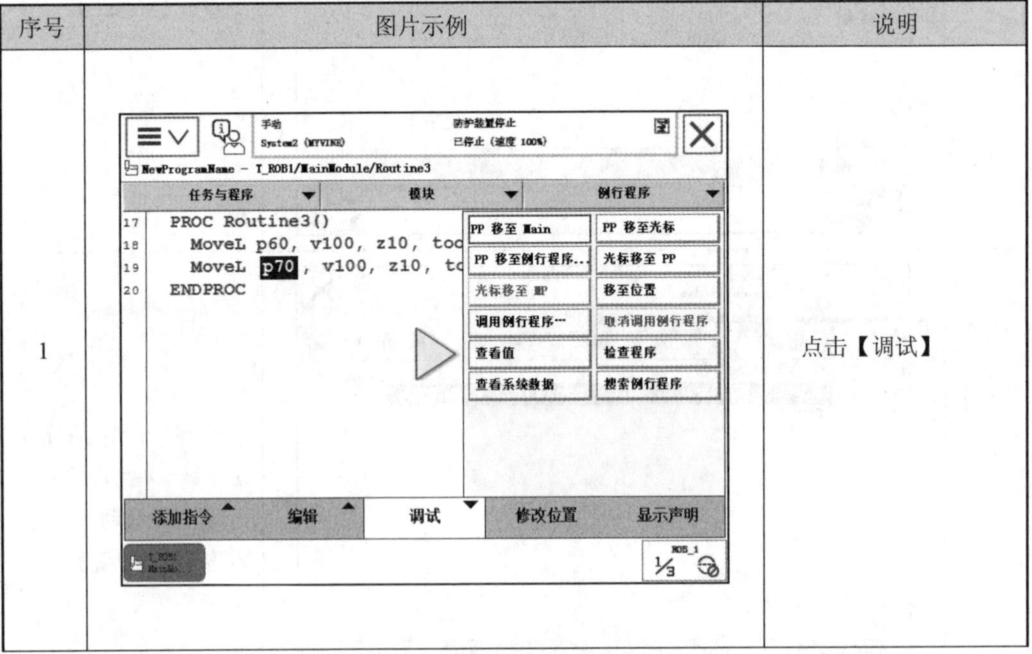	点击【调试】

续表 23.4

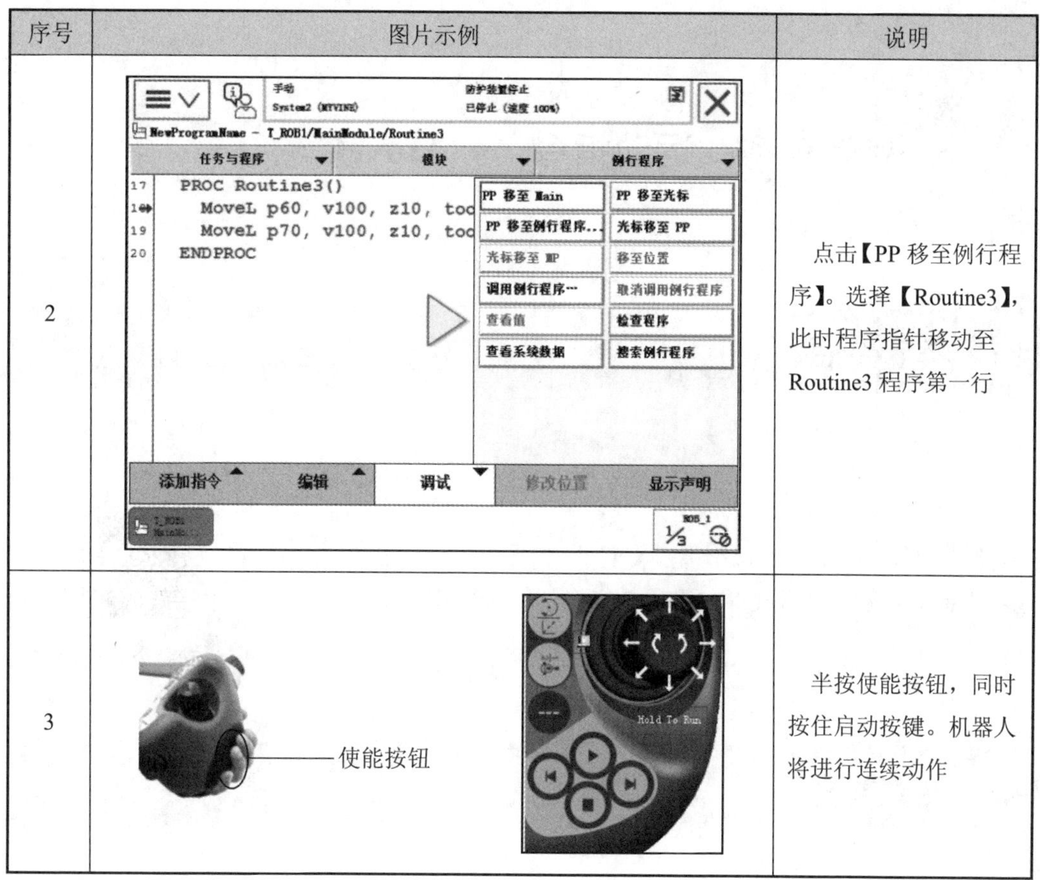

序号	图片示例	说明
2		点击【PP 移至例行程序】。选择【Routine3】，此时程序指针移动至 Routine3 程序第一行
3	使能按钮	半按使能按钮，同时按住启动按键。机器人将进行连续动作

知识点 24：运动指令——MoveC

24.1 本节要点

➢ 掌握 MoveC 指令的使用
➢ 掌握 MoveJ、MoveL 和 MoveC 指令的综合应用

※ 运动指令——MoveC

24.2 要点解析

24.2.1 MoveC 指令

机器人通过中间点以圆弧移动方式运动至目标点，当前点、中间点与目标点 3 点决定一段圆弧，机器人运动状态可控制，运动路径保持唯一。MoveC 指令常用于机器人在工作状态移动。圆弧运动路径如图 24.1 所示，MoveC 指令示例如图 24.2 所示。

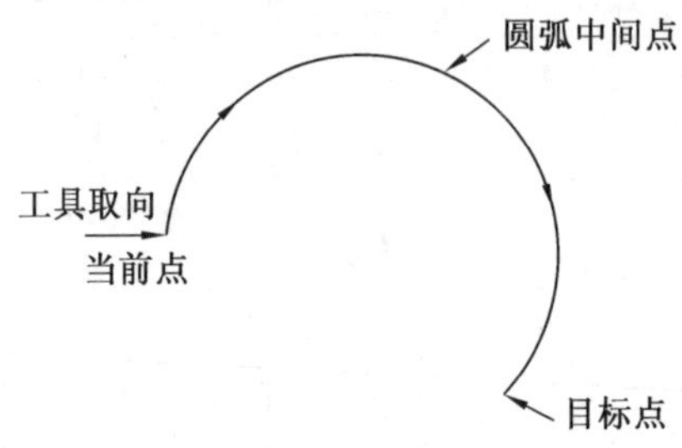

图 24.1 圆弧运动路径

```
MoveC p30, p40, v1000, z10, tool0\WObj:=wobj0;
```

图 24.2　MoveC 指令示例

MoveC 指令各部分含义见表 24.1。

表 24.1　MoveC 指令各部分含义

序号	参数	说明
1	MoveC	**指令名称**：圆弧运动
2	p30	**过渡点**：数据类型为 robtarget，机器人和外部轴的目标点
3	p40	**终止点**：数据类型为 robtarget，机器人和外部轴的目标点
4	v1000	**速度**：数据类型为 speeddata，适用于运动的速度数据。速度数据规定了关于工具中心点、工具方位调整和外轴的速率
5	z10	**转弯半径**：数据类型为 zonedata，相关移动的转弯半径。转弯半径描述了所生成拐角路径的大小
6	tool0	**工具坐标系**：数据类型为 tooldata，移动机械臂时正在使用的工具。工具中心点是指移动至指定目的点的点
7	WObj	**工件坐标系**：数据类型为 wobjdata，指令中机器人位置关联的工件坐标系。省略该参数，则位置坐标以机器人基坐标为准

24.2.2　MoveJ、MoveL 和 MoveC 指令的综合应用

在进行一个画圆动作时其路径如图 24.3 所示，其轨迹见表 24.2。

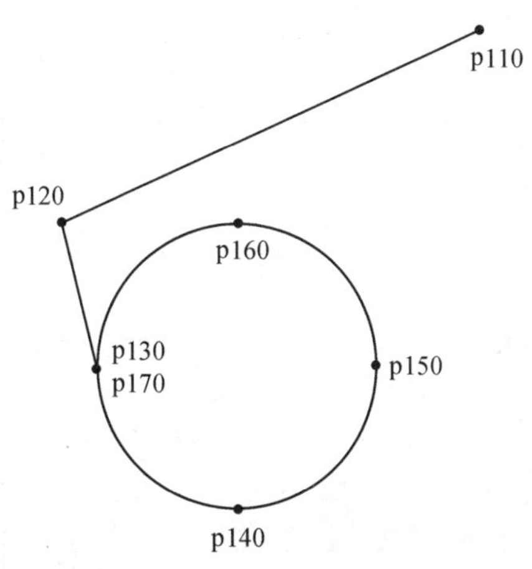

图 24.3　画圆路径示意图

表 24.2　画圆动作轨迹

序号	目标点	指令	说明
1	p110	MoveJ	以关节方式运动到 p110，即每次移动安全位置
2	p120	MoveJ	以关节方式运动到 p120，快速运动到起始位置
3	p130	MoveL	以直线方式运动到 p130，慢速运动到圆弧起始点
4	p140，p150	MoveC	以圆弧方式运动到 p140、p150，即圆弧中间点和终点。前半部分圆弧
5	p160，p170	MoveC	以圆弧方式运动到 p160、p170，即圆弧中间点和终点。后半部分圆弧
6	p120	MoveL	以直线方式运动到 p120，快速运动到起始位置
7	p110	MoveJ	以关节方式运动到 p110，移动安全位置

24.3　操作步骤

24.3.1　程序编写

程序编写的操作步骤见表 24.3。

表 24.3　程序编写操作步骤

序号	图片示例	说明
1	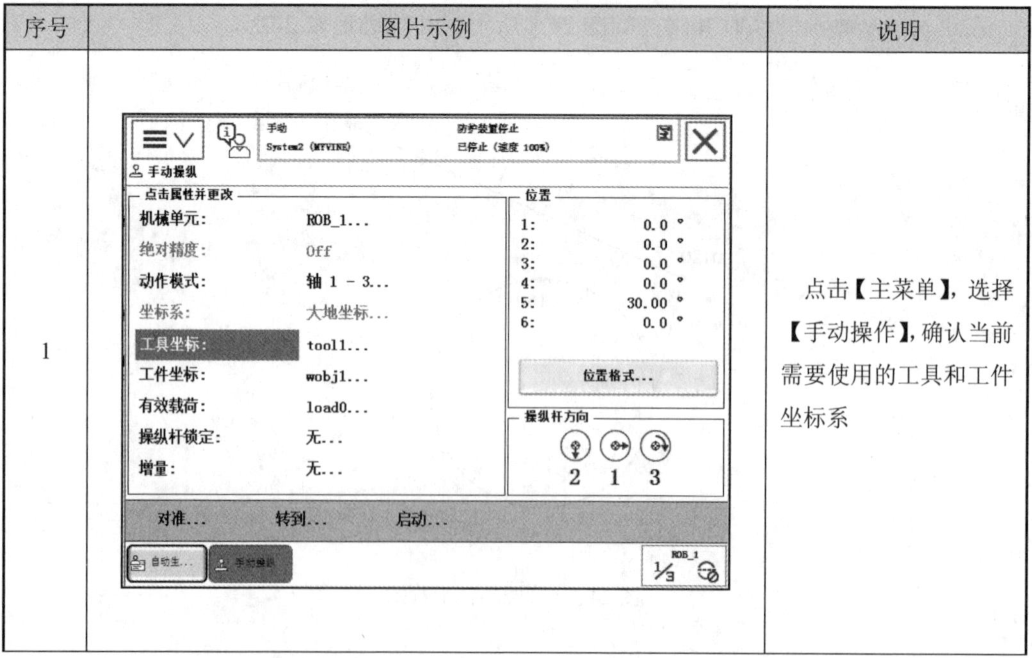	点击【主菜单】，选择【手动操作】，确认当前需要使用的工具和工件坐标系

续表 24.3

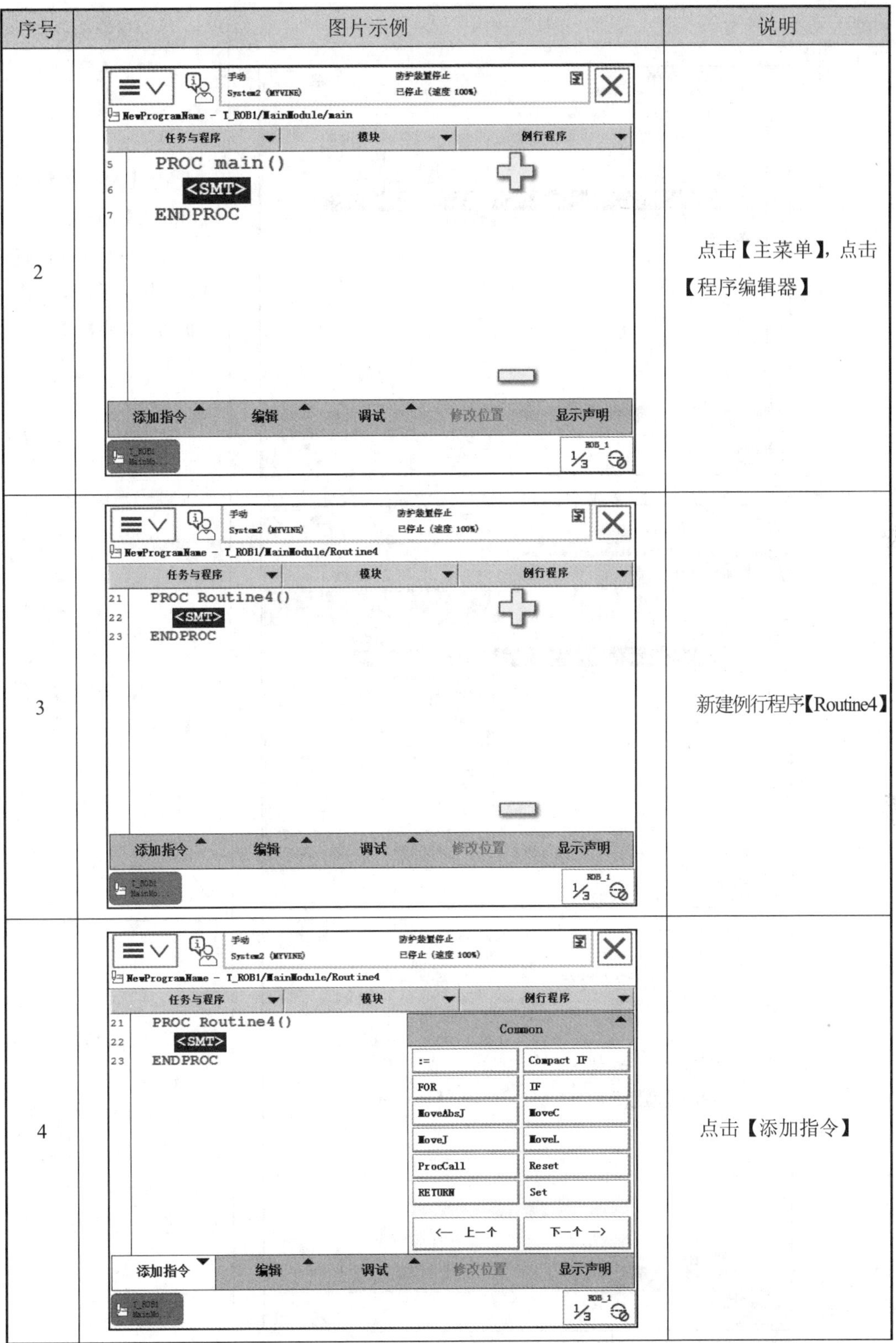

序号	图片示例	说明
2		点击【主菜单】，点击【程序编辑器】
3		新建例行程序【Routine4】
4		点击【添加指令】

续表 24.3

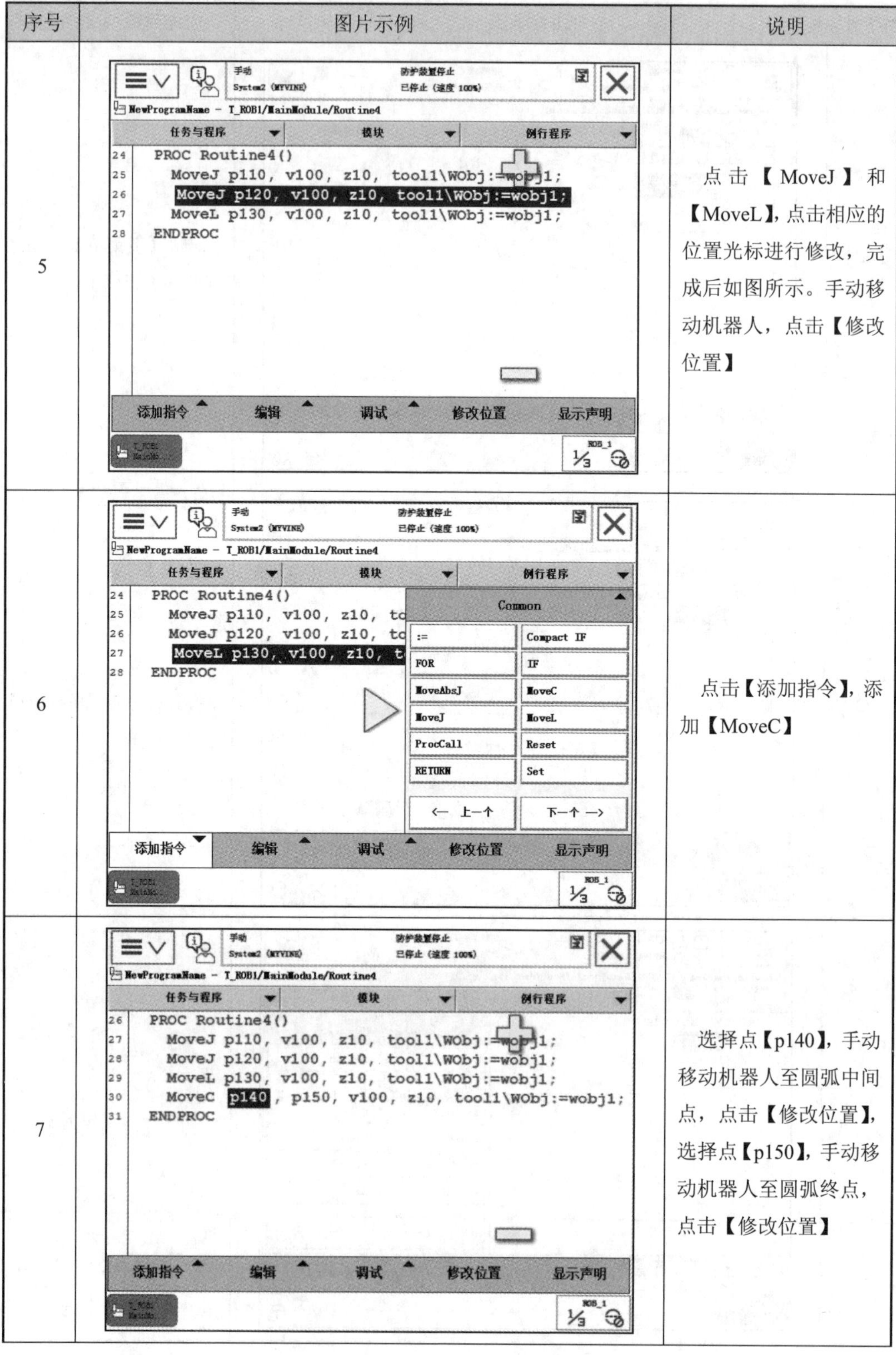

序号	图片示例	说明
5		点击【MoveJ】和【MoveL】，点击相应的位置光标进行修改，完成后如图所示。手动移动机器人，点击【修改位置】
6		点击【添加指令】，添加【MoveC】
7		选择点【p140】，手动移动机器人至圆弧中间点，点击【修改位置】，选择点【p150】，手动移动机器人至圆弧终点，点击【修改位置】

续表 24.3

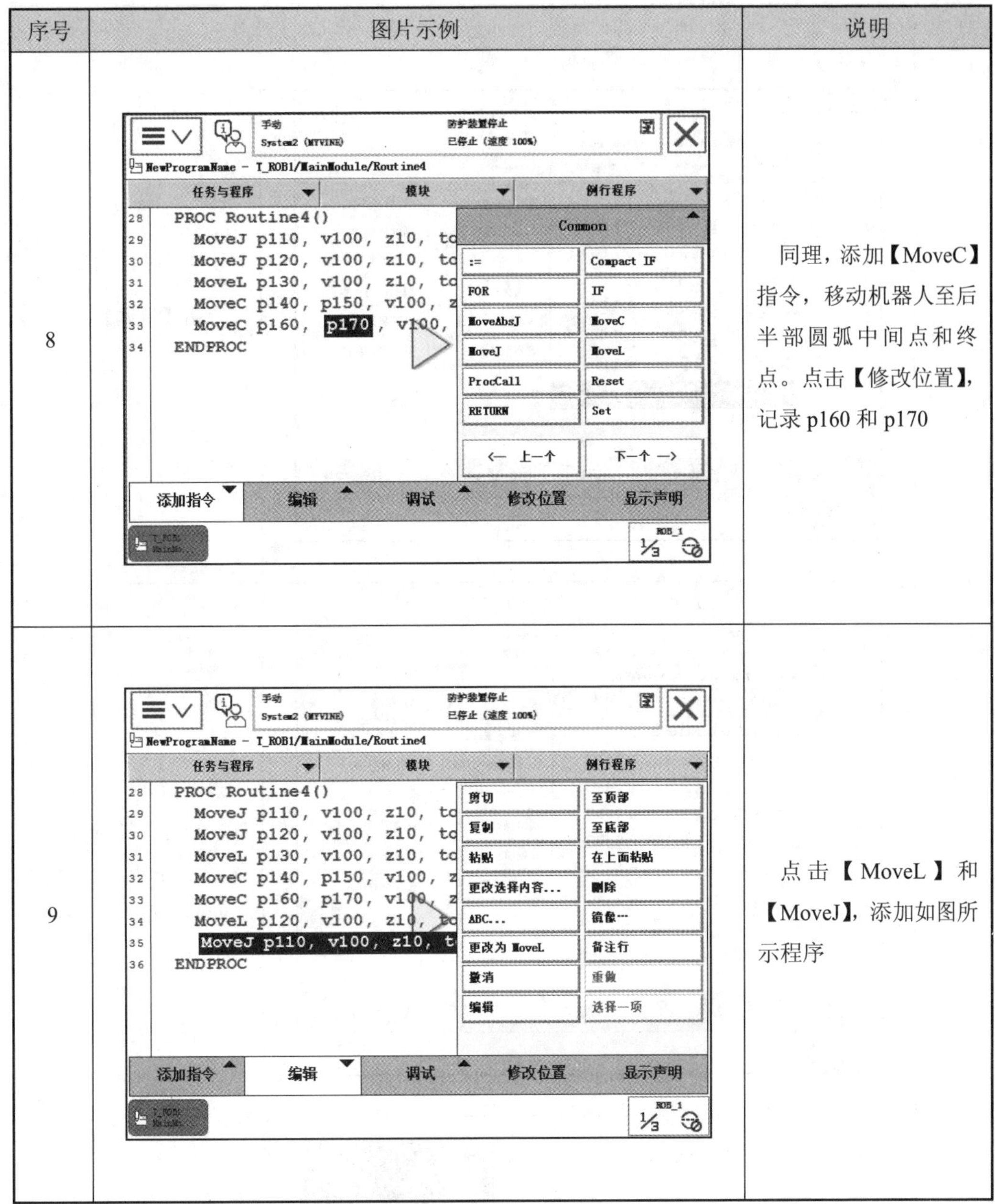

序号	图片示例	说明
8		同理，添加【MoveC】指令，移动机器人至后半部圆弧中间点和终点。点击【修改位置】，记录 p160 和 p170
9		点击【MoveL】和【MoveJ】，添加如图所示程序

24.3.2　程序调试

程序调试的操作步骤见表 24.4。

表 24.4　程序调试操作步骤

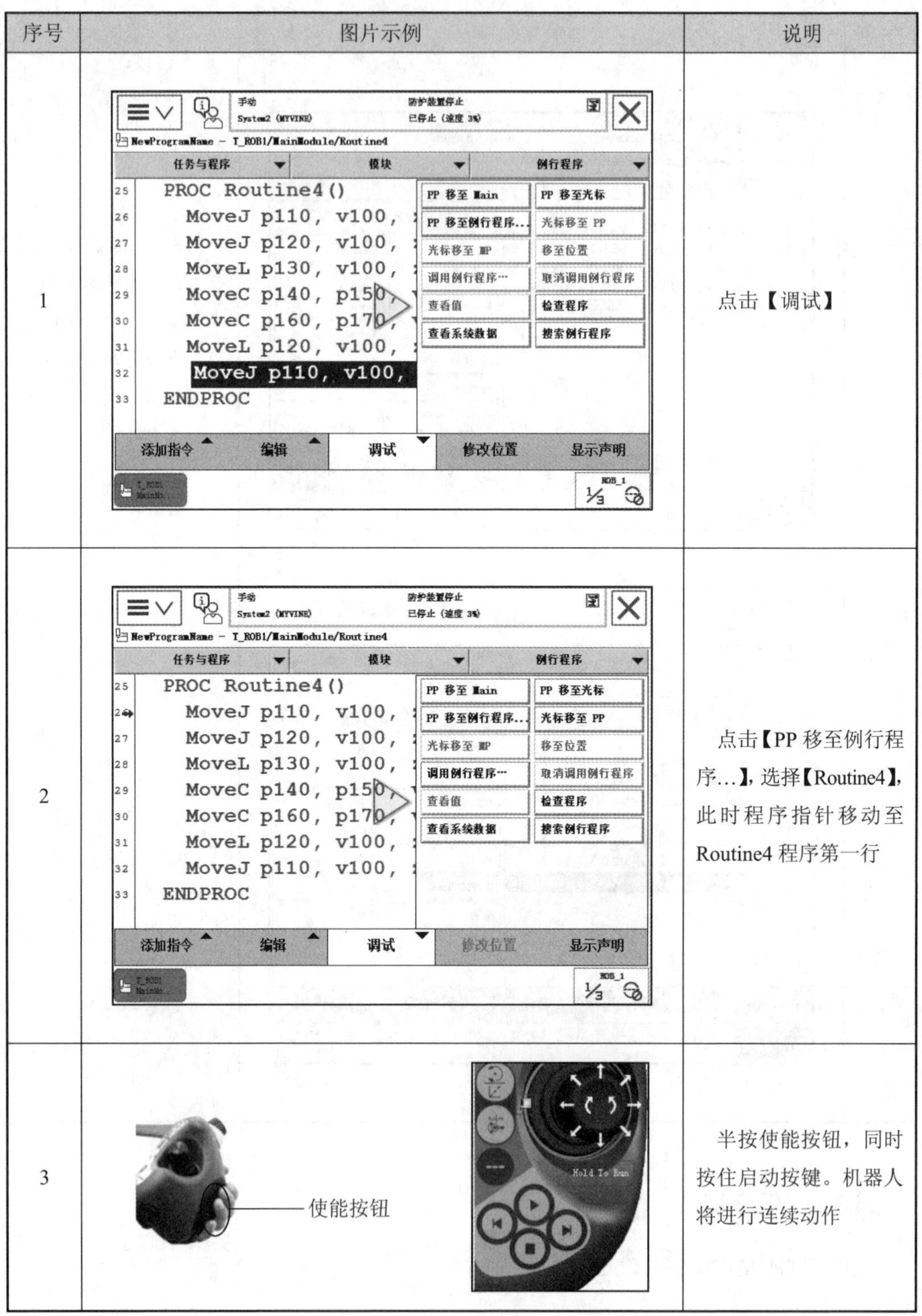

序号	图片示例	说明
1		点击【调试】
2		点击【PP 移至例行程序…】，选择【Routine4】，此时程序指针移动至 Routine4 程序第一行
3	使能按钮	半按使能按钮，同时按住启动按键。机器人将进行连续动作

知识点 25：运动指令——MoveAbsJ

25.1　本节要点

- 掌握 MoveAbsJ 指令的使用
- 了解 robtarget 和 jointtarget 数据的区别
- 了解 MoveJ 和 MoveAbsJ 的区别

※ 运动指令——MoveAbsJ

25.2　要点解析

25.2.1　MoveAbsJ 指令

MoveAbsJ 指令：移动机械臂至绝对位置。机器人以单轴运动的方式运动至目标点，不存在死点，运动状态完全不可控制，避免在正常生产中使用此命令。指令中 TCP 与 Wobj 只与运动速度有关，与运动位置无关。MoveAbsJ 指令常用于检查机器人零点位置，其指令示例如图 25.1 所示。

```
MoveAbsJ jpos10, v1000, z50, tool0;
```

图 25.1　MoveAbsJ 指令示例

25.2.2　robtarget 和 jointtarget 数据的区别

robtarget： 以机器人 TCP 点的位置和姿态记录机器人位置。用于 MoveJ、MoveL、MoveC 指令中。

jointtarget： 以机器人各个关节值来记录机器人位置，常用于机器人运动至特定的关节角。用于 MoveAbsJ 指令中。

25.2.3 MoveJ 和 MoveAbsJ 的区别

MoveJ 和 MoveAbsJ 的运动轨迹相同，都是以关节方式运动，所不同的是所采用的数据点类型不同。

25.3 操作步骤

25.3.1 程序编写

程序编写的操作步骤见表 25.1。

表 25.1 程序编写操作步骤

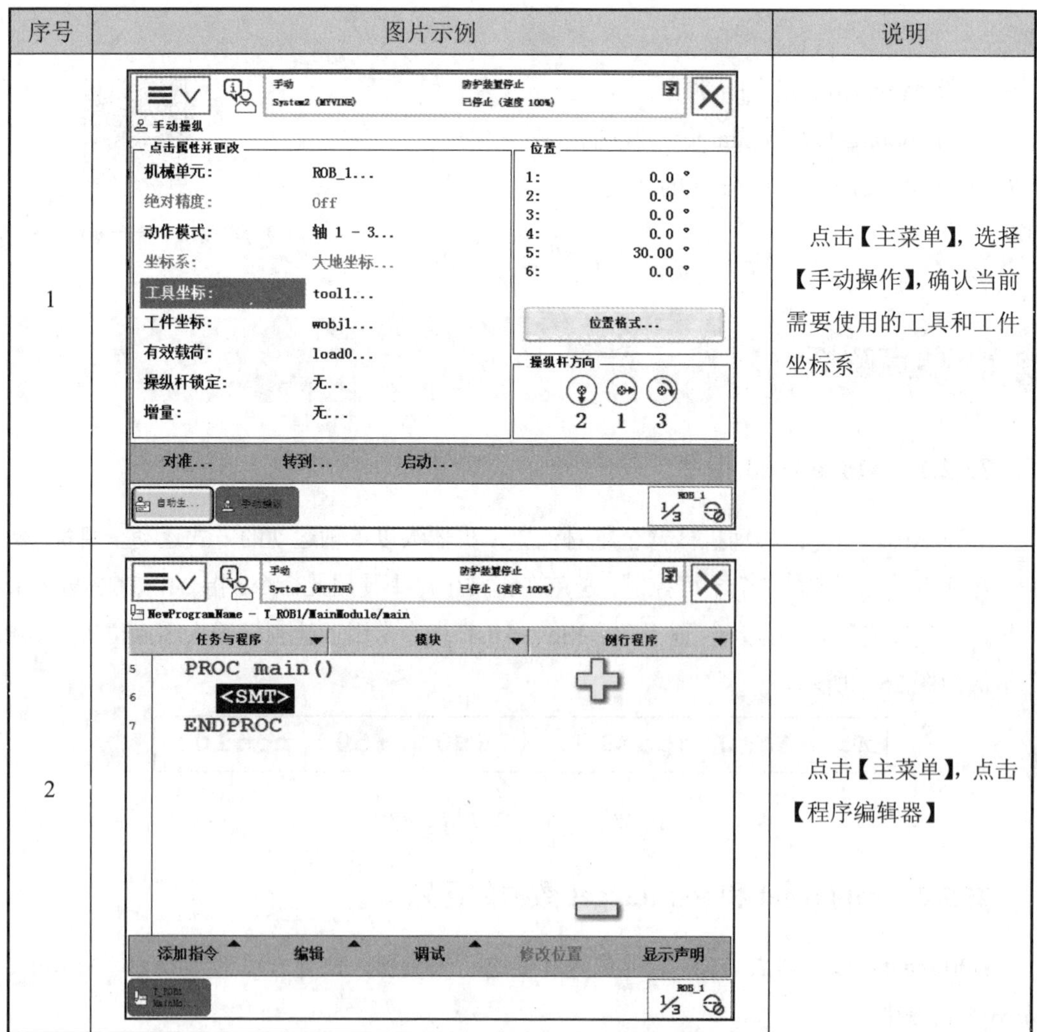

序号	图片示例	说明
1		点击【主菜单】，选择【手动操作】，确认当前需要使用的工具和工件坐标系
2		点击【主菜单】，点击【程序编辑器】

续表 25.1

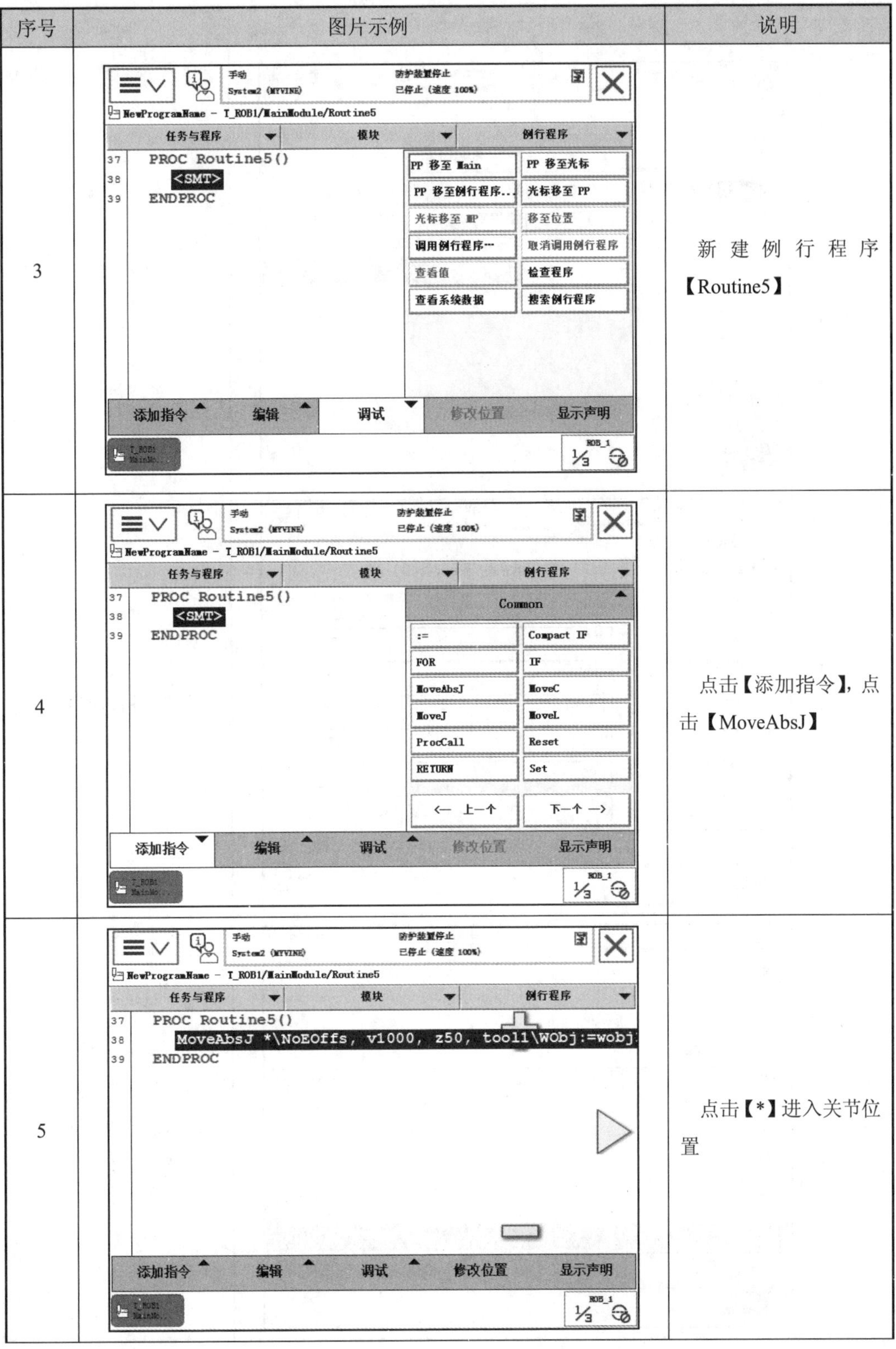

序号	图片示例	说明
3		新建例行程序【Routine5】
4		点击【添加指令】，点击【MoveAbsJ】
5		点击【*】进入关节位置

续表 25.1

<table>
<tr><th>序号</th><th>图片示例</th><th>说明</th></tr>
<tr><td>6</td><td>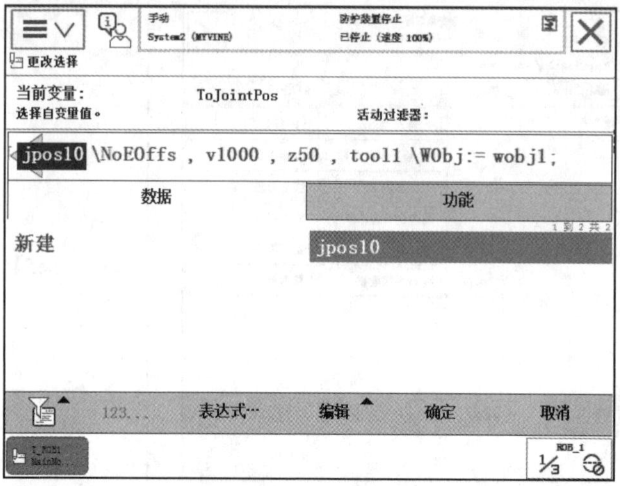
手动
System2 (MYVINE)
防护装置停止
已停止（速度 100%）
更改选择
当前变量: ToJointPos
选择自变量值。
活动过滤器:
jpos10 \NoEOffs , v1000 , z50 , tool1 \WObj:= wobj1;
数据
功能
新建
jpos10
123...
表达式…
编辑
确定
取消
ROB_1
1/3</td><td>点击【新建】</td></tr>
<tr><td>7</td><td>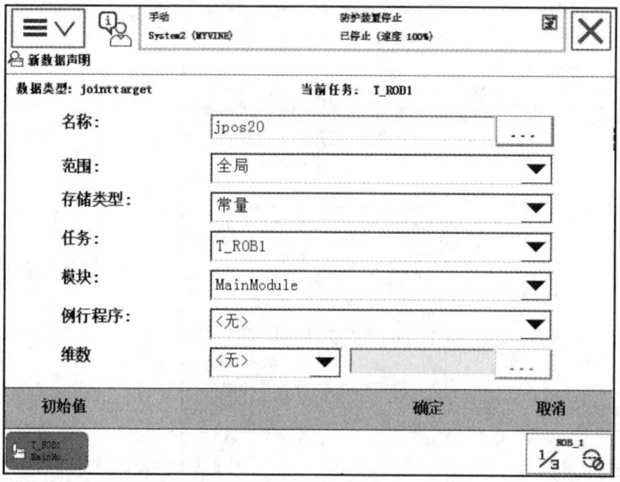
手动
System2 (MYVINE)
防护装置停止
已停止（速度 100%）
新数据声明
数据类型: jointtarget
当前任务: T_ROB1
名称:
jpos20
范围:
全局
存储类型:
常量
任务:
T_ROB1
模块:
MainModule
例行程序:
<无>
维数
<无>
初始值
确定
取消
ROB_1
1/3</td><td>点击【初始值】</td></tr>
<tr><td>8</td><td>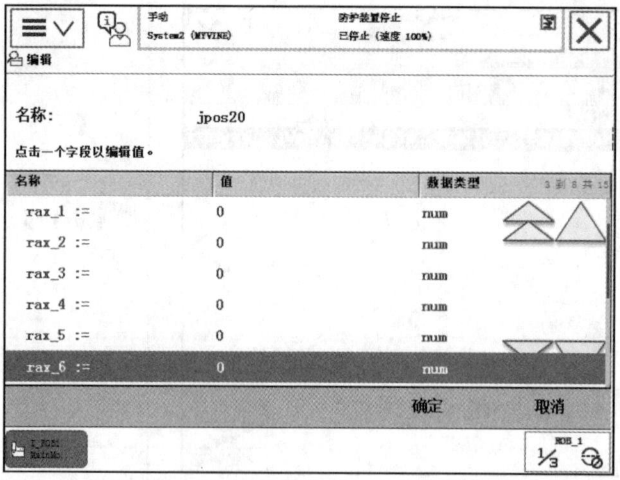
手动
System2 (MYVINE)
防护装置停止
已停止（速度 100%）
编辑
名称:
jpos20
点击一个字段以编辑值。
名称
值
数据类型
rax_1 := 0 num
rax_2 := 0 num
rax_3 := 0 num
rax_4 := 0 num
rax_5 := 0 num
rax_6 := 0 num
确定
取消
ROB_1
1/3</td><td>分别将【rax_1 到 rax_6】的值更改为“0”，点击【确定】</td></tr>
</table>

续表 25.1

序号	图片示例	说明
9	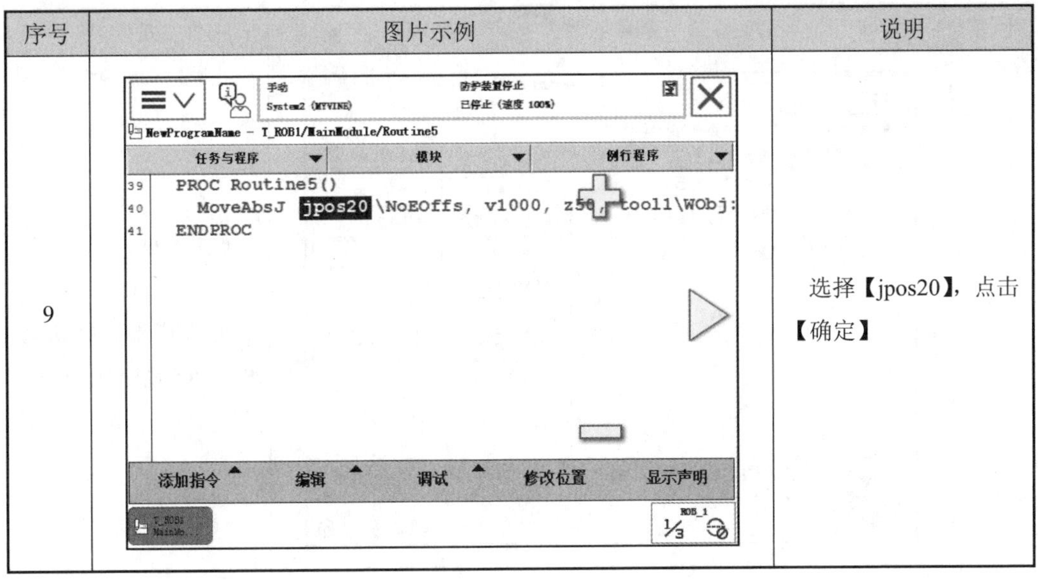	选择【jpos20】，点击【确定】

25.3.2　程序调试

程序调试的操作步骤见表 25.2。

表 25.2　程序调试操作步骤

序号	图片示例	说明
1	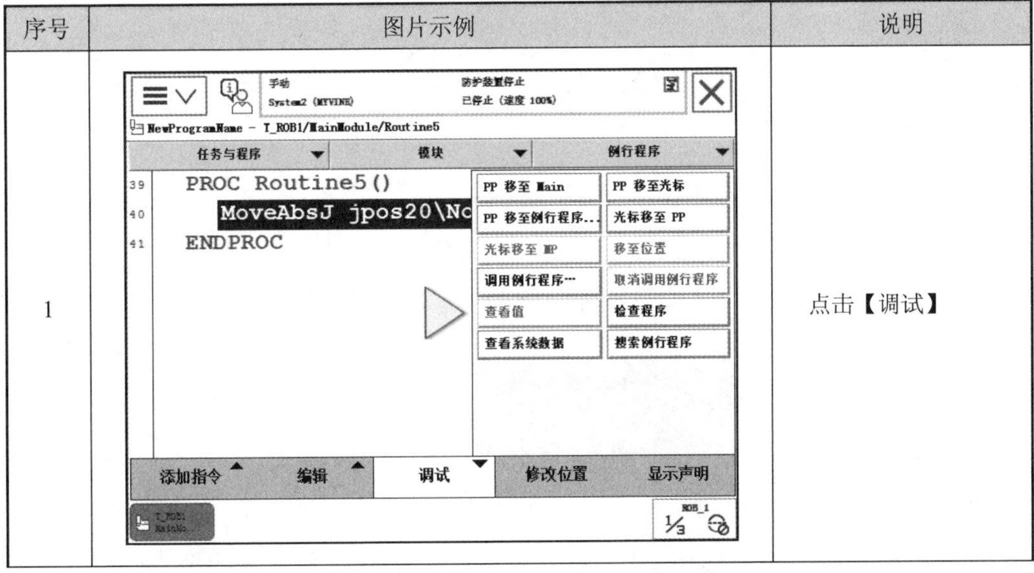	点击【调试】

续表 25.2

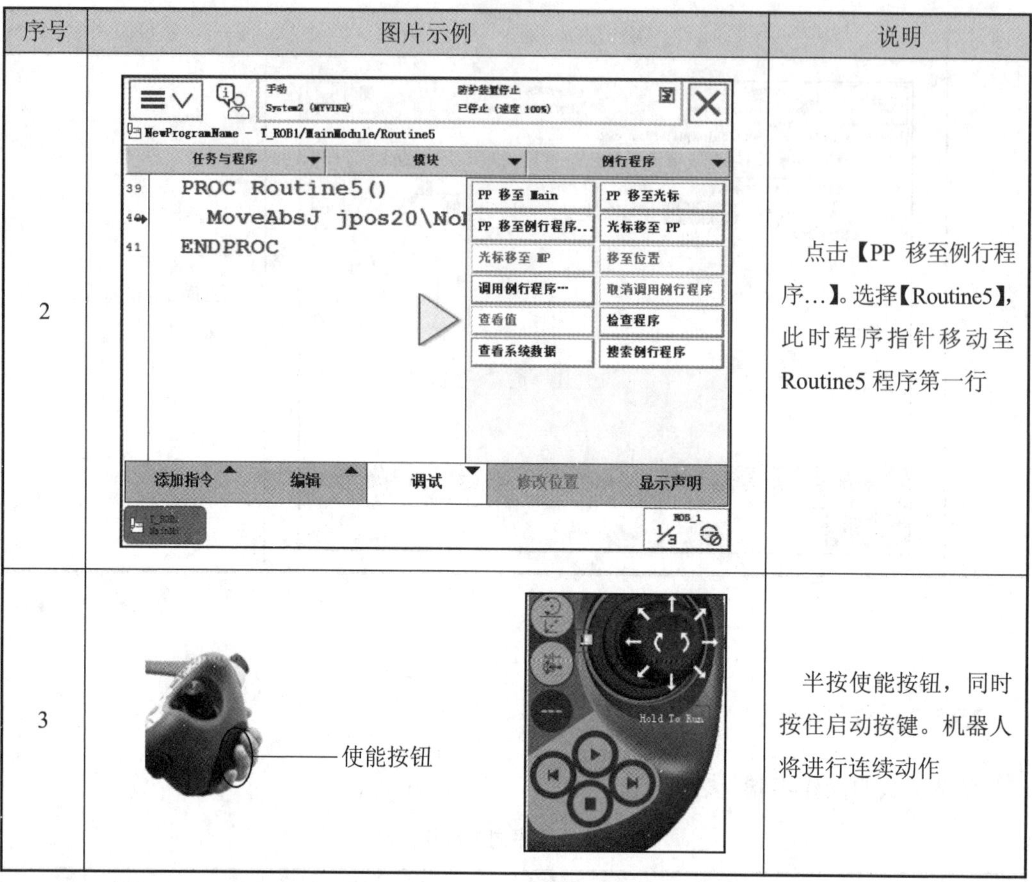

序号	图片示例	说明
2		点击【PP 移至例行程序…】。选择【Routine5】，此时程序指针移动至 Routine5 程序第一行
3	使能按钮	半按使能按钮，同时按住启动按键。机器人将进行连续动作

知识点 26：速度设置指令

26.1　本节要点

➢ 了解 speeddata 数据类型
➢ 掌握 AccSet 和 VelSet 指令的使用

※ 速度设置指令

26.2　要点解析

26.2.1　speeddata：速度变量数据类型

speeddata 型数据用于规定机械臂和外轴移动时的速率，如图 26.1 所示。

名称	值	数据类型 1 到 5 共 5
speed1:	[200, 500, 5000, 1000]	speeddata
v_tcp :=	200	num
v_ori :=	500	num
v_leax :=	5000	num
v_reax :=	1000	num
	撤消　　确定	取消

图 26.1　speeddata 数据参数

speeddata 数据参数各部分含义见表 26.1。

表 26.1　speeddata 型数据各部分含义

序号	参数	说明
1	v_tcp :=	工具中心点的速率，以 mm/s 计
2	v_ori :=	TCP 的重新定位速率，以（°）/s 表示
3	v_leax :=	线性外轴的速率，以 mm/s 计
4	v_reax :=	旋转外轴的速率，以（°）/s 计

26.2.2　AccSet 指令

AccSet 指令：修改加速度。处理脆弱负载时，使用了 AccSet，可允许更低的加速度和减速度，使得机械臂的移动更加顺畅，其指令示例如图 26.2 所示。

```
AccSet 50, 80;
```

图 26.2　AccSet 指令示例

AccSet 指令各部分含义见表 26.2。

表 26.2　AccSet 指令各部分含义

序号	参数	说明
1	AccSet	**指令名称**：设置加速度
2	50	**加速度倍率**：加速度和减速度占正常值的百分比
3	80	**加速度坡度**：加速度和减速度增加的速率占正常值的百分比

26.2.3　VelSet 指令

VelSet 指令：编程速率设定。VelSet 用于增加或减少后续定位指令的编程速率，直至执行新的 VelSet 指令，其指令示例如图 26.3 所示。

```
VelSet 80, 700;
```

图 26.3　VelSet 指令示例

VelSet 指令各部分含义见表 26.3。

表 26.3　VelSet 指令各部分含义

序号	参数	说明
1	VelSet	指令名称：设置速度
2	80	速度倍率：所需速率占编程速率的百分比
3	700	最大 TCP 速率：该值限制当前最大 TCP 速率，单位为 mm/s

26.3　操作步骤

26.3.1　查看 speeddata 数据类型

查看 speeddata 数据类型的操作步骤见表 26.4。

表 26.4　查看 speeddata 数据类型操作步骤

序号	图片示例	说明
1	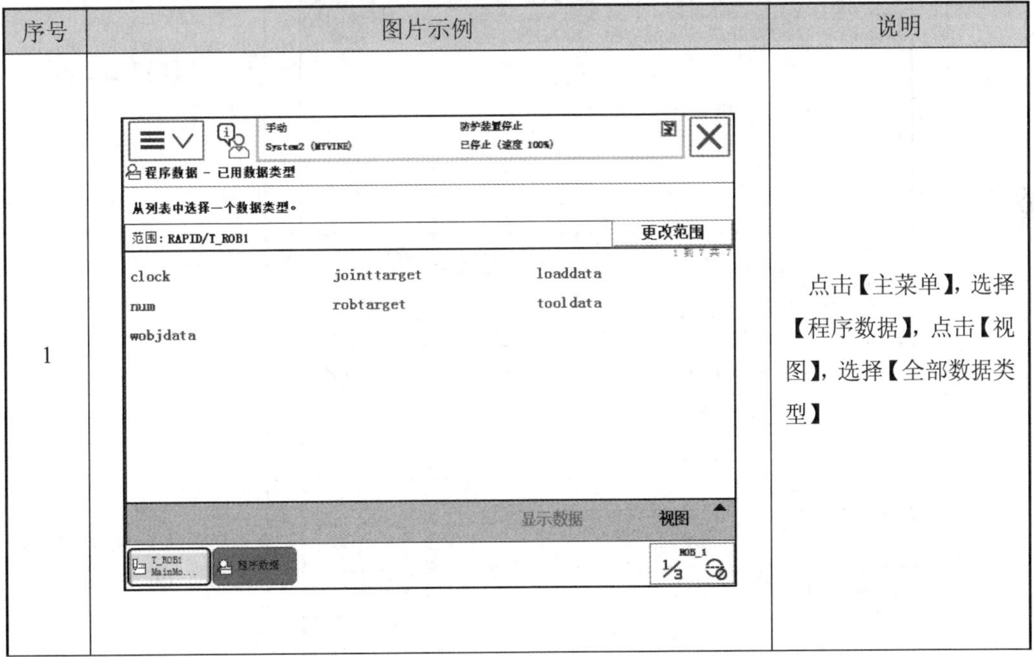	点击【主菜单】，选择【程序数据】，点击【视图】，选择【全部数据类型】

续表 26.4

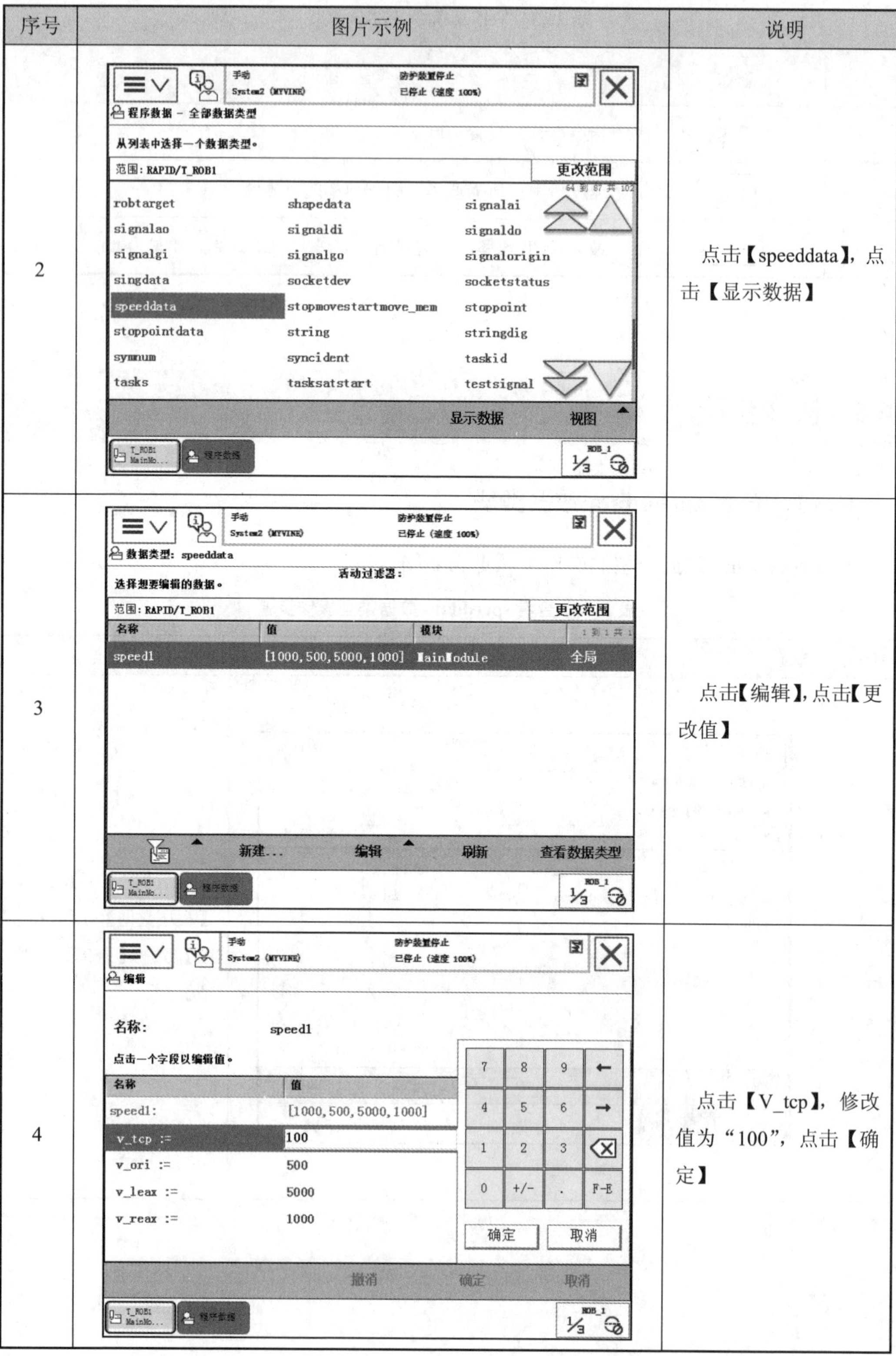

序号	图片示例	说明
2		点击【speeddata】，点击【显示数据】
3		点击【编辑】，点击【更改值】
4		点击【V_tcp】，修改值为“100”，点击【确定】

26.3.2 程序编辑

程序编辑的操作步骤见表 26.5。

表 26.5 程序编辑操作步骤

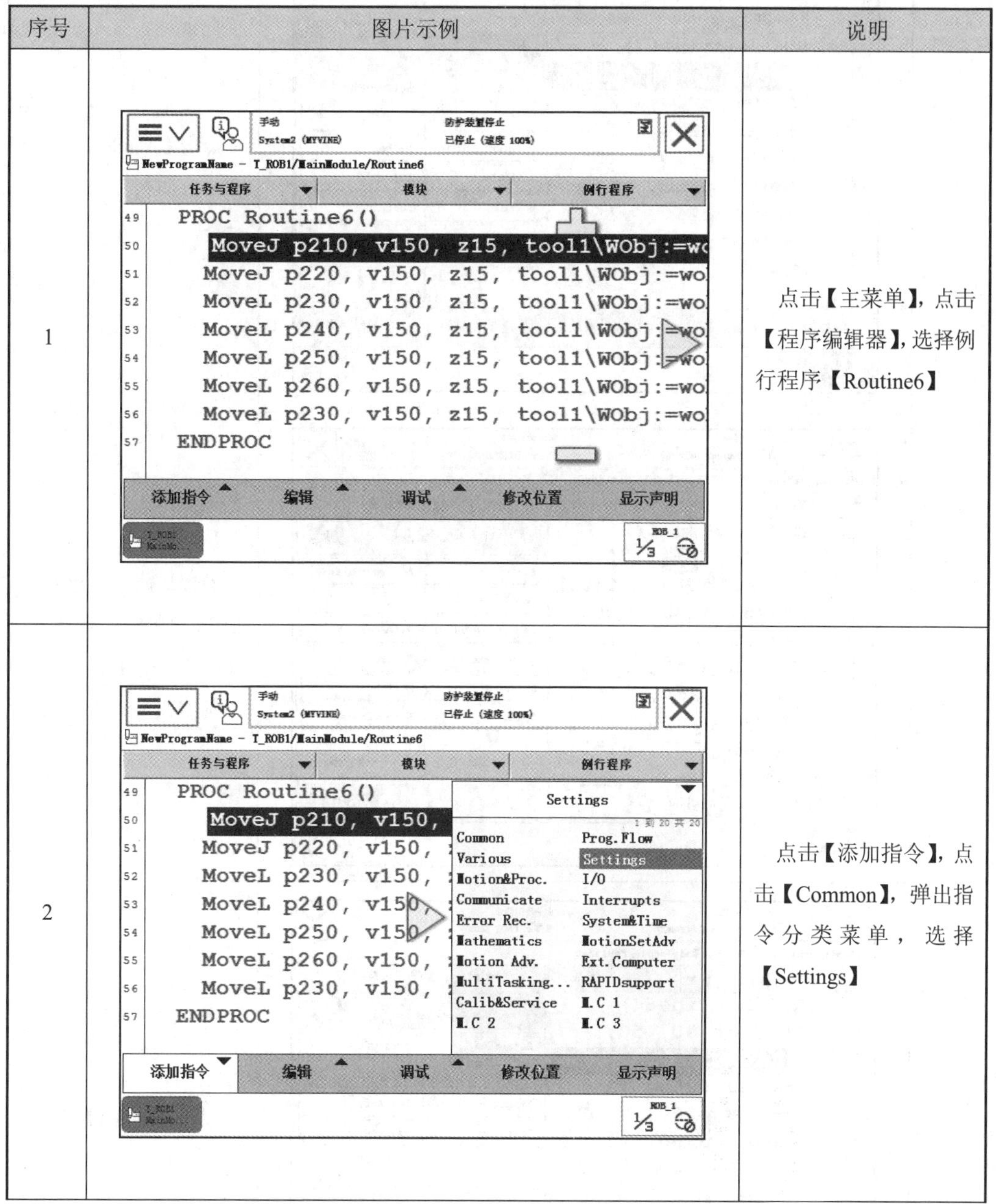

序号	图片示例	说明
1		点击【主菜单】，点击【程序编辑器】，选择例行程序【Routine6】
2		点击【添加指令】，点击【Common】，弹出指令分类菜单，选择【Settings】

续表 26.5

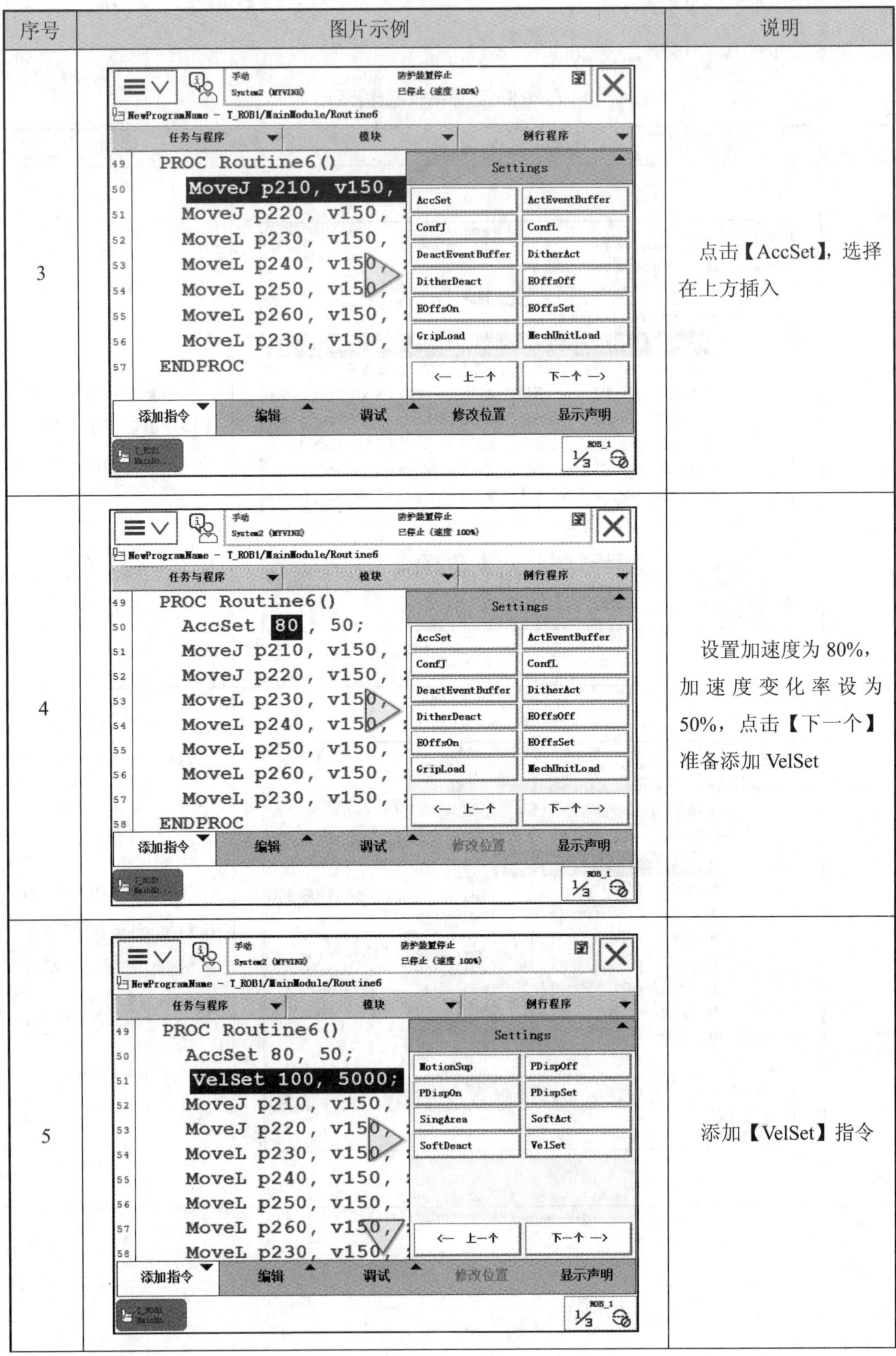

序号	图片示例	说明
3		点击【AccSet】，选择在上方插入
4		设置加速度为 80%，加速度变化率设为 50%，点击【下一个】准备添加 VelSet
5		添加【VelSet】指令

续表 26.5

序号	图片示例	说明
6	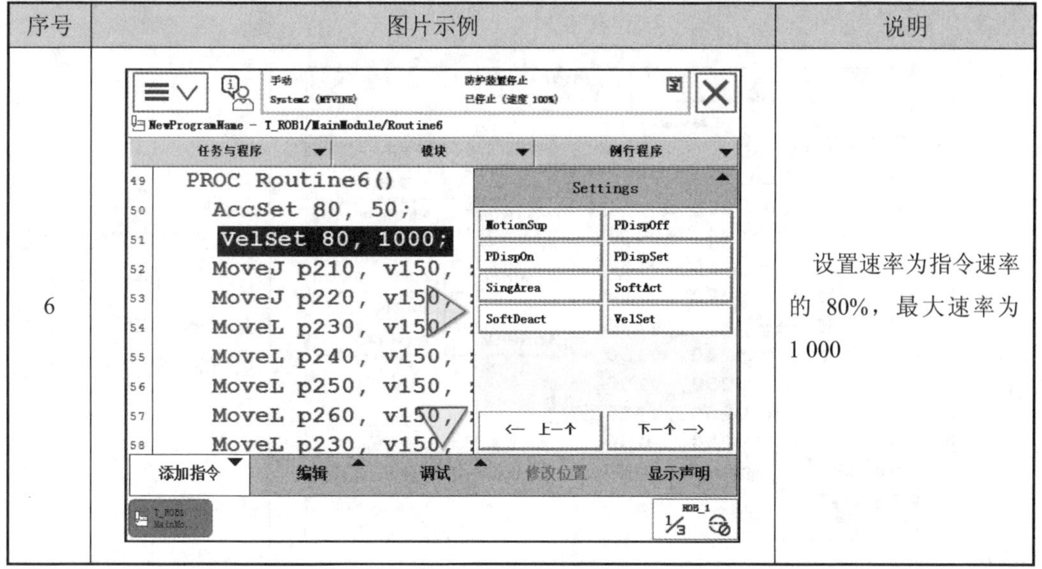	设置速率为指令速率的 80%，最大速率为 1 000

26.3.3　程序调试

程序调试的操作步骤见表 26.6。

表 26.6　程序调试操作步骤

序号	图片示例	说明
1	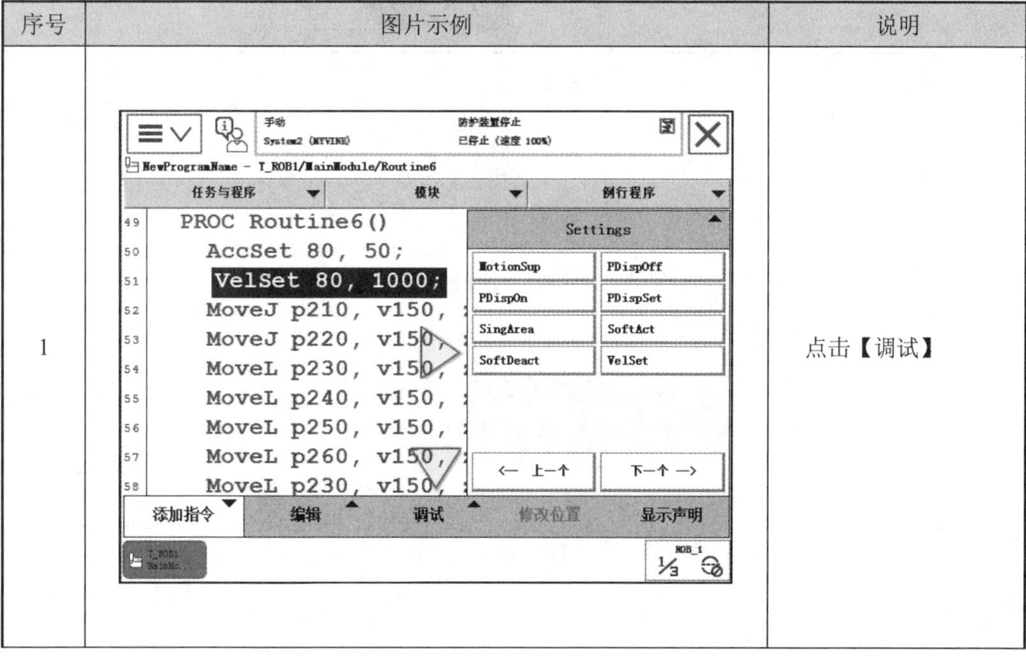	点击【调试】

续表 26.6

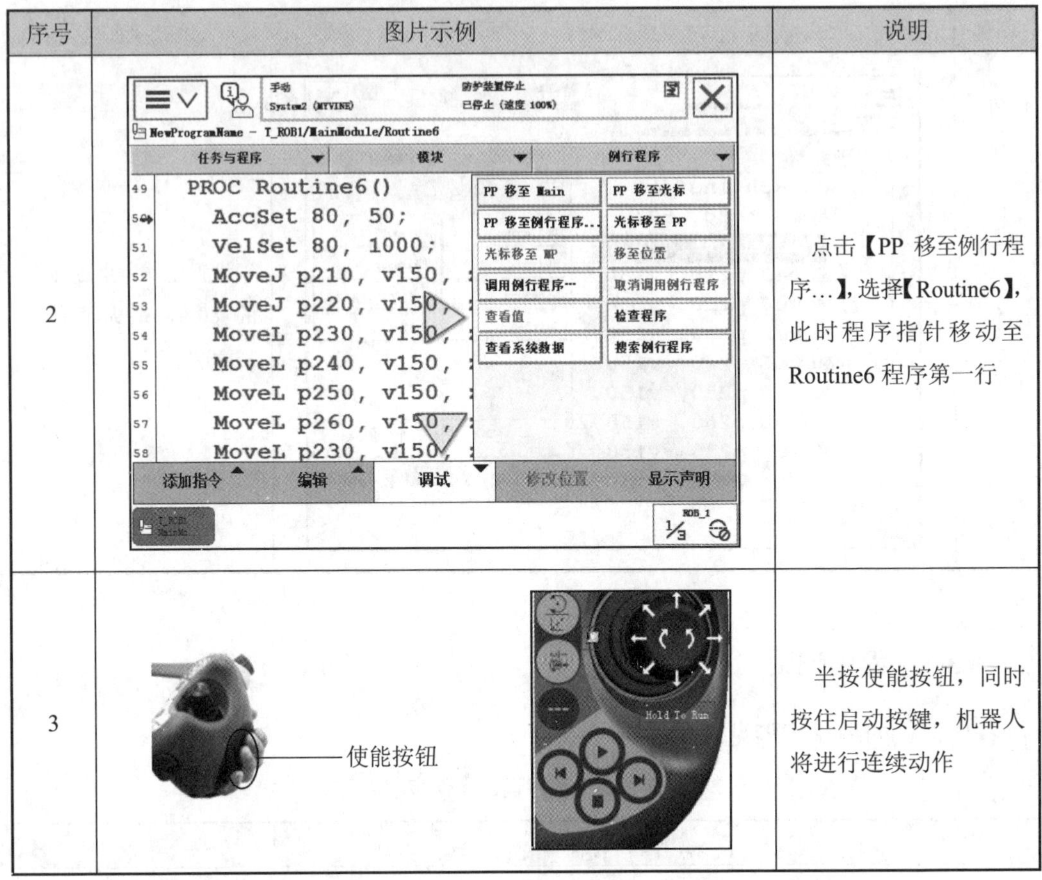

序号	图片示例	说明
2		点击【PP 移至例行程序…】，选择【Routine6】，此时程序指针移动至 Routine6 程序第一行
3		半按使能按钮，同时按住启动按键，机器人将进行连续动作

知识点 27：I/O 控制指令

27.1 本节要点

- 了解 I/O 信号分类
- 掌握 Set、Reset、WaitDI、SetDO、PulseDO 指令的使用

※ I/O 控制指令

27.2 要点解析

（1）I/O 信号分类。

I/O 信号分类见表 27.1。

表 27.1　I/O 信号分类

序号	名称	简称
1	数字量输入	DI
2	数字量输出	DO
3	组输入	GI
4	组输出	GO
5	模拟量输入	AI
6	模拟量输出	AO

（2）Set 指令：设置数字输出信号。

Set 用于将数字输出信号的值设置为 1，即打开数字输出信号，其指令示例如图 27.1 所示。

```
Set do08_Laser;
```

图 27.1　Set 指令示例

（3）Reset 指令：重置数字输出信号。

Reset 用于将数字输出信号的值重置为 0，即关闭数字输出信号，其指令示例图如图 27.2 所示。

```
Reset do08_Laser;
```

图 27.2　Reset 指令示例

（4）WaitDI 指令：等待直至已设置数字输入信号。

WaitDI 用于一直等待数字输入信号，当等待信号条件成立时执行下面程序，否则一直等待，其指令示例图如图 27.3 所示。

```
WaitDI di02_start, 1;
```

图 27.3　WaitDI 指令示例

（5）SetDO 指令：改变数字信号输出信号值，0 或者 1，其指令示例图如图 27.4 所示。

```
SetDO do08_Laser, 1;
```

图 27.4　SetDO 指令示例

（6）PulseDO 指令：数字信号脉冲输出。

指令格式为 PulseDO＋脉冲宽度＋输出脉冲信号，其中脉冲宽度单位为 s，其指令示例图如图 27.5 所示。

```
PulseDO\PLength:=1, do08_Laser;
```

图 27.5　PulseDO 指令示例

27.3　操作步骤

27.3.1　程序编辑

程序编辑的操作步骤见表 27.2。

表 27.2　程序编辑操作步骤

序号	图片示例	说明
1	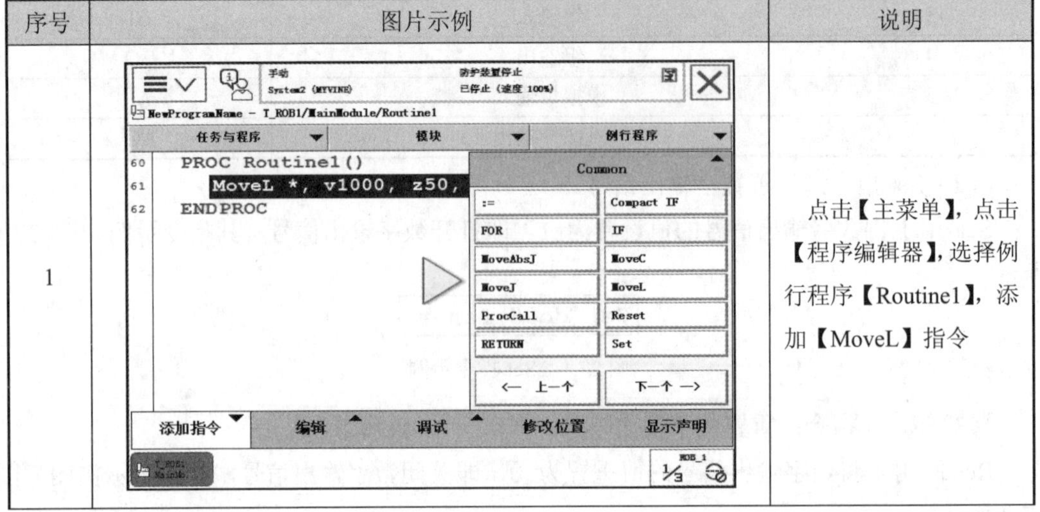	点击【主菜单】，点击【程序编辑器】，选择例行程序【Routine1】，添加【MoveL】指令

续表 27.2

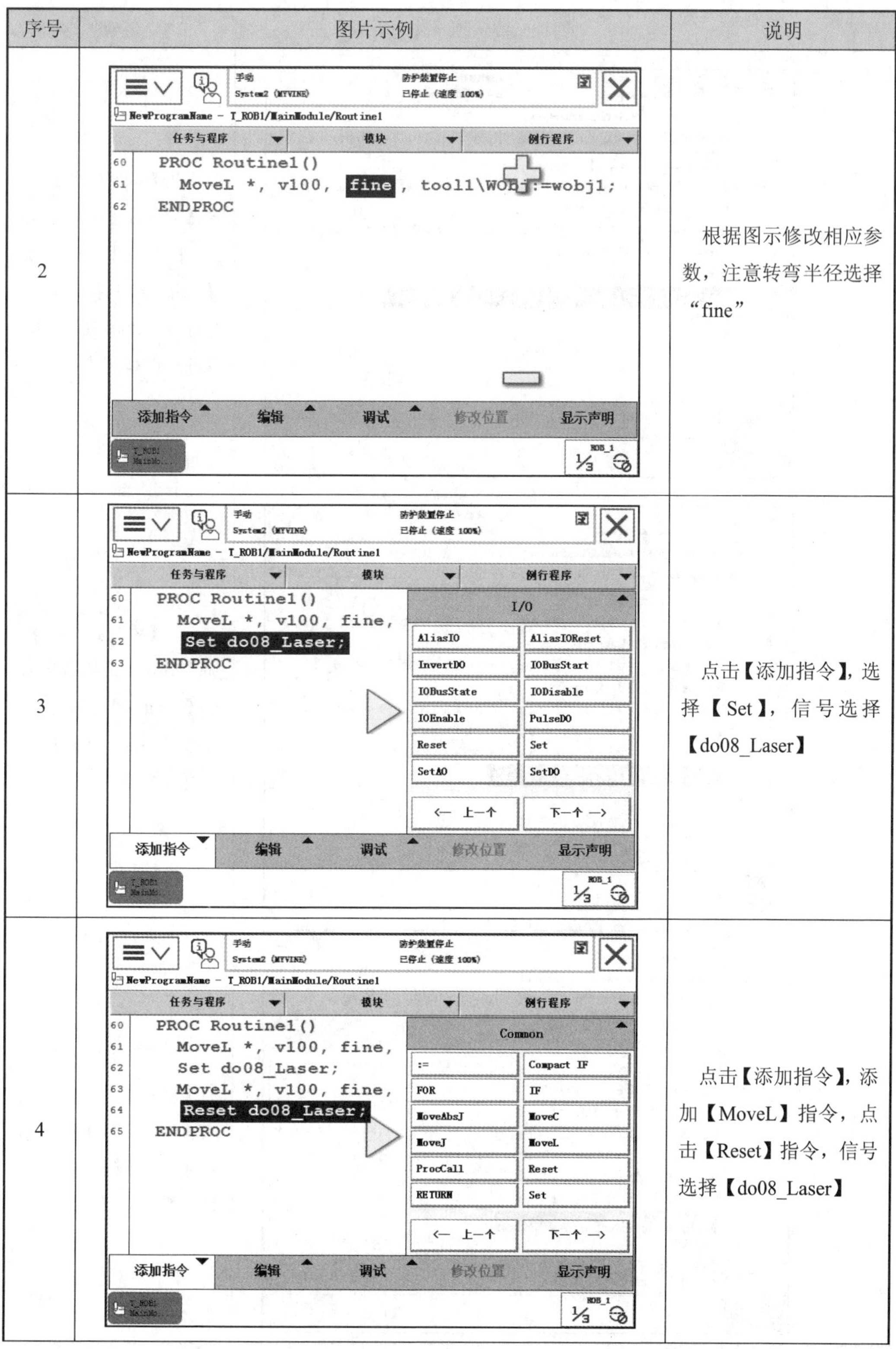

序号	图片示例	说明
2		根据图示修改相应参数，注意转弯半径选择“fine”
3		点击【添加指令】，选择【Set】，信号选择【do08_Laser】
4		点击【添加指令】，添加【MoveL】指令，点击【Reset】指令，信号选择【do08_Laser】

续表 27.2

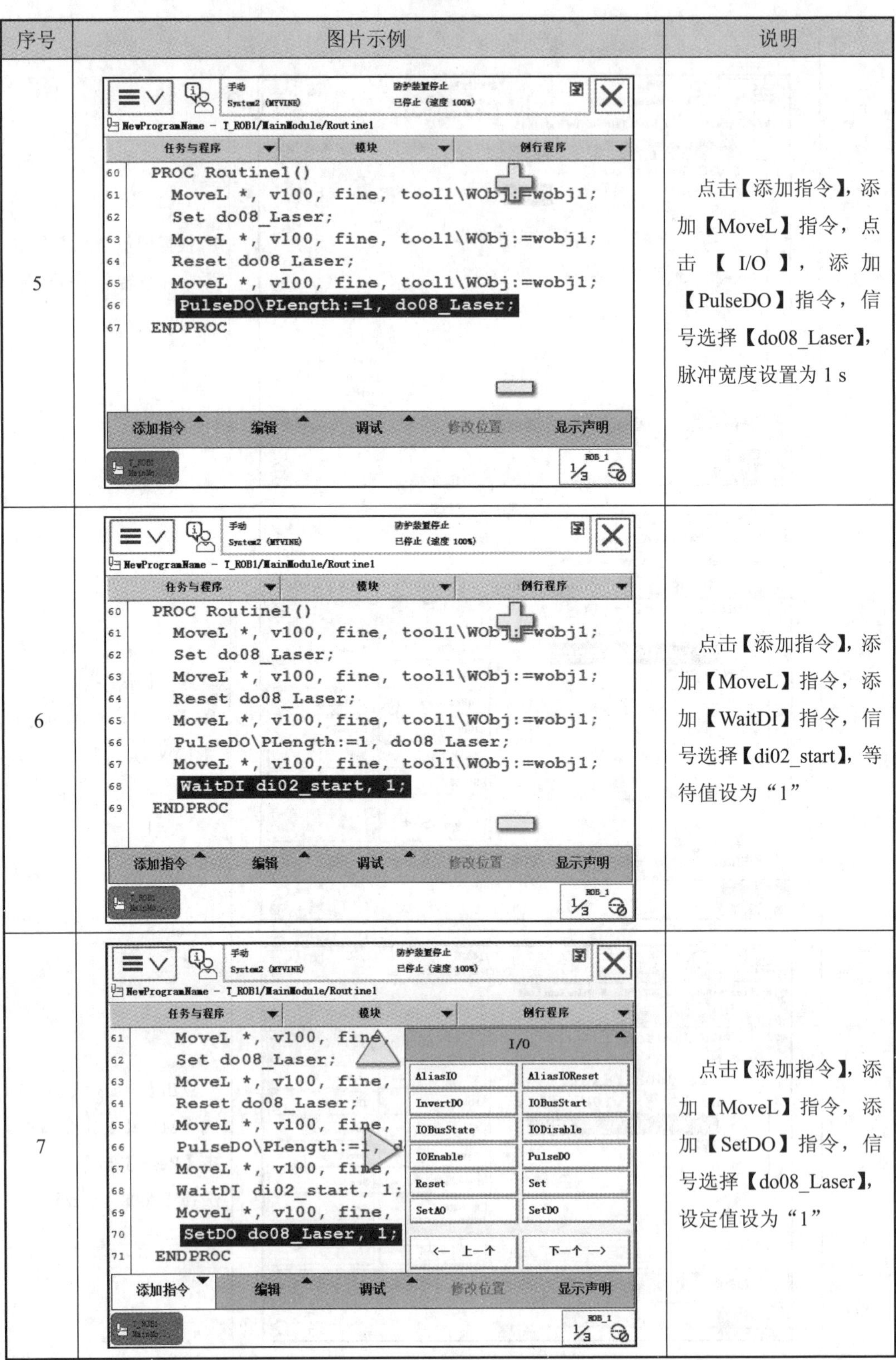

序号	图片示例	说明
5		点击【添加指令】，添加【MoveL】指令，点击【I/O】，添加【PulseDO】指令，信号选择【do08_Laser】，脉冲宽度设置为 1 s
6		点击【添加指令】，添加【MoveL】指令，添加【WaitDI】指令，信号选择【di02_start】，等待值设为“1”
7		点击【添加指令】，添加【MoveL】指令，添加【SetDO】指令，信号选择【do08_Laser】，设定值设为“1”

27.3.2　程序调试

程序调试的操作步骤见表 27.3。

表 27.3　程序调试操作步骤

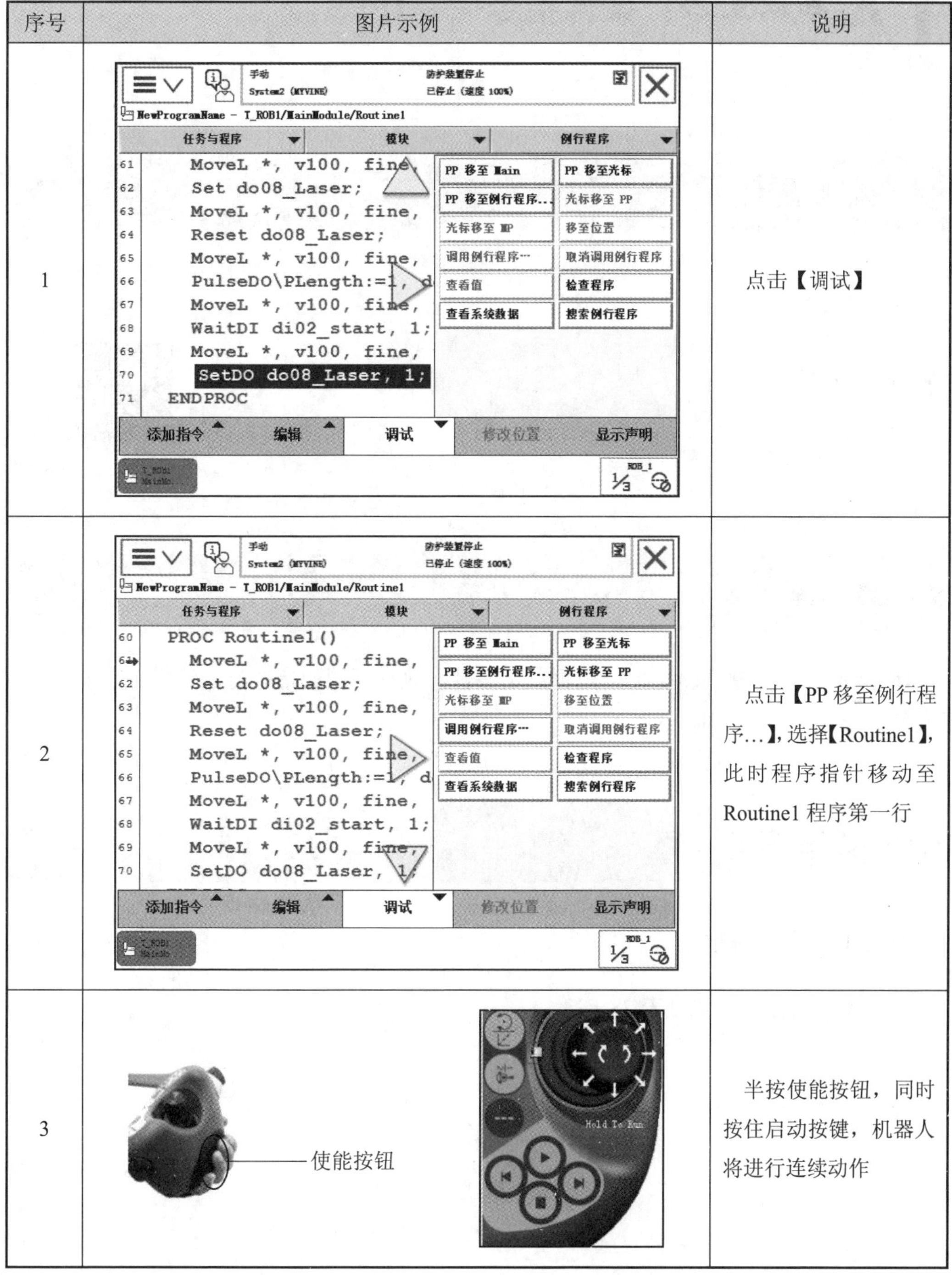

序号	图片示例	说明
1		点击【调试】
2		点击【PP 移至例行程序…】，选择【Routine1】，此时程序指针移动至 Routine1 程序第一行
3	使能按钮	半按使能按钮，同时按住启动按键，机器人将进行连续动作

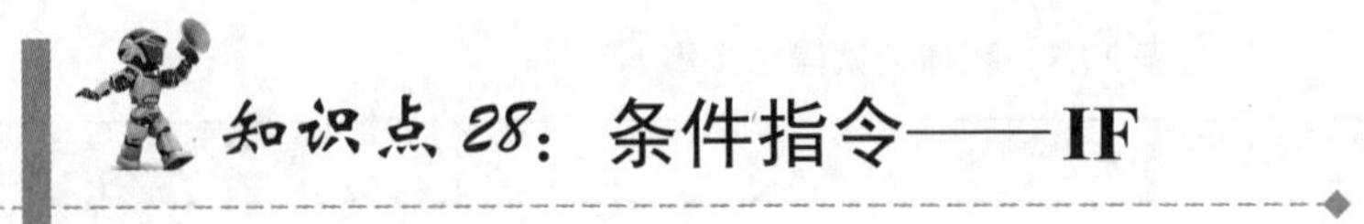

知识点 28：条件指令——IF

28.1 本节要点

➢ 掌握 IF 指令的使用

※ 条件指令——IF

28.2 要点解析

IF 指令：IF 条件判断。根据是否满足条件，执行不同的指令时，使用 IF。即如果满足条件，那么……，否则……。

28.3 操作步骤

28.3.1 程序编辑

程序编辑的操作步骤见表 28.1。

表 28.1　程序编辑操作步骤

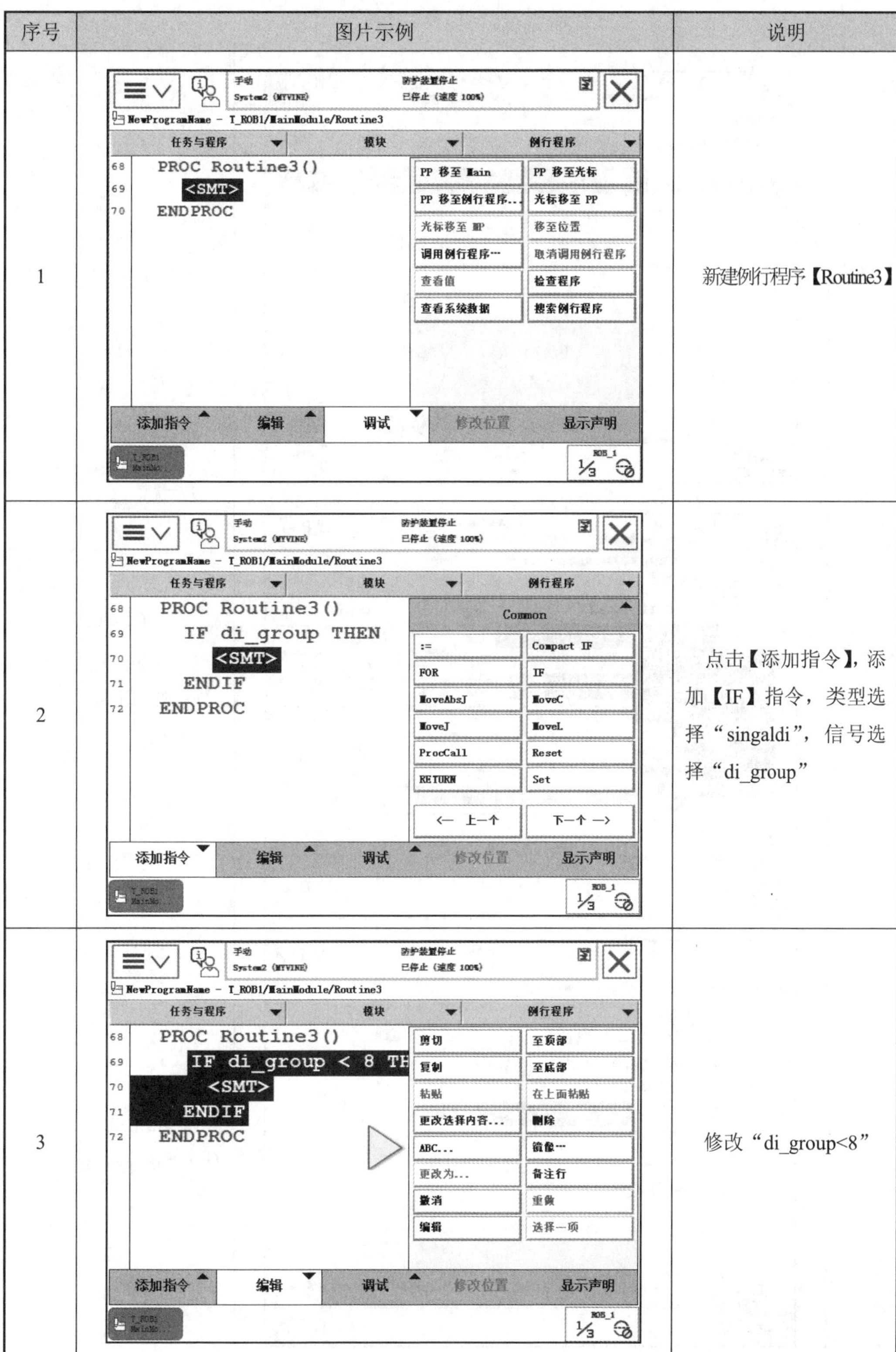

序号	图片示例	说明
1		新建例行程序【Routine3】
2		点击【添加指令】，添加【IF】指令，类型选择“singaldi”，信号选择“di_group”
3		修改“di_group<8”

续表 28.1

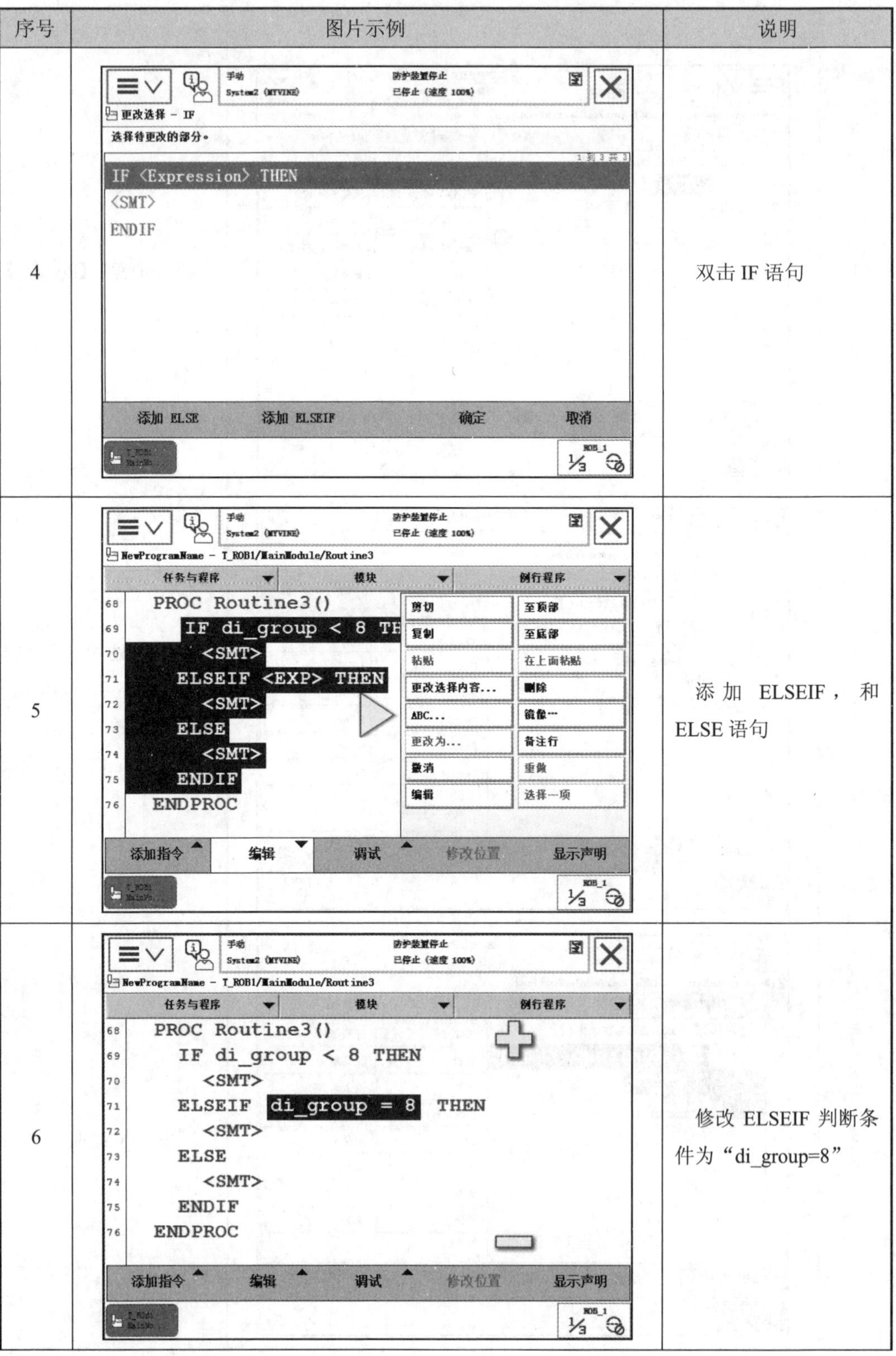

序号	图片示例	说明
4		双击 IF 语句
5		添加 ELSEIF，和 ELSE 语句
6		修改 ELSEIF 判断条件为“di_group=8”

续表 28.1

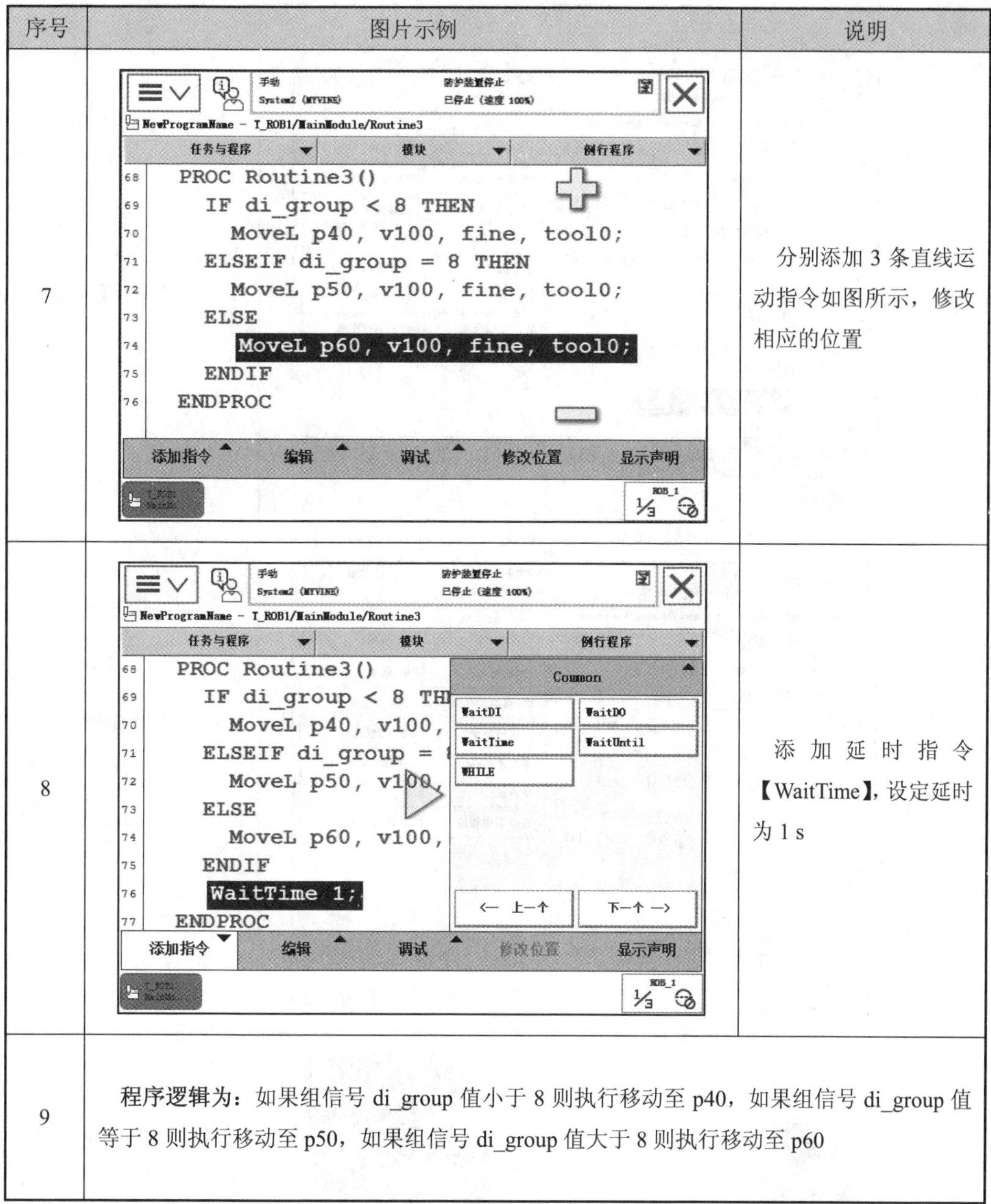

序号	图片示例	说明

7	手动 System2 (MYVINE) 防护装置停止 已停止（速度 100%）
	NewProgramName - T_ROB1/MainModule/Routine3
	任务与程序 模块 例行程序
	PROC Routine3()
	IF di_group < 8 THEN
	MoveL p40, v100, fine, tool0;
	ELSEIF di_group = 8 THEN
	MoveL p50, v100, fine, tool0;
	ELSE
	MoveL p60, v100, fine, tool0;
	ENDIF
	ENDPROC
	添加指令 编辑 调试 修改位置 显示声明
		分别添加 3 条直线运动指令如图所示，修改相应的位置

8	手动 System2 (MYVINE) 防护装置停止 已停止（速度 100%）
	NewProgramName - T_ROB1/MainModule/Routine3
	任务与程序 模块 例行程序
	PROC Routine3()
	IF di_group < 8 TH
	MoveL p40, v100,
	ELSEIF di_group =
	MoveL p50, v100,
	ELSE
	MoveL p60, v100,
	ENDIF
	WaitTime 1;
	ENDPROC
	Common: WaitDI WaitDO WaitTime WaitUntil WHILE
	← 上一个 下一个 →
	添加指令 编辑 调试 修改位置 显示声明
		添加延时指令【WaitTime】，设定延时为 1 s

9	**程序逻辑为：** 如果组信号 di_group 值小于 8 则执行移动至 p40，如果组信号 di_group 值等于 8 则执行移动至 p50，如果组信号 di_group 值大于 8 则执行移动至 p60	

28.3.2 程序调试

程序调试的操作步骤见表 28.2。

表 28.2　程序调试操作步骤

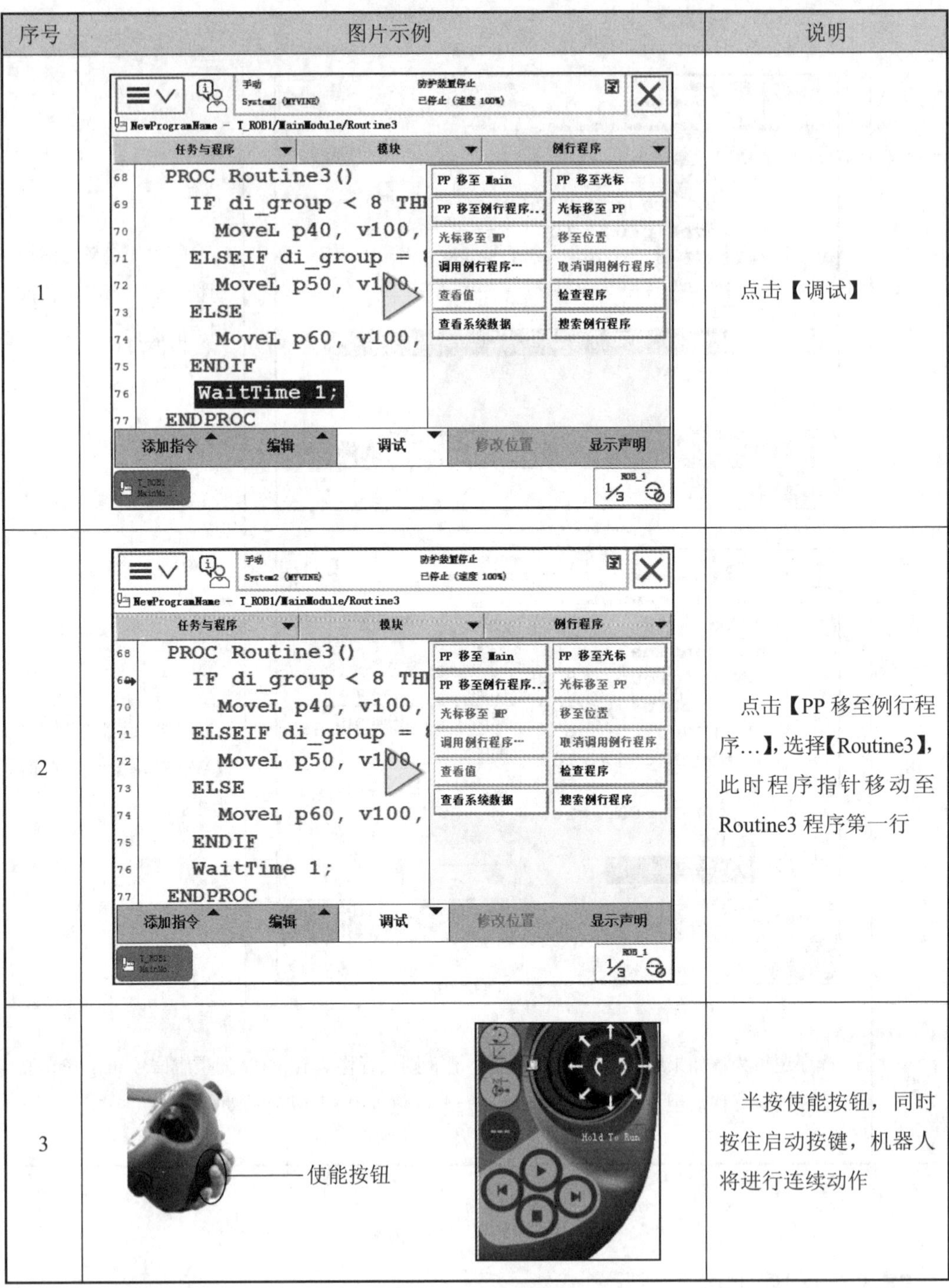

序号	图片示例	说明
1		点击【调试】
2		点击【PP 移至例行程序…】，选择【Routine3】，此时程序指针移动至 Routine3 程序第一行
3	使能按钮	半按使能按钮，同时按住启动按键，机器人将进行连续动作

知识点 29：条件指令——Test

29.1 本节要点

➢ 掌握 Test 指令的使用

❋ 条件指令——Test

29.2 要点解析

Test 指令：根据 Test 数据执行程序。Test 数据可以是数值也可以是表达式，根据该数值执行相应的 CASE。Test 指令用于在选择分支较多时使用，如果选择分支不多，则可以使用 IF...ELSE 指令代替。

29.3 操作步骤

29.3.1 程序编辑

程序编辑的操作步骤见表 29.1。

表 29.1　程序编辑操作步骤

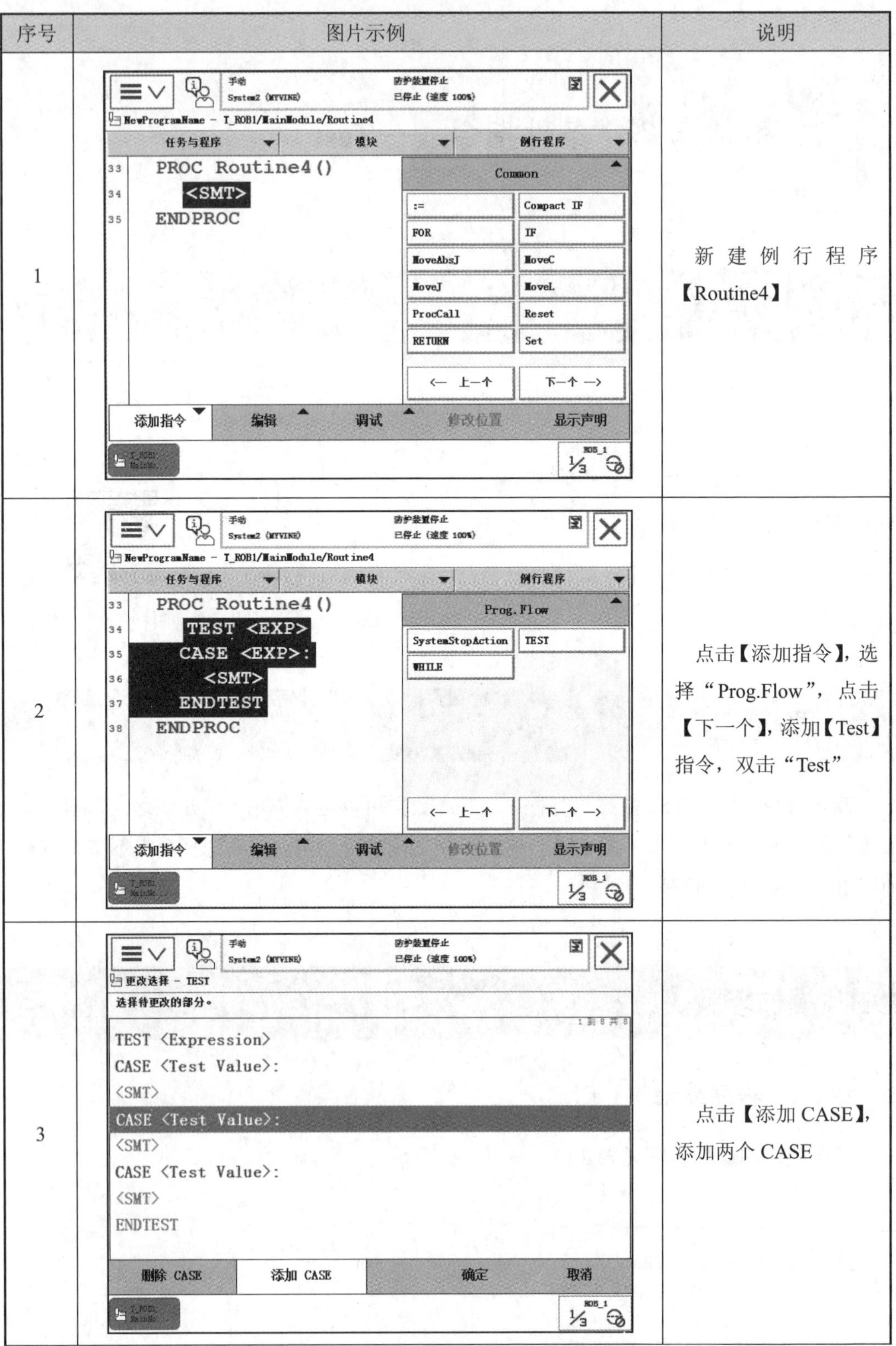

序号	图片示例	说明
1		新建例行程序【Routine4】
2		点击【添加指令】，选择“Prog.Flow”，点击【下一个】，添加【Test】指令，双击“Test”
3		点击【添加 CASE】，添加两个 CASE

续表 29.1

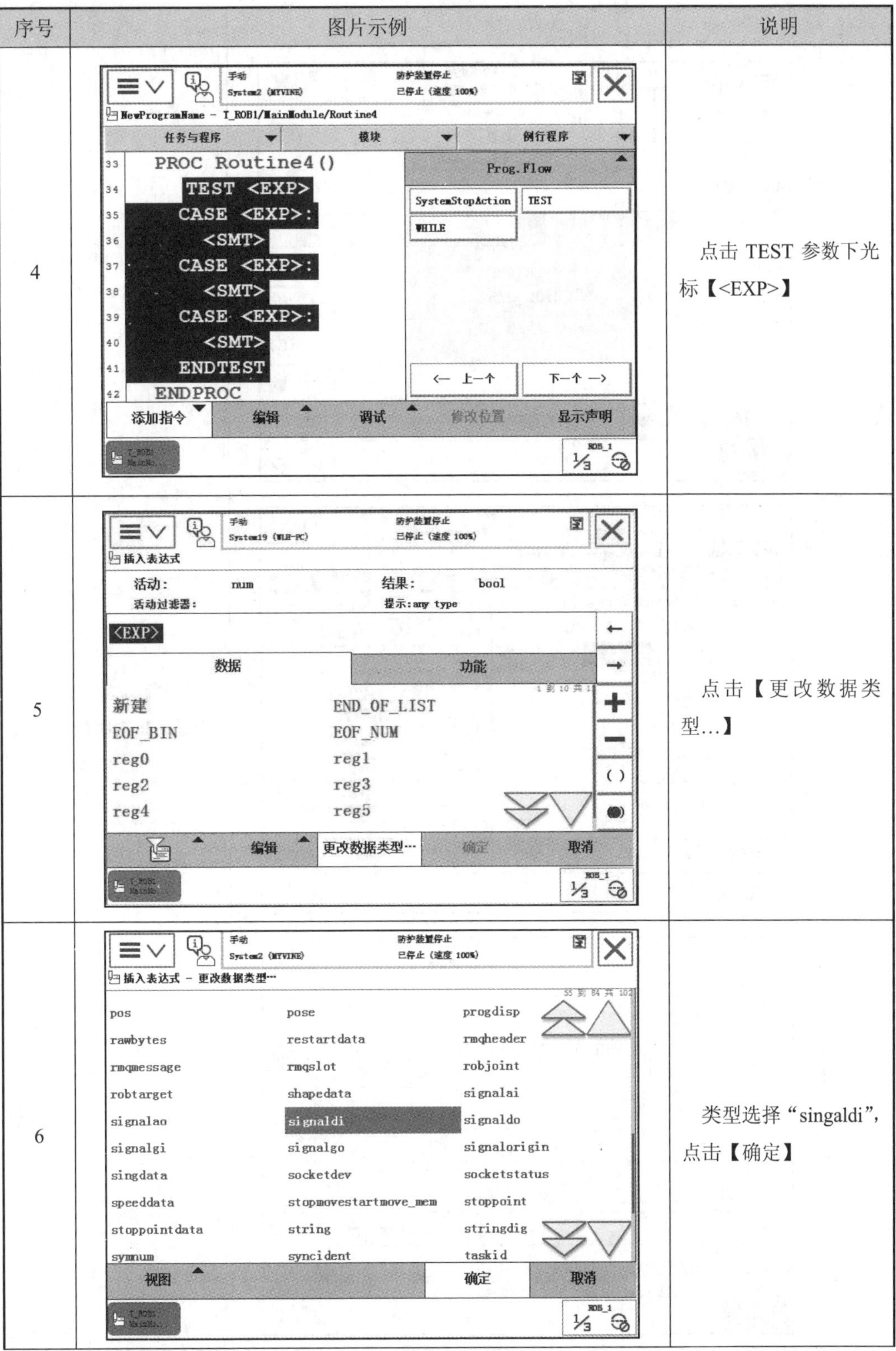

序号	图片示例	说明
4		点击 TEST 参数下光标【<EXP>】
5		点击【更改数据类型…】
6		类型选择“singaldi”，点击【确定】

续表 29.1

<table>
<tr><th>序号</th><th>图片示例</th><th>说明</th></tr>
<tr><td>7</td><td rowspan="3">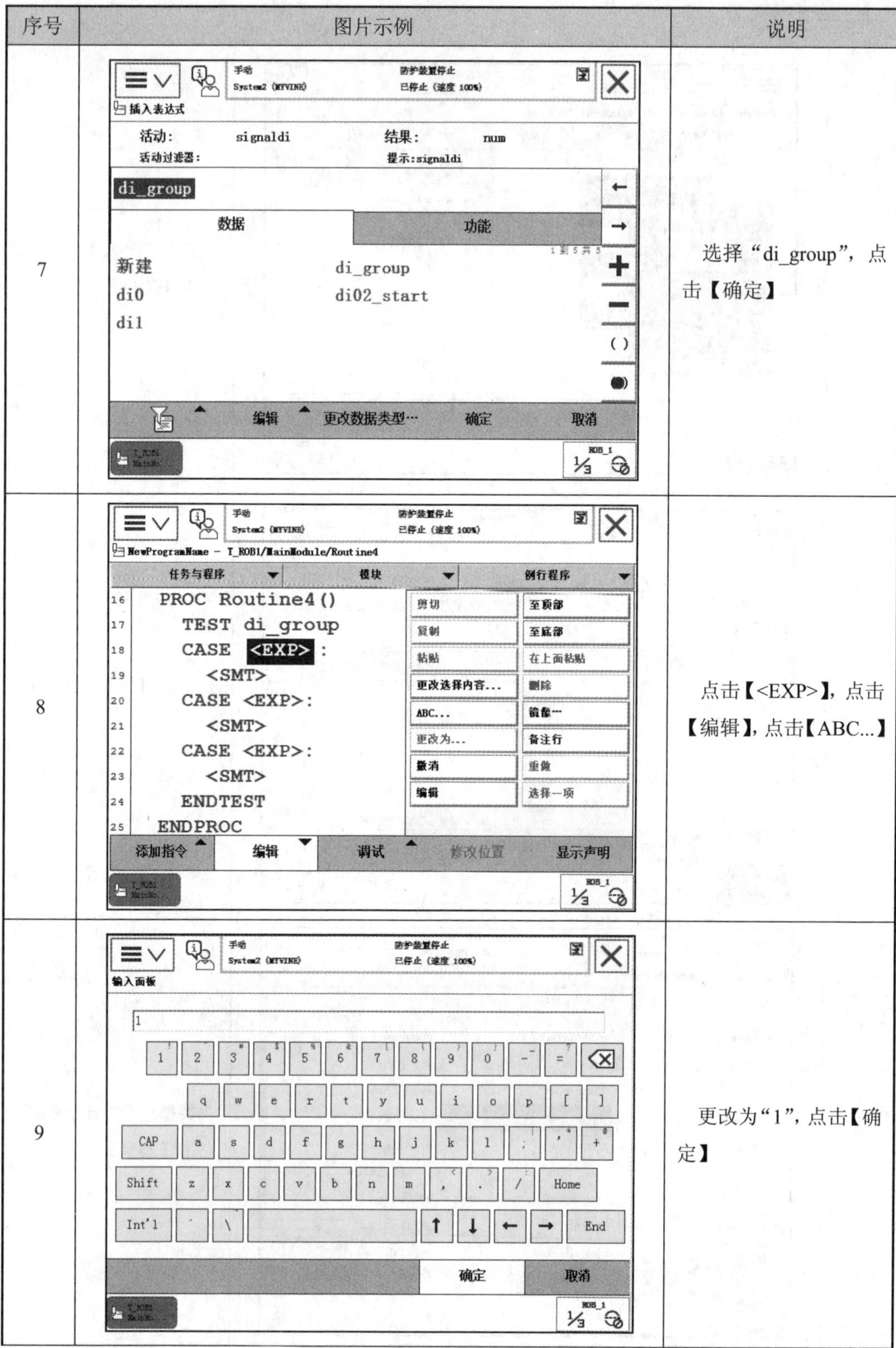</td><td>选择“di_group”，点击【确定】</td></tr>
<tr><td>8</td><td>点击【<EXP>】，点击【编辑】，点击【ABC...】</td></tr>
<tr><td>9</td><td>更改为“1”，点击【确定】</td></tr>
</table>

续表 29.1

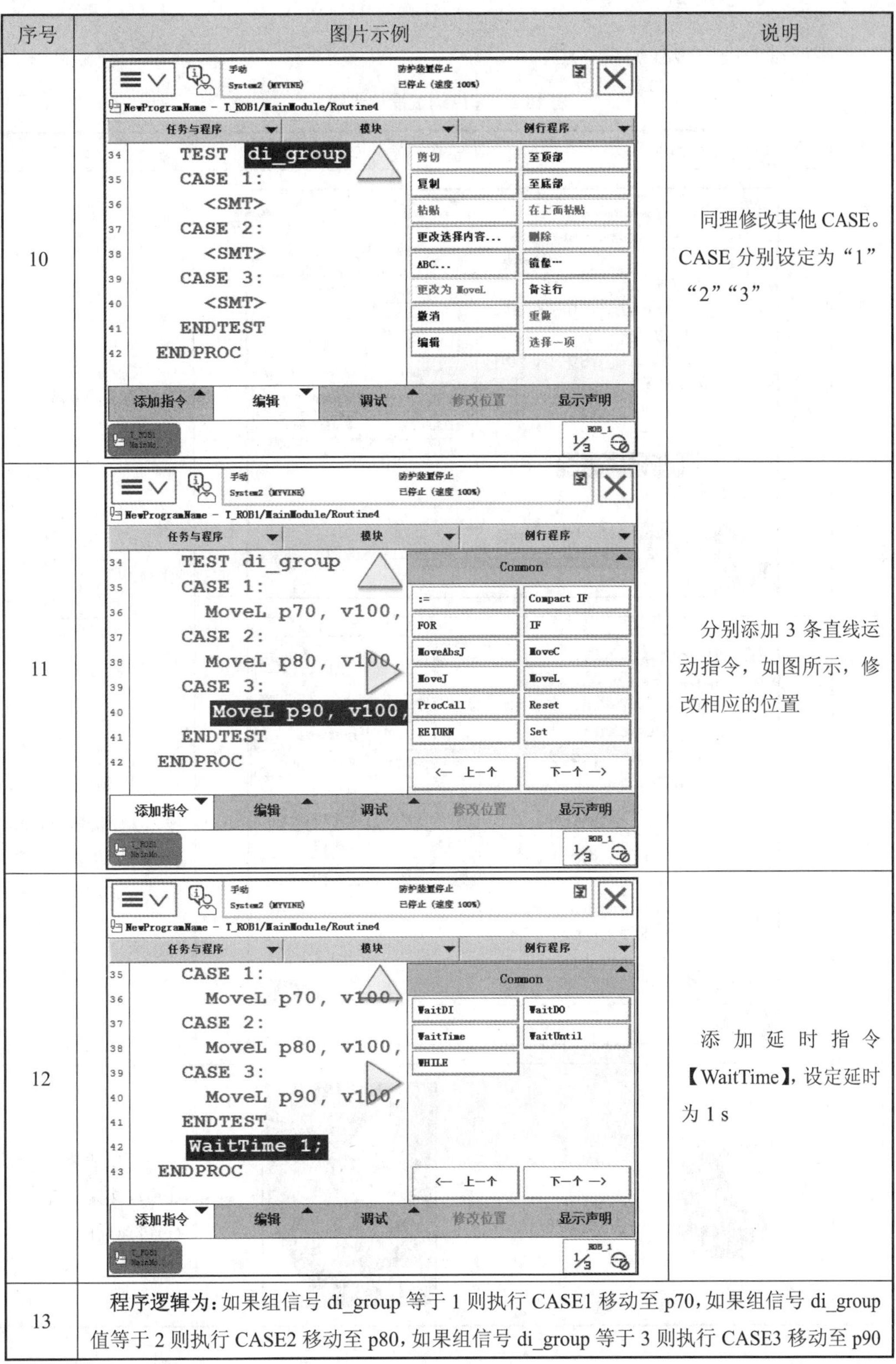

序号	图片示例	说明
10		同理修改其他 CASE。CASE 分别设定为“1”“2”“3”
11		分别添加 3 条直线运动指令，如图所示，修改相应的位置
12		添加延时指令【WaitTime】，设定延时为 1 s
13	**程序逻辑为：**如果组信号 di_group 等于 1 则执行 CASE1 移动至 p70，如果组信号 di_group 值等于 2 则执行 CASE2 移动至 p80，如果组信号 di_group 等于 3 则执行 CASE3 移动至 p90	

29.3.2 程序调试

程序调试的操作步骤见表 29.2。

表 29.2 程序调试操作步骤

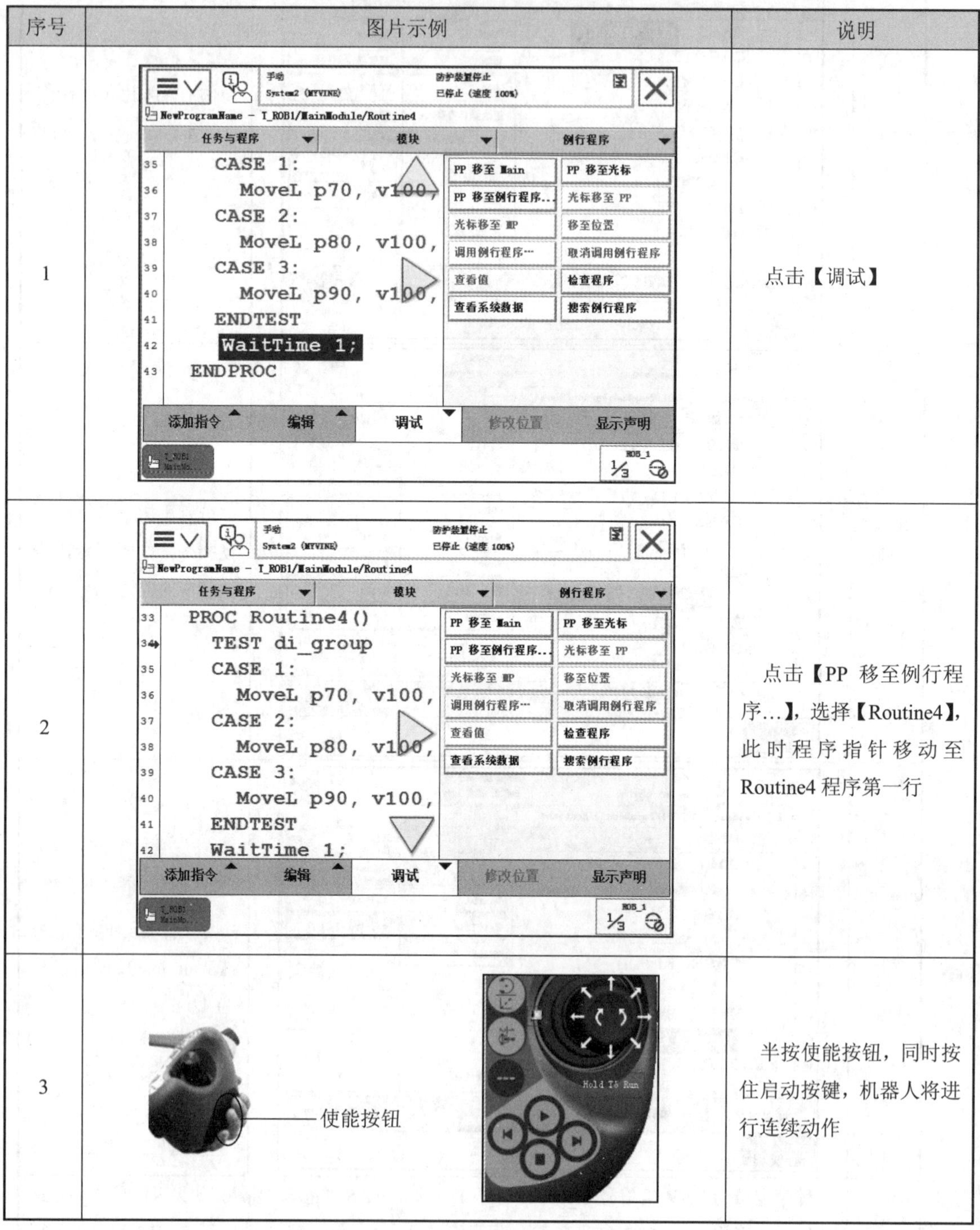

序号	图片示例	说明
1		点击【调试】
2		点击【PP 移至例行程序…】，选择【Routine4】，此时程序指针移动至 Routine4 程序第一行
3	使能按钮	半按使能按钮，同时按住启动按键，机器人将进行连续动作

知识点30：循环指令——WHILE

30.1 本节要点

➢ 掌握 WHILE 指令的使用

※ 循环指令——WHILE

30.2 要点解析

WHILE 指令：只要给定条件表达式值为 TURE，便执行 WHILE 循环，当重复一些指令时，使用 WHILE。

30.3 操作步骤

30.3.1 程序编辑

程序编辑的操作步骤见表 30.1。

表 30.1　程序编辑操作步骤

序号	图片示例	说明
1	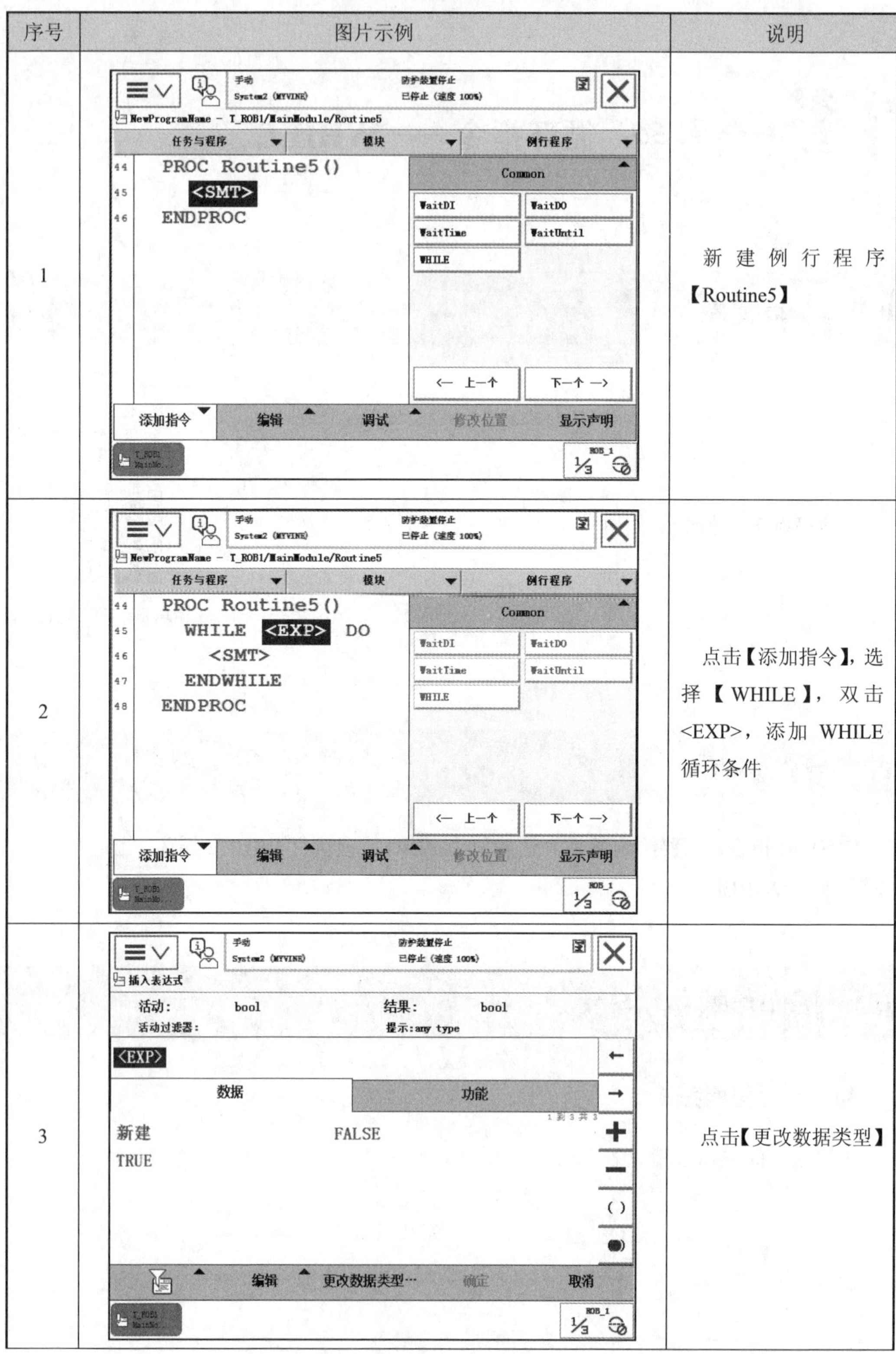	新建例行程序【Routine5】
2		点击【添加指令】，选择【WHILE】，双击 <EXP>，添加 WHILE 循环条件
3		点击【更改数据类型】

续表 30.1

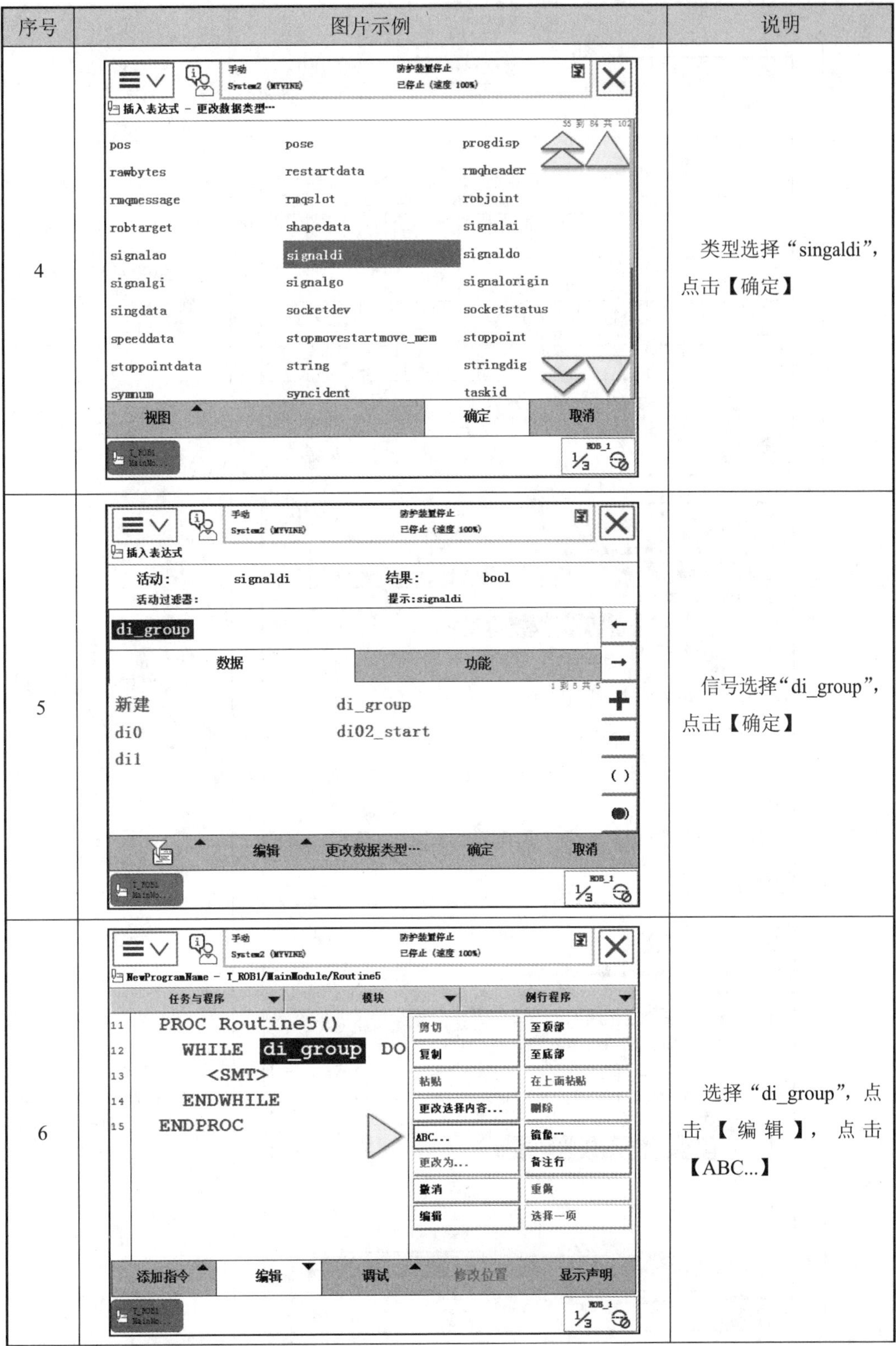

序号	图片示例	说明
4		类型选择“singaldi”，点击【确定】
5		信号选择“di_group”，点击【确定】
6		选择“di_group”，点击【编辑】，点击【ABC...】

续表 30.1

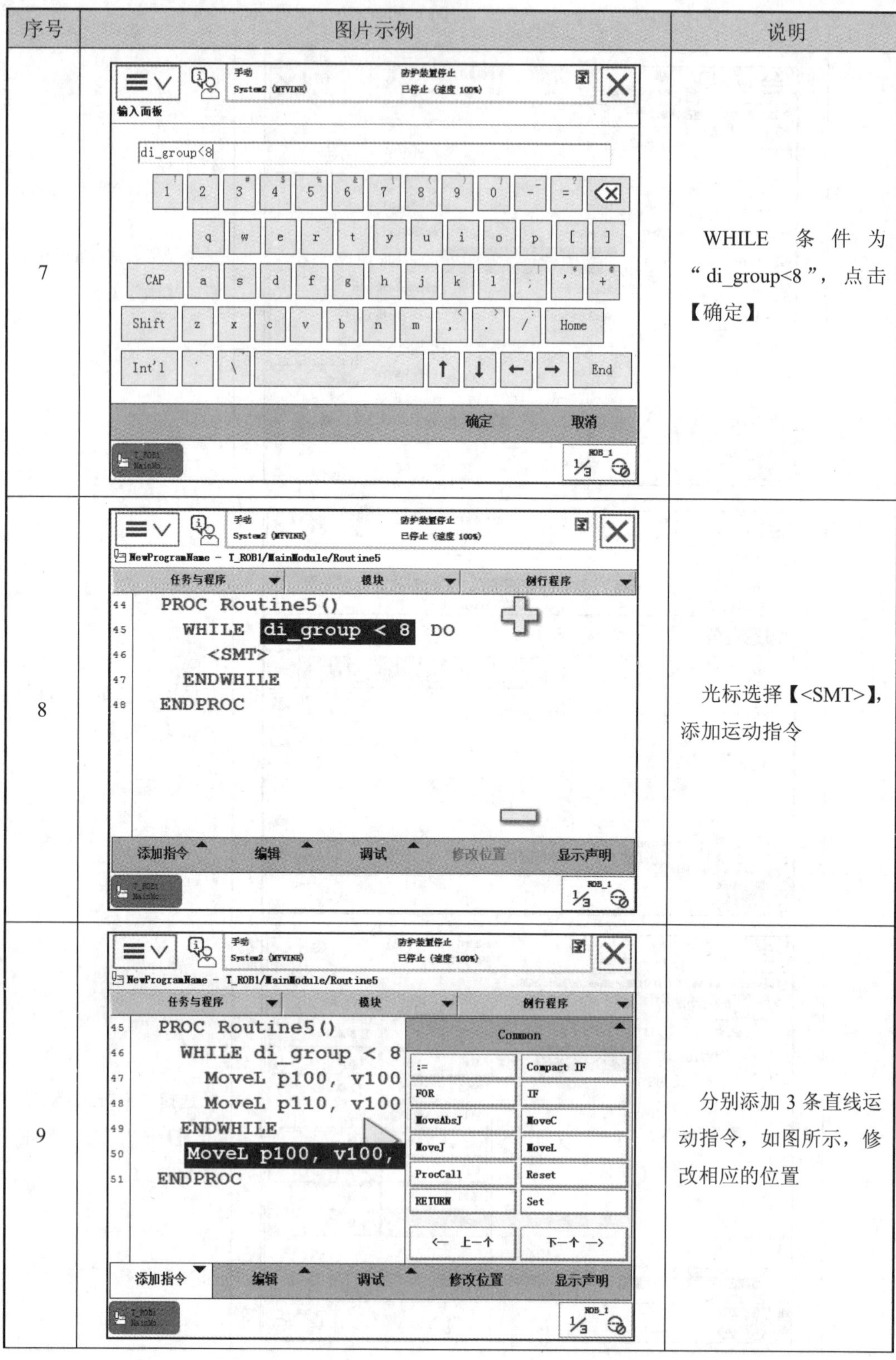

序号	图片示例	说明
7		WHILE 条件为“di_group<8”，点击【确定】
8		光标选择【<SMT>】，添加运动指令
9		分别添加 3 条直线运动指令，如图所示，修改相应的位置

续表 30.1

序号	图片示例	说明
10	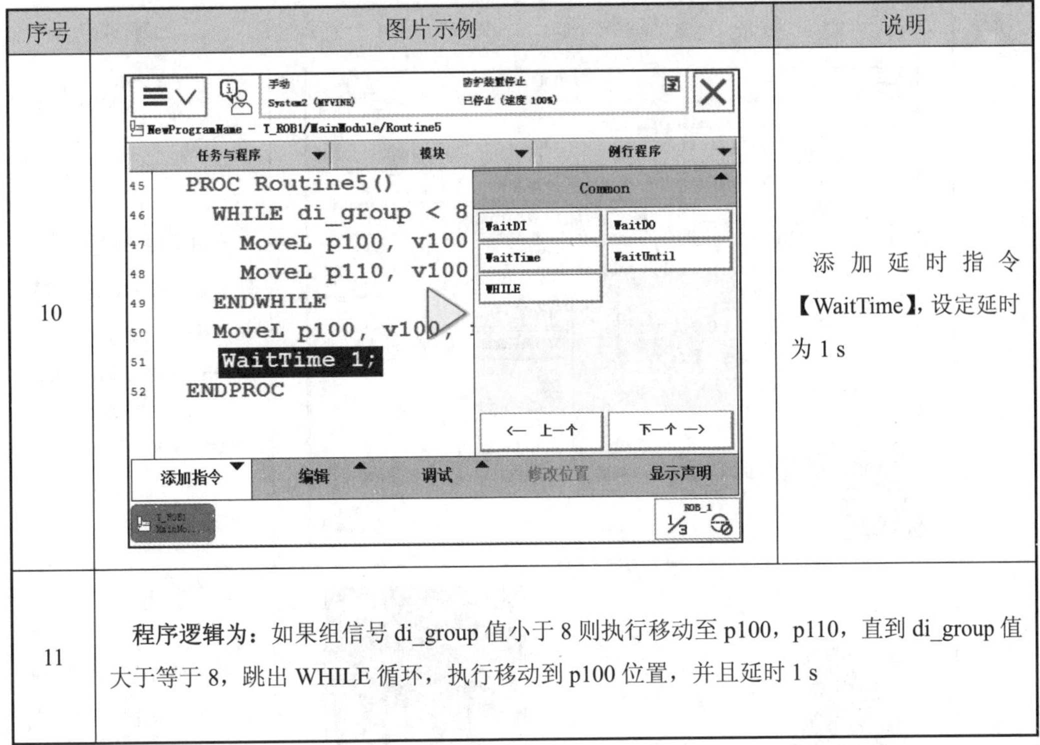	添加延时指令【WaitTime】，设定延时为 1 s
11	程序逻辑为：如果组信号 di_group 值小于 8 则执行移动至 p100，p110，直到 di_group 值大于等于 8，跳出 WHILE 循环，执行移动到 p100 位置，并且延时 1 s	

30.3.2 程序调试

程序调试的操作步骤见表 30.2。

表 30.2 程序调试操作步骤

序号	图片示例	说明
1	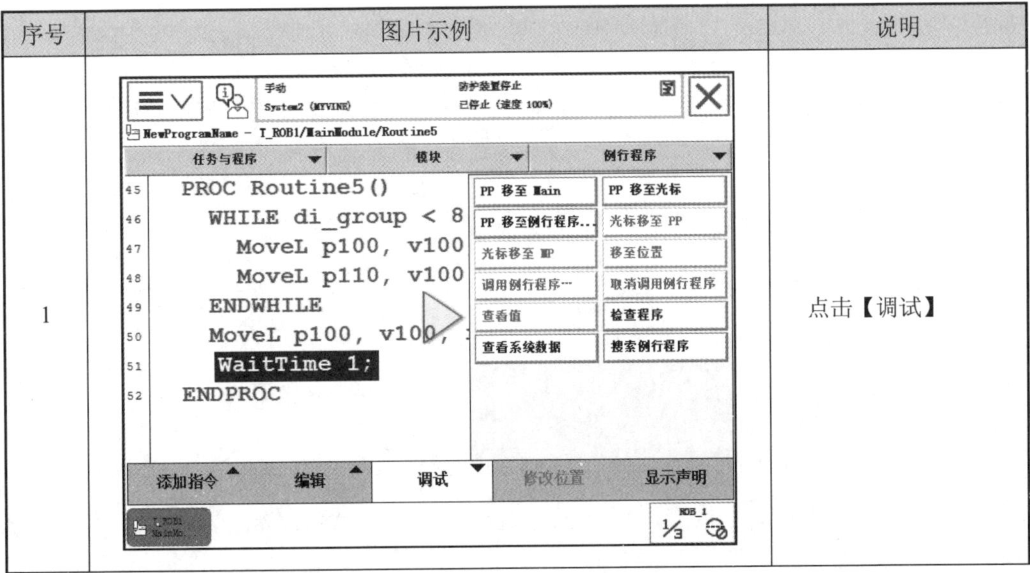	点击【调试】

续表 30.2

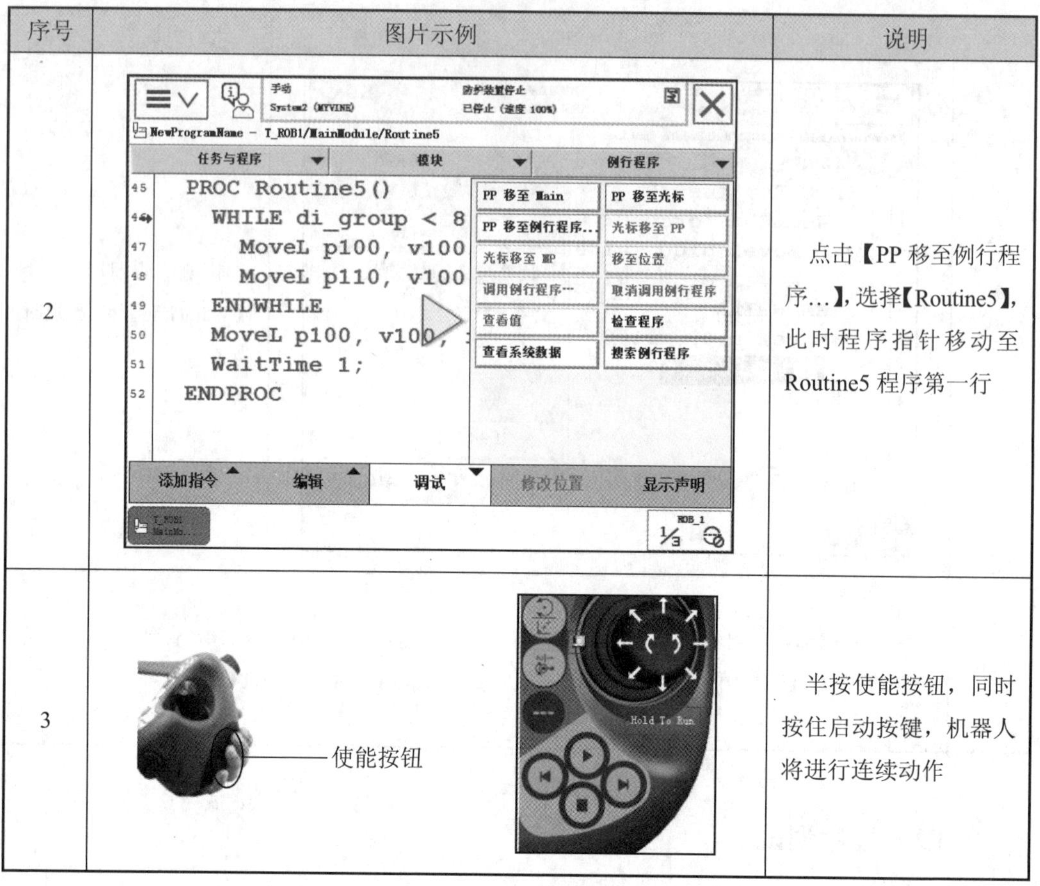

序号	图片示例	说明
2		点击【PP 移至例行程序…】，选择【Routine5】，此时程序指针移动至 Routine5 程序第一行
3	使能按钮	半按使能按钮，同时按住启动按键，机器人将进行连续动作

知识点 31：循环指令——FOR

31.1 本节要点

➢ 掌握 FOR 指令的使用

※ 循环指令——FOR

31.2 要点解析

FOR 指令：重复给定的次数。当一个或多个指令重复多次时使用 FOR。

31.3 操作步骤

31.3.1 程序编辑

程序编辑的操作步骤见表 31.1。

表 31.1　程序编辑操作步骤

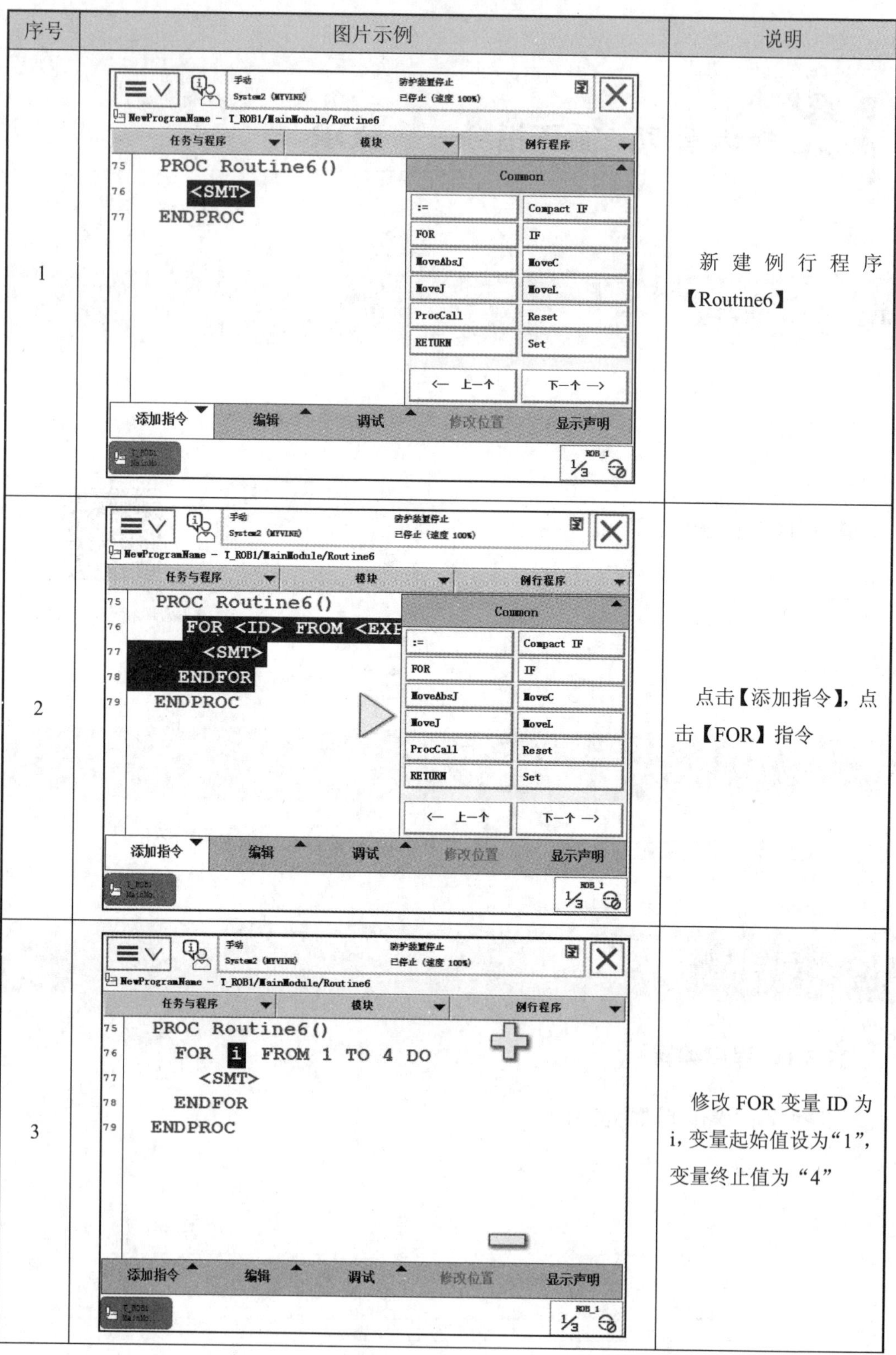

序号	图片示例	说明
1		新建例行程序【Routine6】
2		点击【添加指令】，点击【FOR】指令
3		修改 FOR 变量 ID 为 i，变量起始值设为“1”，变量终止值为“4”

续表 31.1

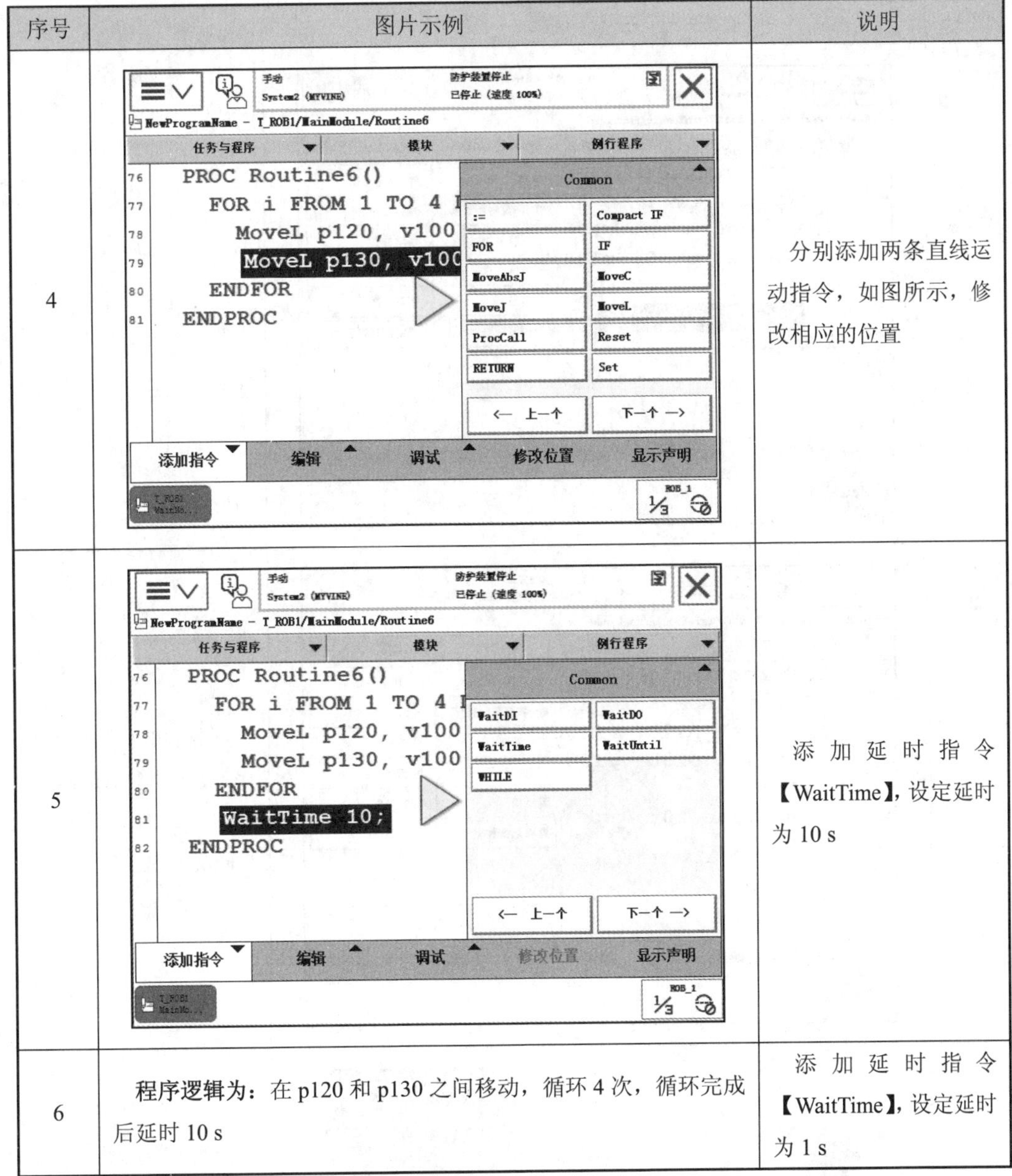

序号	图片示例	说明
4		分别添加两条直线运动指令，如图所示，修改相应的位置
5		添加延时指令【WaitTime】，设定延时为 10 s
6	**程序逻辑为：** 在 p120 和 p130 之间移动，循环 4 次，循环完成后延时 10 s	添加延时指令【WaitTime】，设定延时为 1 s

31.3.2 程序调试

程序调试的操作步骤见表 31.2。

表 31.2　程序调试操作步骤

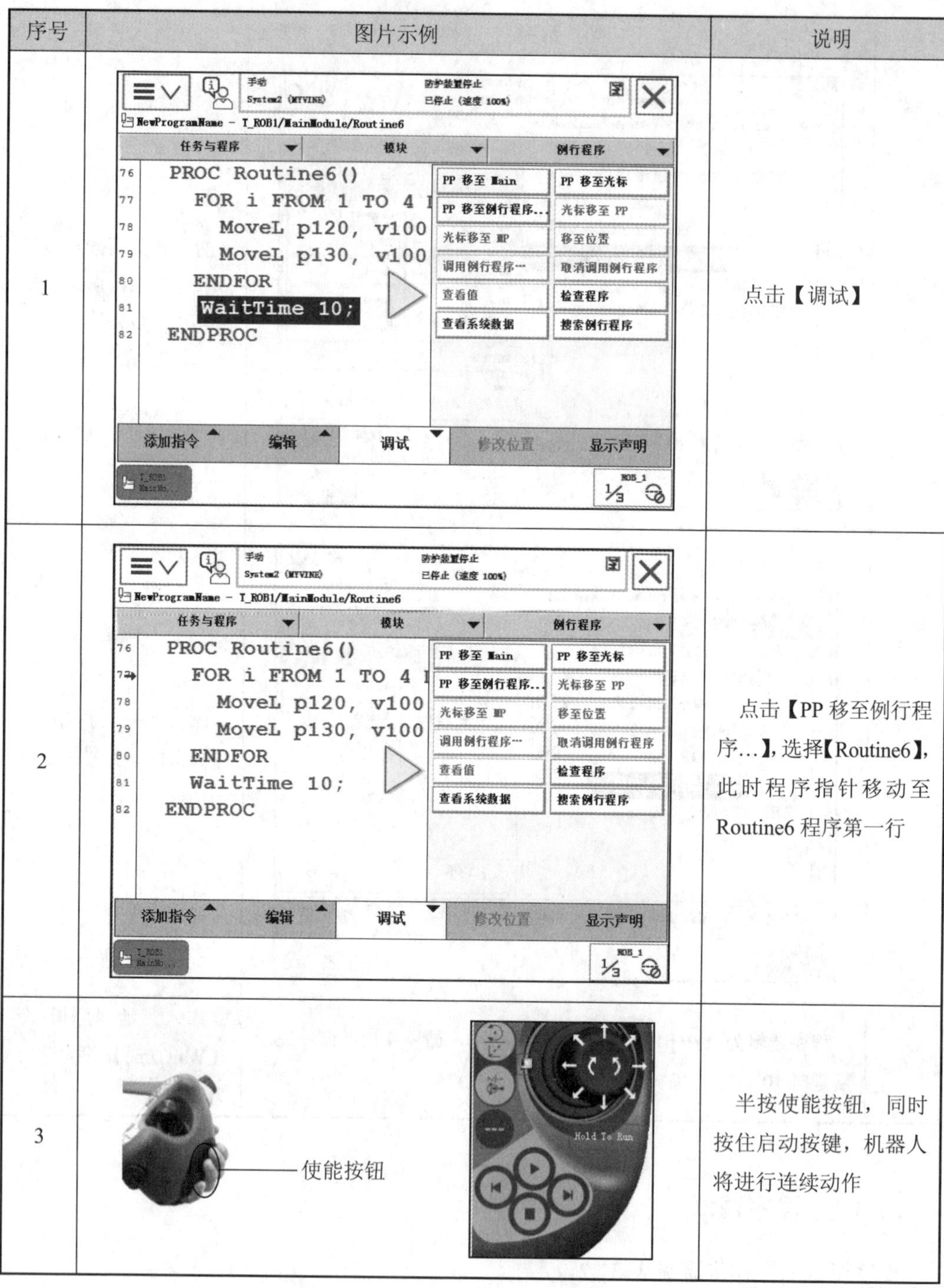

序号	图片示例	说明
1		点击【调试】
2		点击【PP 移至例行程序…】，选择【Routine6】，此时程序指针移动至 Routine6 程序第一行
3	使能按钮	半按使能按钮，同时按住启动按键，机器人将进行连续动作

知识点 32：跳转指令——GOTO

32.1　本节要点

➢ 掌握 Label 和 GOTO 指令的使用

※ 跳转指令——GOTO

32.2　要点解析

（1）Label 指令。

Label 指令——标签指令，Label 指令和 GOTO 指令搭配使用，Label 只是跳转指令的一个位置标签，通过跳转指令跳转到当前标签位置后继续向下执行。

（2）GOTO 指令。

GOTO 指令——跳转指令，即当程序执行到 GOTO 指令时跳转到对应 label 标签下面程序执行。

32.3　操作步骤

32.3.1　程序编辑

程序编辑的操作步骤见表 32.1。

表 32.1 程序编辑操作步骤

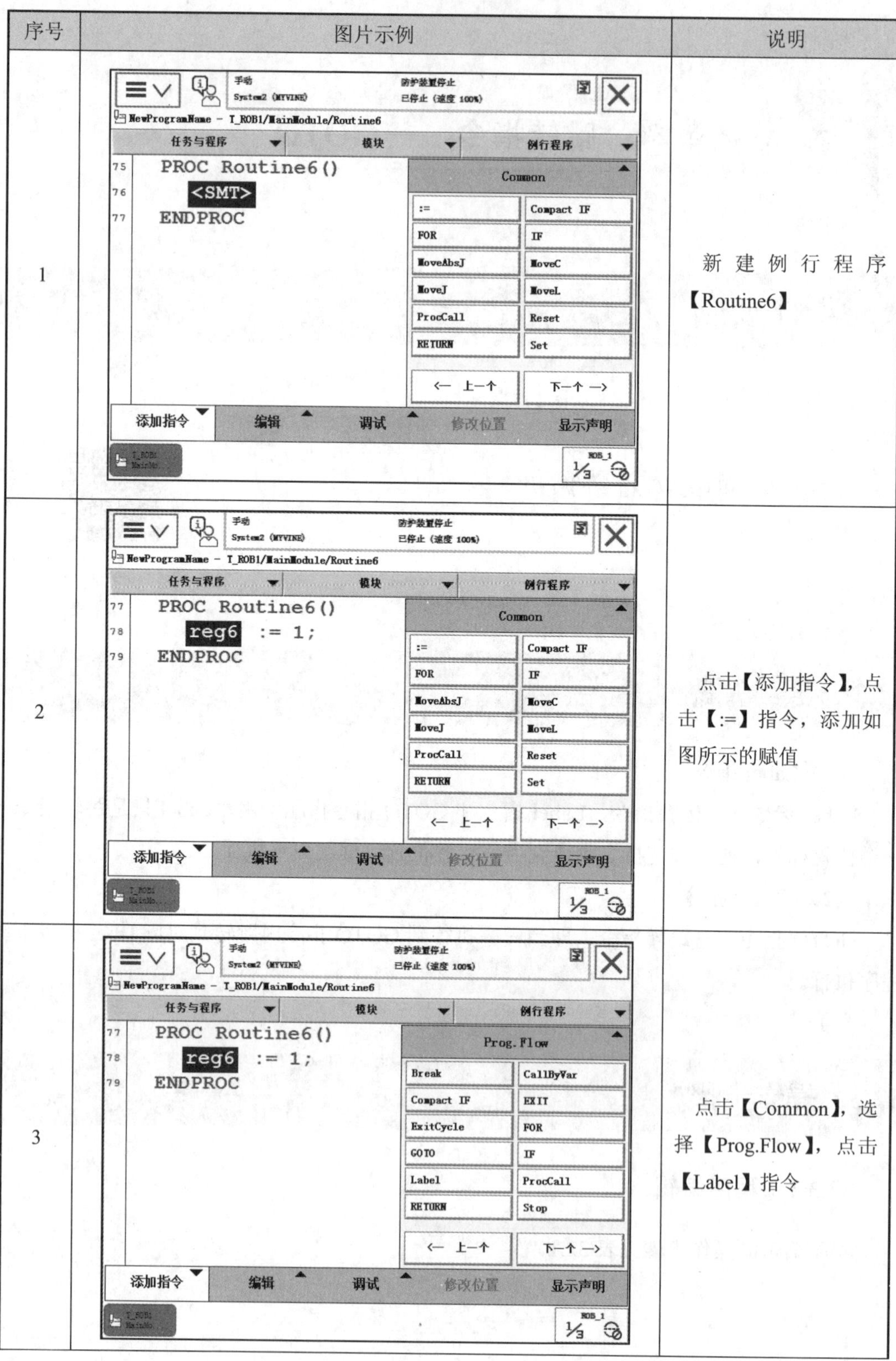

序号	图片示例	说明
1		新建例行程序【Routine6】
2		点击【添加指令】，点击【:=】指令，添加如图所示的赋值
3		点击【Common】，选择【Prog.Flow】，点击【Label】指令

续表 32.1

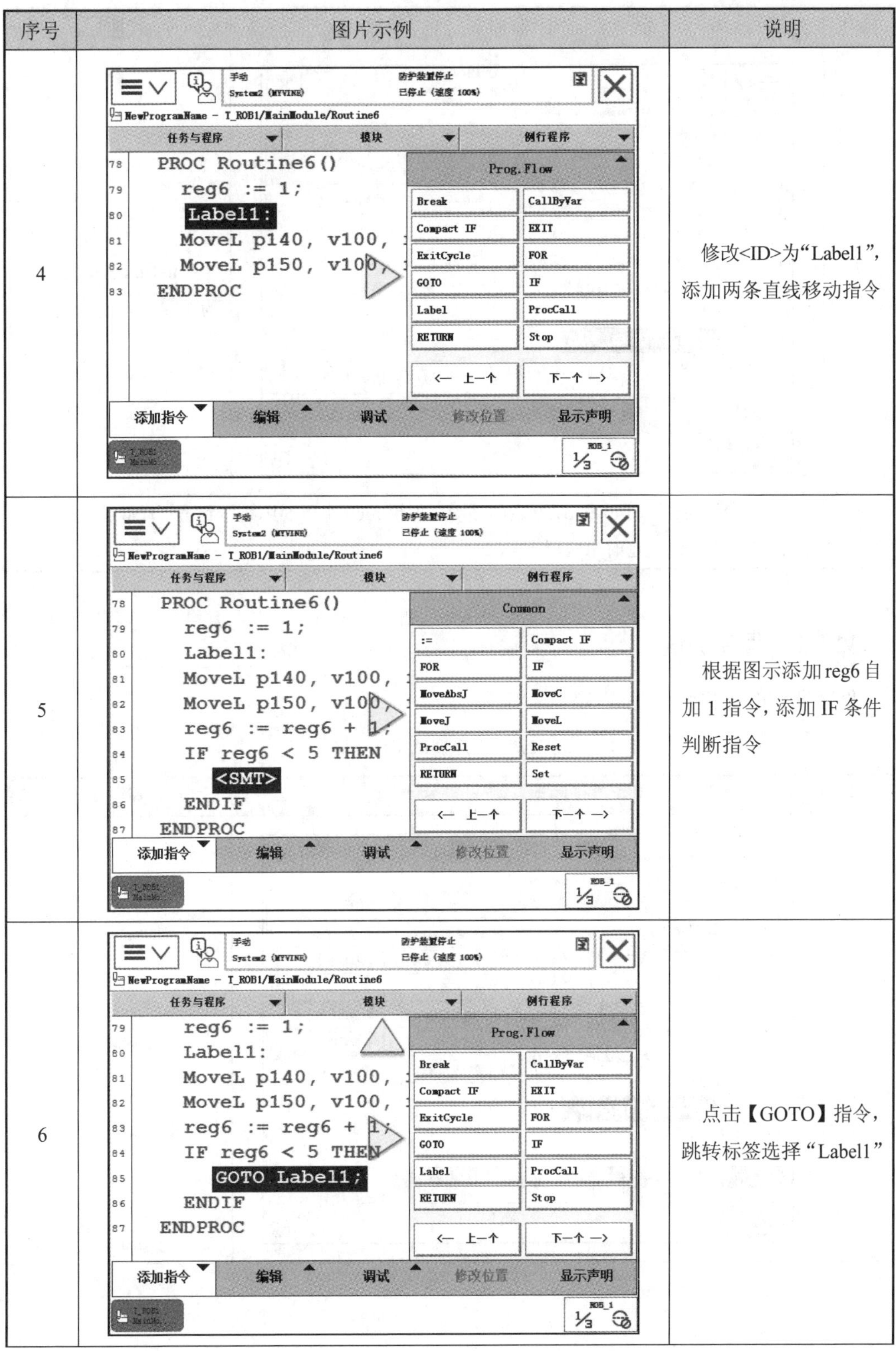

序号	图片示例	说明
4		修改<ID>为“Label1”，添加两条直线移动指令
5		根据图示添加 reg6 自加 1 指令，添加 IF 条件判断指令
6		点击【GOTO】指令，跳转标签选择“Label1”

续表 32.1

序号	图片示例	说明
7	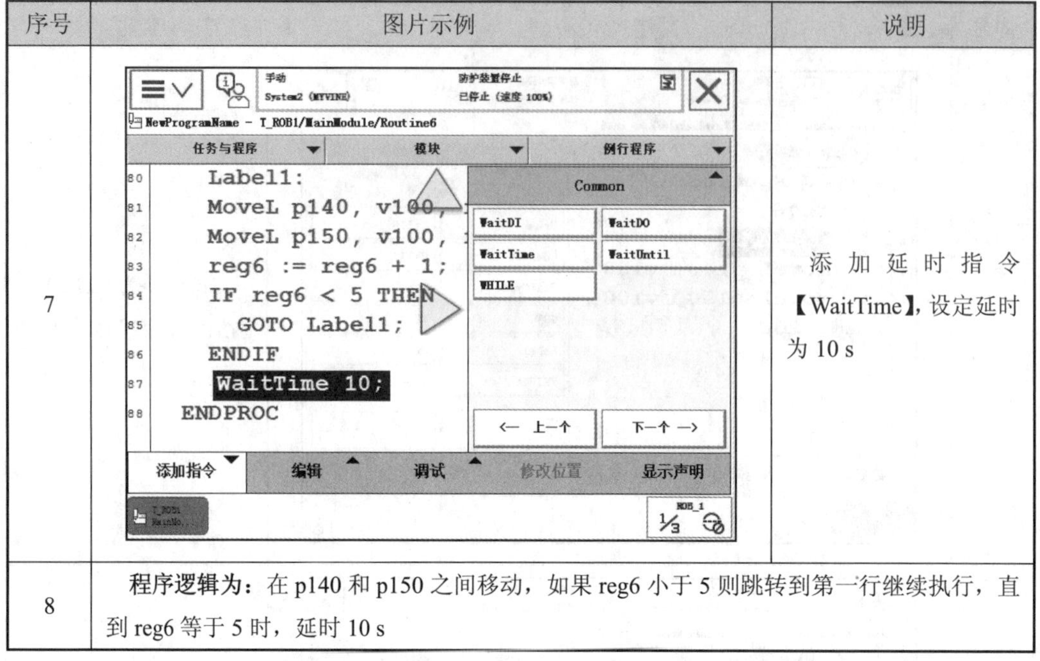	添加延时指令【WaitTime】，设定延时为 10 s
8	**程序逻辑为：** 在 p140 和 p150 之间移动，如果 reg6 小于 5 则跳转到第一行继续执行，直到 reg6 等于 5 时，延时 10 s	

32.3.2 程序调试

程序调试的操作步骤见表 32.2。

表 32.2 程序调试操作步骤

序号	图片示例	说明
1	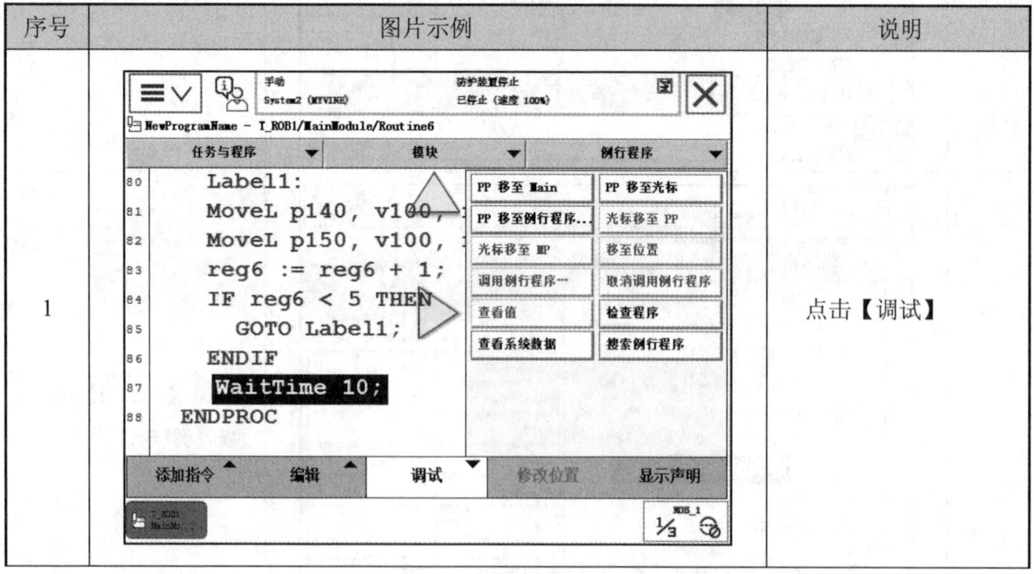	点击【调试】

续表 32.2

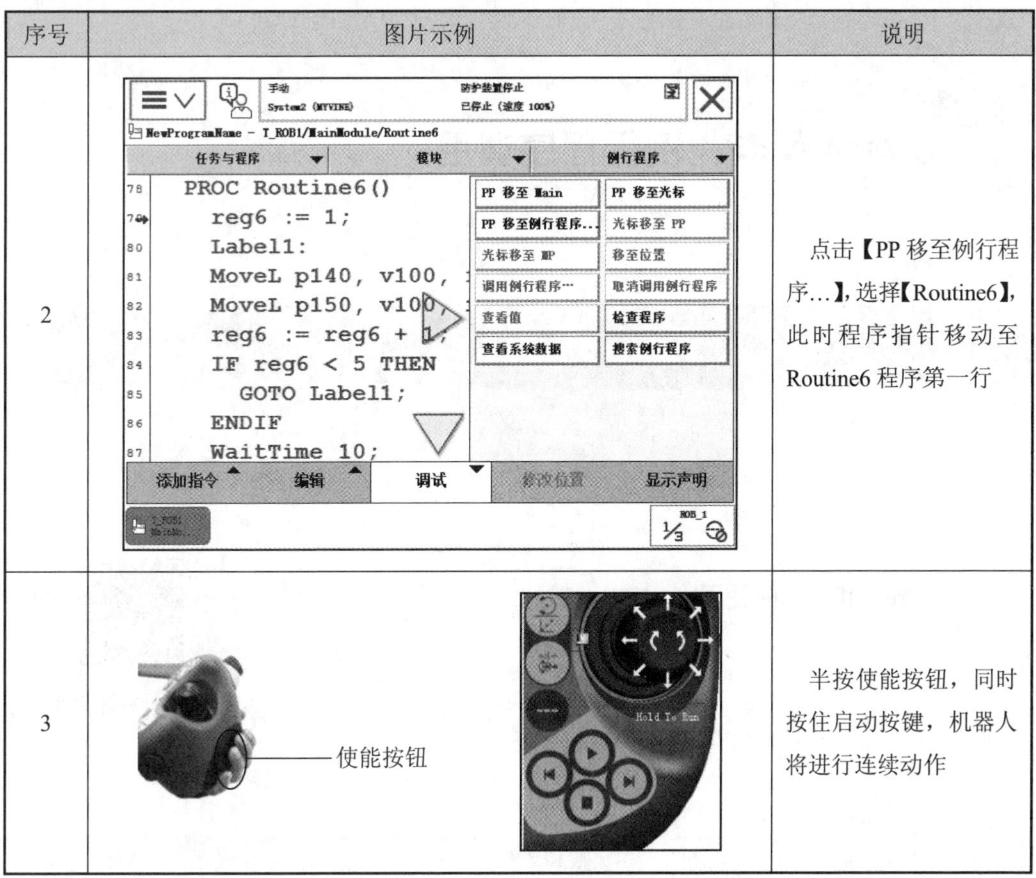

序号	图片示例	说明
2		点击【PP 移至例行程序…】，选择【Routine6】，此时程序指针移动至 Routine6 程序第一行
3	使能按钮	半按使能按钮，同时按住启动按键，机器人将进行连续动作

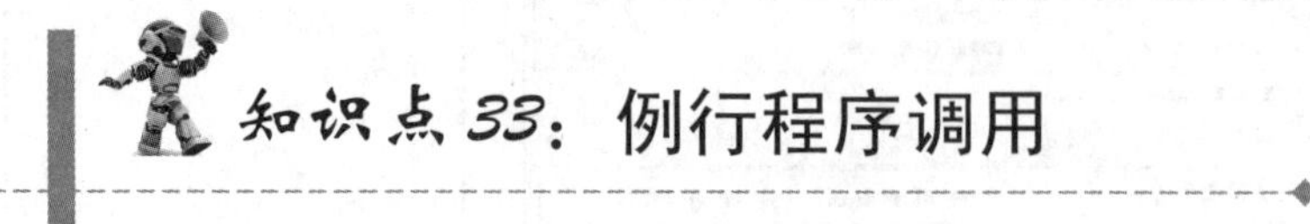

知识点 33：例行程序调用

33.1 本节要点

➢ 掌握 ProcCall 指令的使用

※ 例行程序调用

33.2 要点解析

ProcCall 指令：调用无返回值例行程序。通过 ProcCall 指令将程序指针移至对应的例行程序并开始执行，执行完例行程序，程序指针返回到调用位置，执行后续指令。

33.3 操作步骤

33.3.1 程序编辑

程序编辑的操作步骤见表 33.1。

表 33.1　程序编辑操作步骤

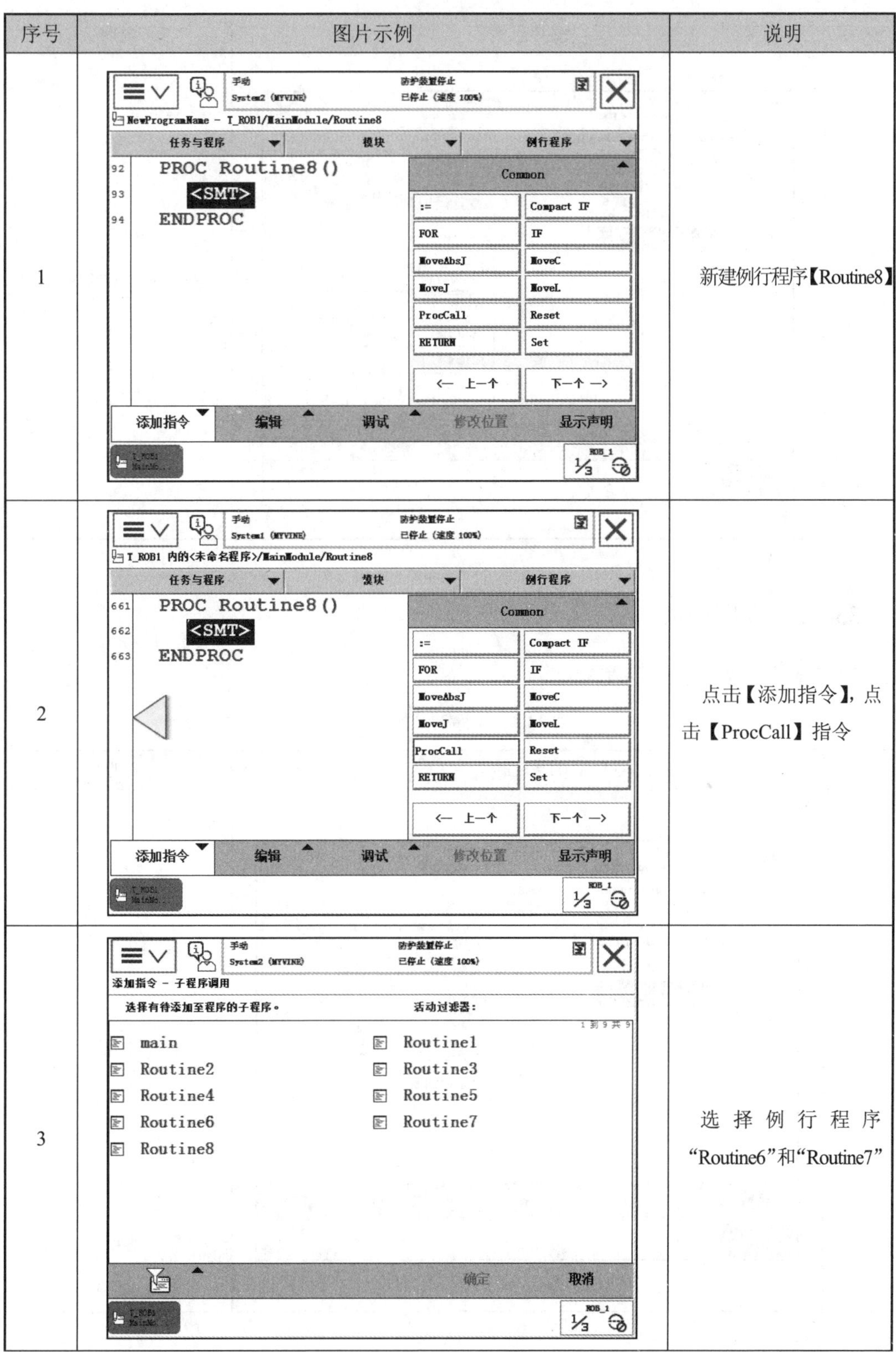

序号	图片示例	说明
1		新建例行程序【Routine8】
2		点击【添加指令】，点击【ProcCall】指令
3		选择例行程序“Routine6”和“Routine7”

续表 33.1

序号	图片示例	说明
4	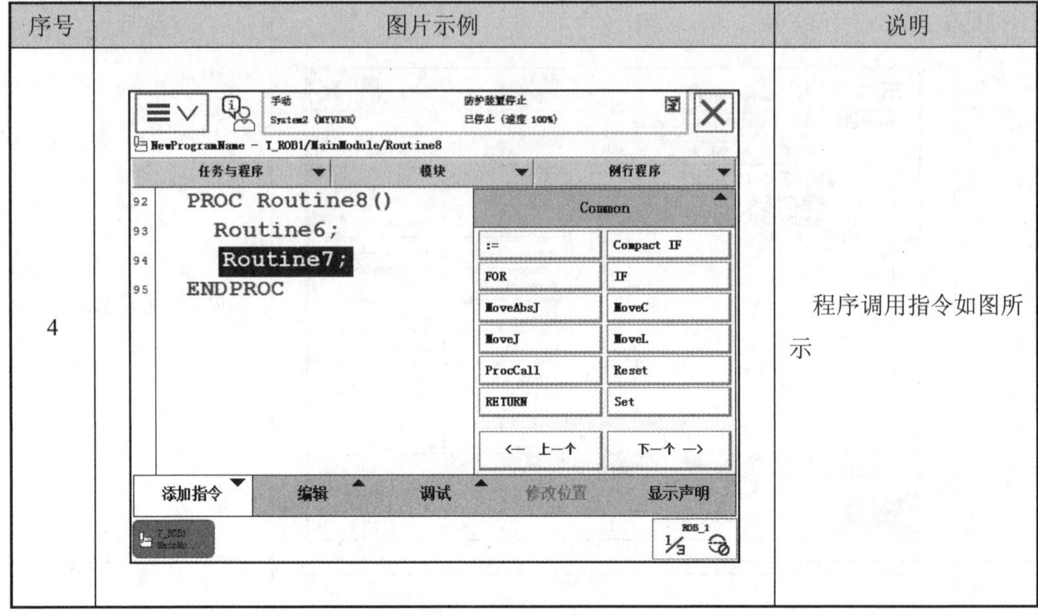	程序调用指令如图所示

33.3.2 程序调试

程序调试的操作步骤见表 33.2。

表 33.2 程序调试操作步骤

序号	图片示例	说明
1	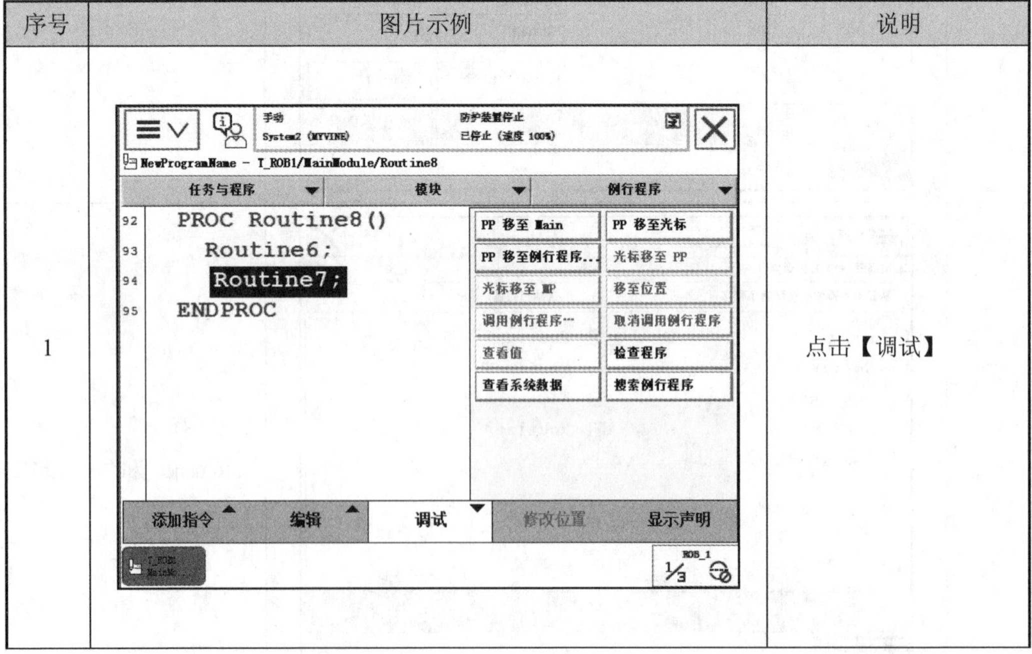	点击【调试】

续表 33.2

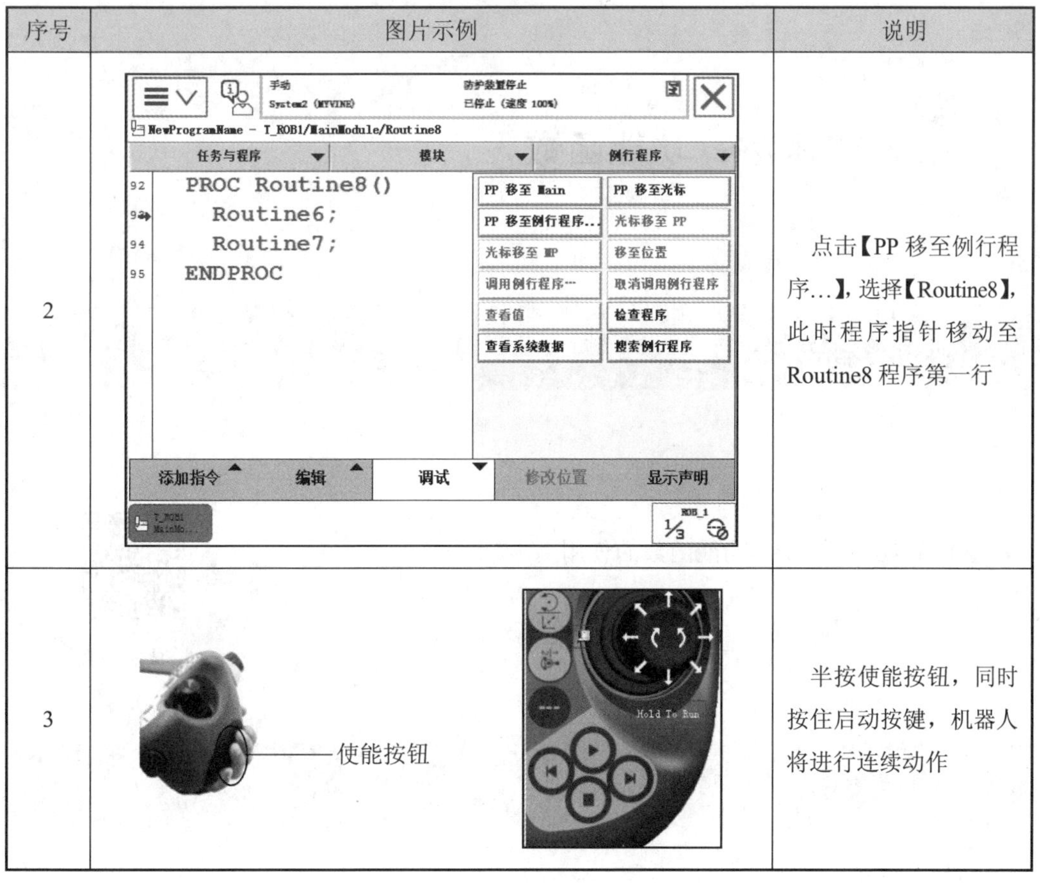

序号	图片示例	说明
2		点击【PP 移至例行程序…】，选择【Routine8】，此时程序指针移动至 Routine8 程序第一行
3	使能按钮	半按使能按钮，同时按住启动按键，机器人将进行连续动作

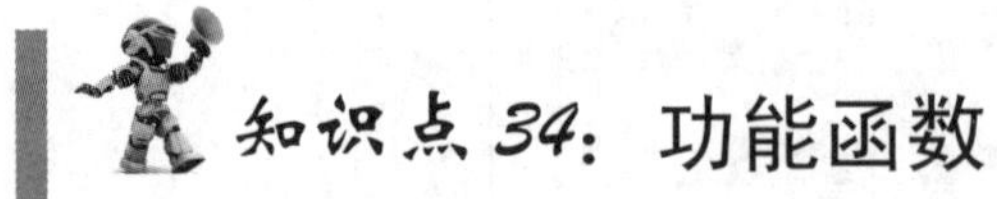

知识点 34：功能函数

34.1 本节要点

➢ 掌握 CRobT 和 Offs 功能函数的使用

※ 功能函数

34.2 要点解析

（1） CRobT 指令。

CRobT 指令：读取当前机器人位置数据。该函数返回 robtarget 值以及位置（*x*、*y*、*z*）、方位（q1 ... q4）、机械臂轴配置和外轴位置。

（2）Offs 指令。

Offs 指令：目标点位置偏移。为了精确确定目标点，可以采用函数 offs。Offs（p，*x*，*y*，*z*）代表离 p 点 *X* 轴偏差量为 *x*，*Y* 轴偏差量为 *y*，*Z* 轴偏差量为 *z*。

34.3 操作步骤

34.3.1 CRobT 指令

CROBT 指令的操作步骤见表 34.1。

表 34.1　CROBT 指令操作步骤

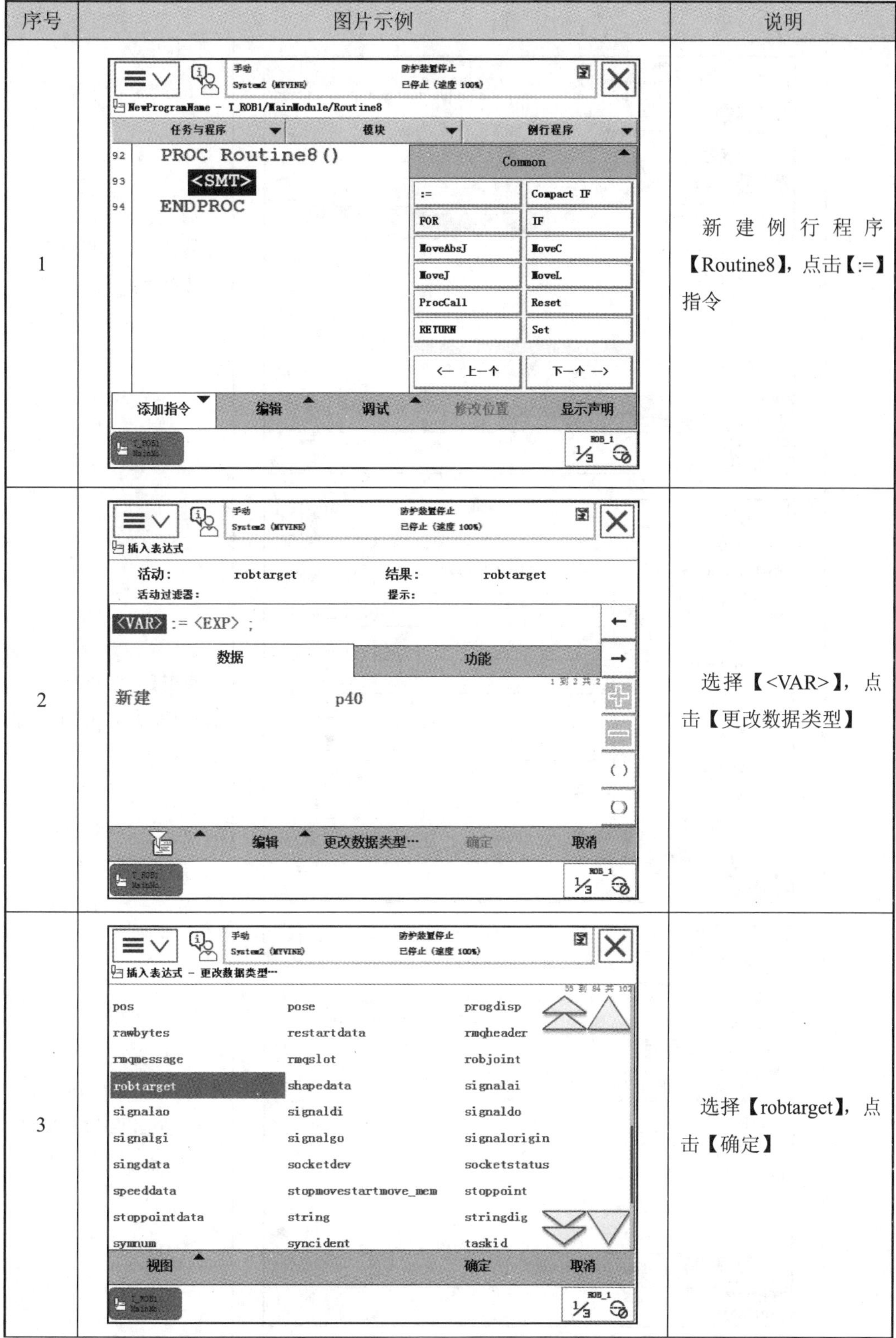

序号	图片示例	说明
1		新建例行程序【Routine8】，点击【:=】指令
2		选择【<VAR>】，点击【更改数据类型】
3		选择【robtarget】，点击【确定】

续表 34.1

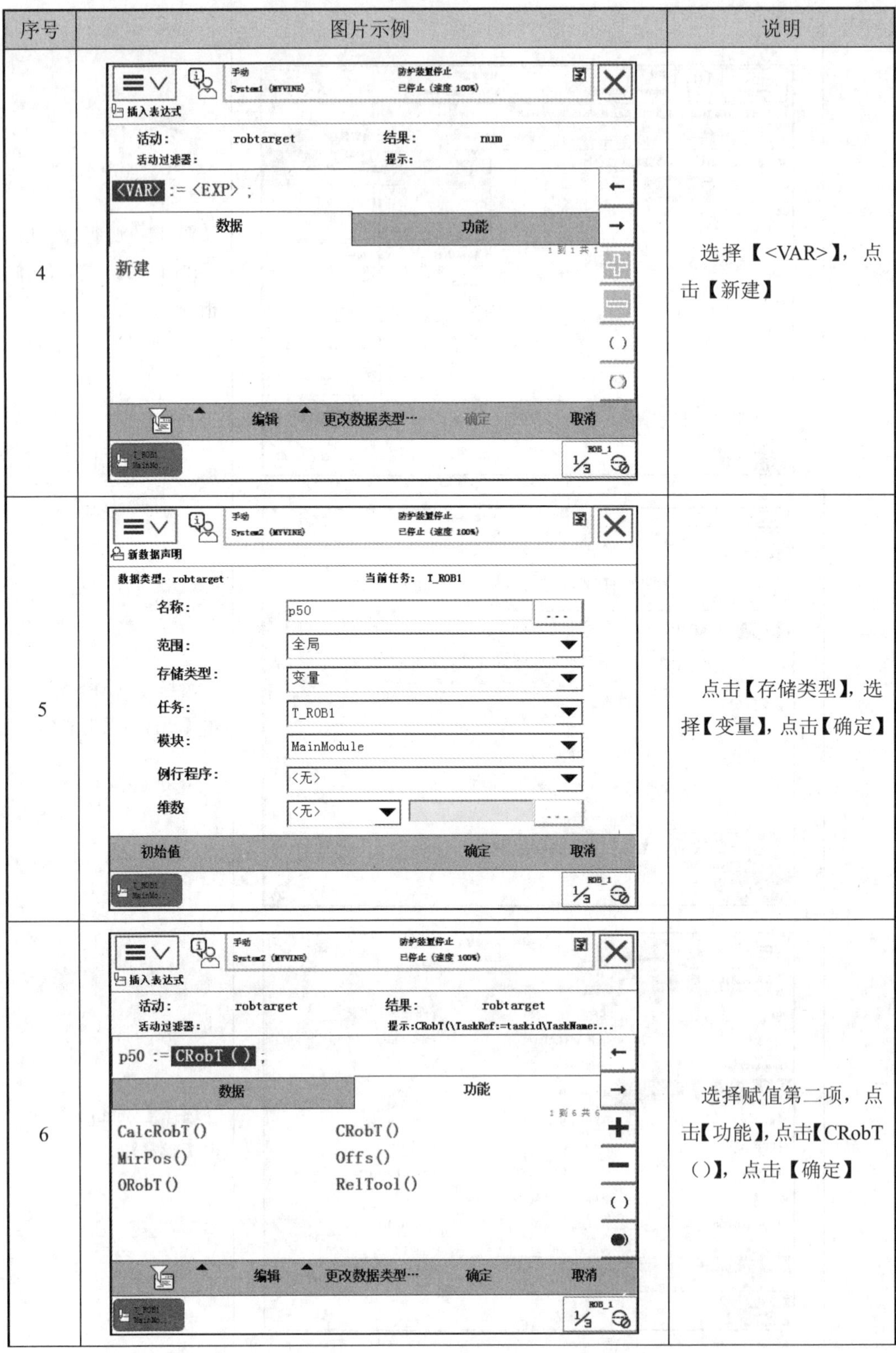

序号	图片示例	说明
4		选择【<VAR>】，点击【新建】
5		点击【存储类型】，选择【变量】，点击【确定】
6		选择赋值第二项，点击【功能】，点击【CRobT()】，点击【确定】

续表 34.1

序号	图片示例	说明
7	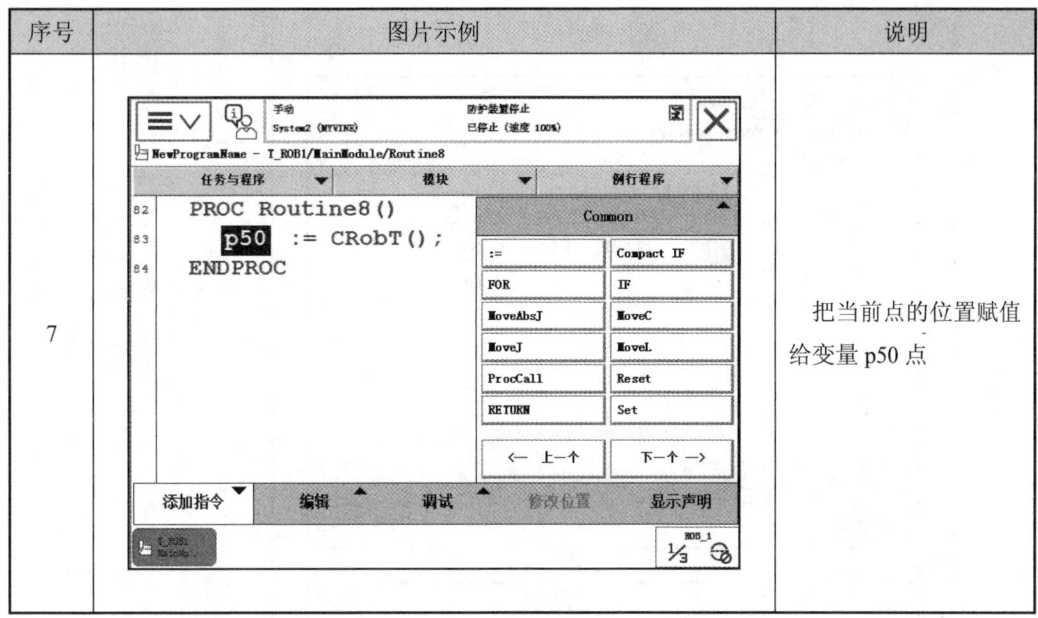	把当前点的位置赋值给变量 p50 点

34.3.2　Offs 指令

Offs 指令的操作步骤见表 34.1。

表 34.2　Offs 指令操作步骤

序号	图片示例	说明
1	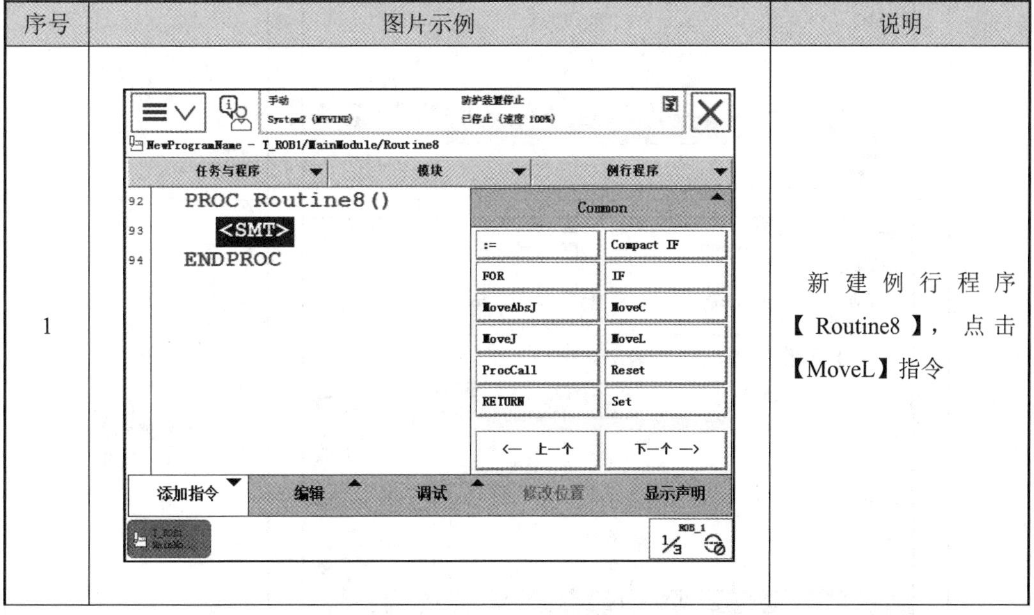	新建例行程序【Routine8】，点击【MoveL】指令

续表 34.2

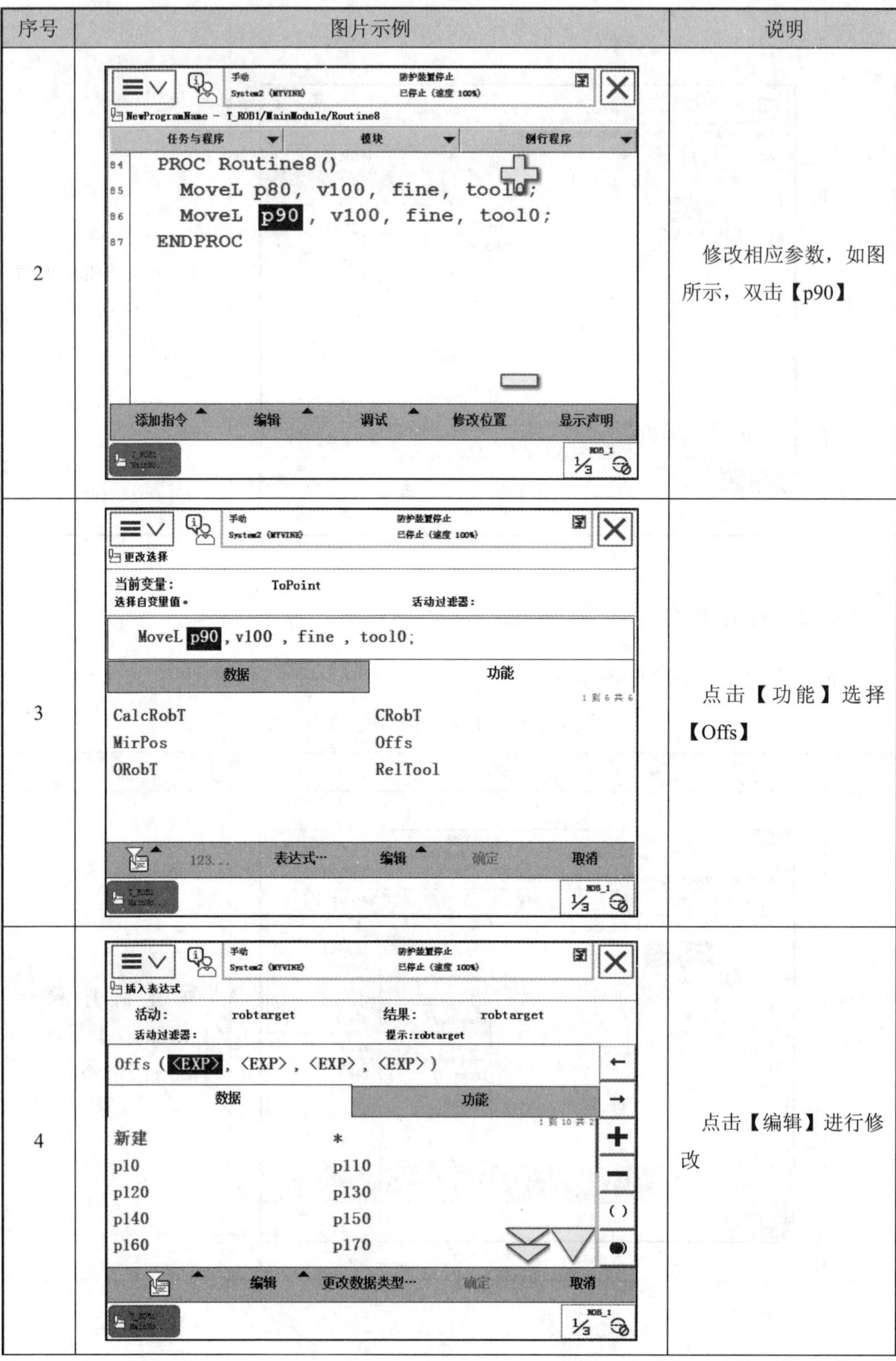

序号	图片示例	说明
2		修改相应参数，如图所示，双击【p90】
3		点击【功能】选择【Offs】
4		点击【编辑】进行修改

续表 34.2

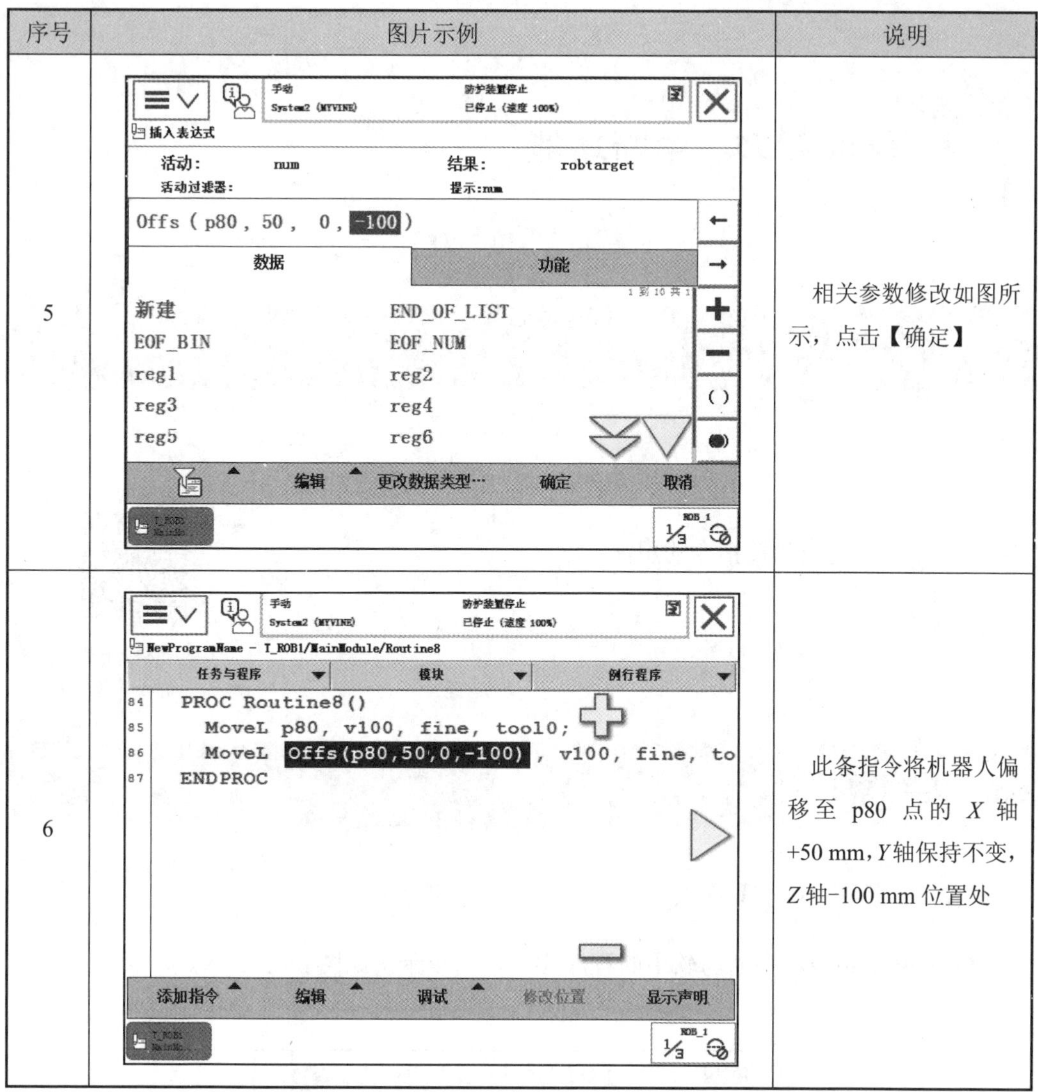

序号	图片示例	说明
5		相关参数修改如图所示，点击【确定】
6		此条指令将机器人偏移至 p80 点的 X 轴 +50 mm，Y 轴保持不变，Z 轴 −100 mm 位置处

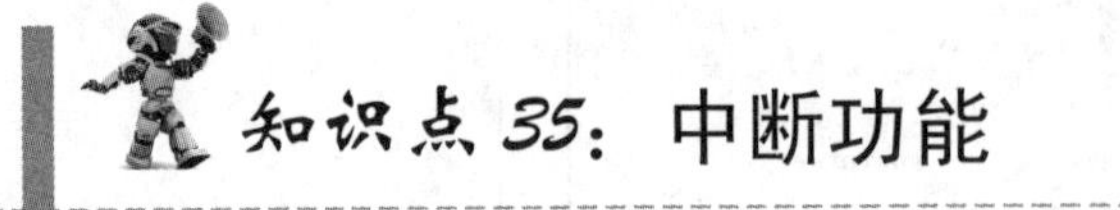

知识点 35：中断功能

35.1 本节要点

➢ 掌握中断功能及相关指令的用法

※ 中断功能

35.2 要点解析

35.2.1 CONNECT 指令

CONNECT 指令将中断与软中断程序相连，指令示例如图 35.1 所示。

```
CONNECT intno1 WITH trap1;
```

图 35.1 CONNECT 指令示例

其中各部分含义见表 35.1。

表 35.1 CONNECT 指令各部分含义

序号	参数	说明
1	CONNECT	指令名称
2	intno1	中断识别号：数据类型 intnum
3	trap1	软中断程序：通过新建例行程序创建软中断程序

35.2.2　ISignalDI 指令

ISignalDI 指令下达数字信号输入信号中断指令。ISignalDI 用于设置数字输入信号与中断识别号的关联，指令示例如图 35.2 所示。

```
ISignalDI\Single, Di06_interrupt, 1, intno1;
```

图 35.2　ISignal 指令示例

ISignal 指令各部分含义见表 35.2。

表 35.2　ISignalDI 指令各部分含义

序号	参数	说明
1	ISignalDI	指令名称
2	Di06_interrupt	**中断输入信号：**用于产生中断输入的信号
3	1	**中断信号设定值：**设置触发中断的输入信号有效值
4	intno1	**中断识别号：**设置中断输入信号要触发的中断识别号

35.3　操作步骤

CONNECT 指令的操作步骤见表 35.3。

表 35.3　CONNECT 指令操作步骤

序号	图片示例	说明
1	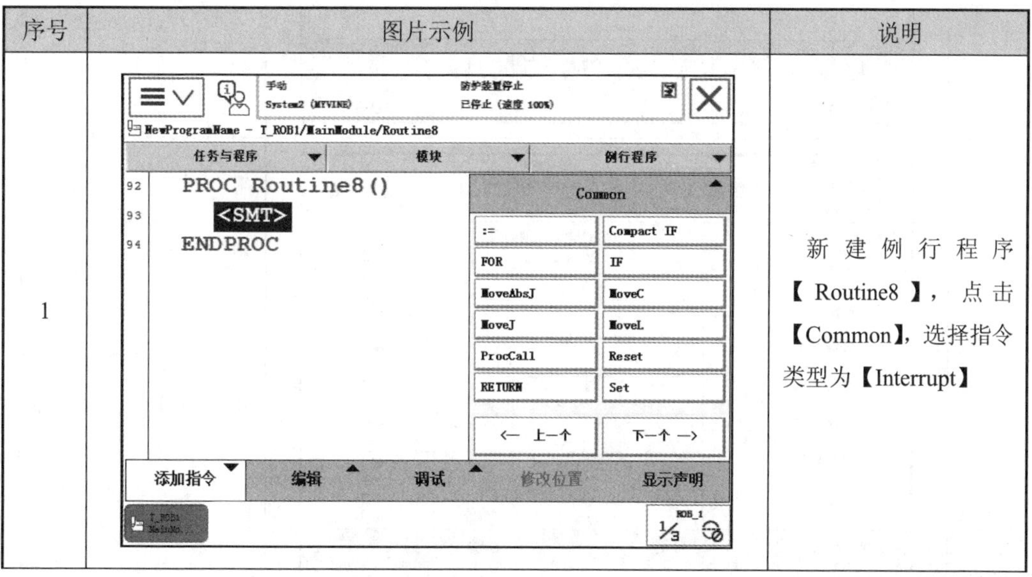	新建例行程序【Routine8】，点击【Common】，选择指令类型为【Interrupt】

续表 35.3

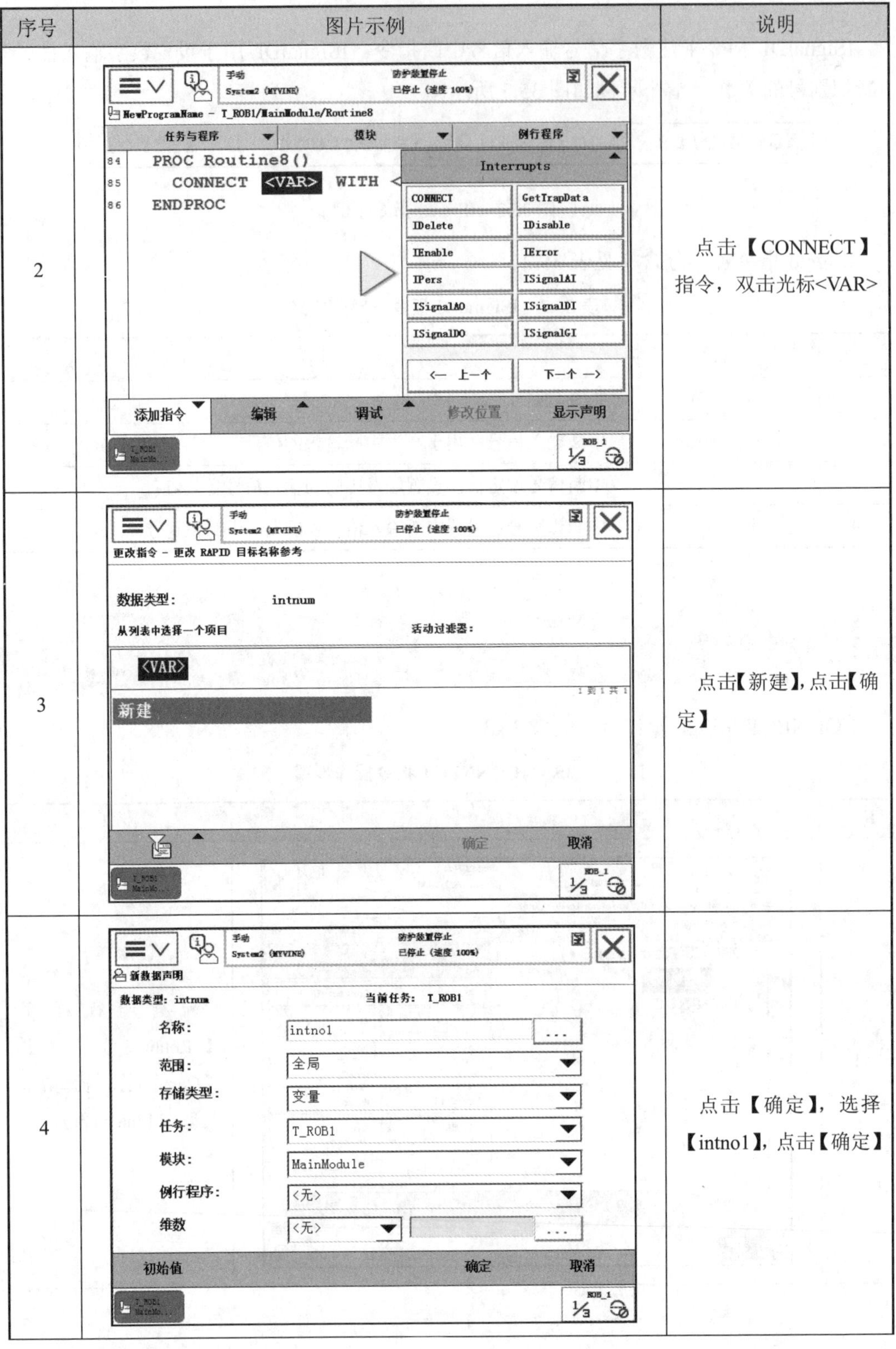

序号	图片示例	说明
2		点击【CONNECT】指令，双击光标<VAR>
3		点击【新建】，点击【确定】
4		点击【确定】，选择【intno1】，点击【确定】

续表 35.3

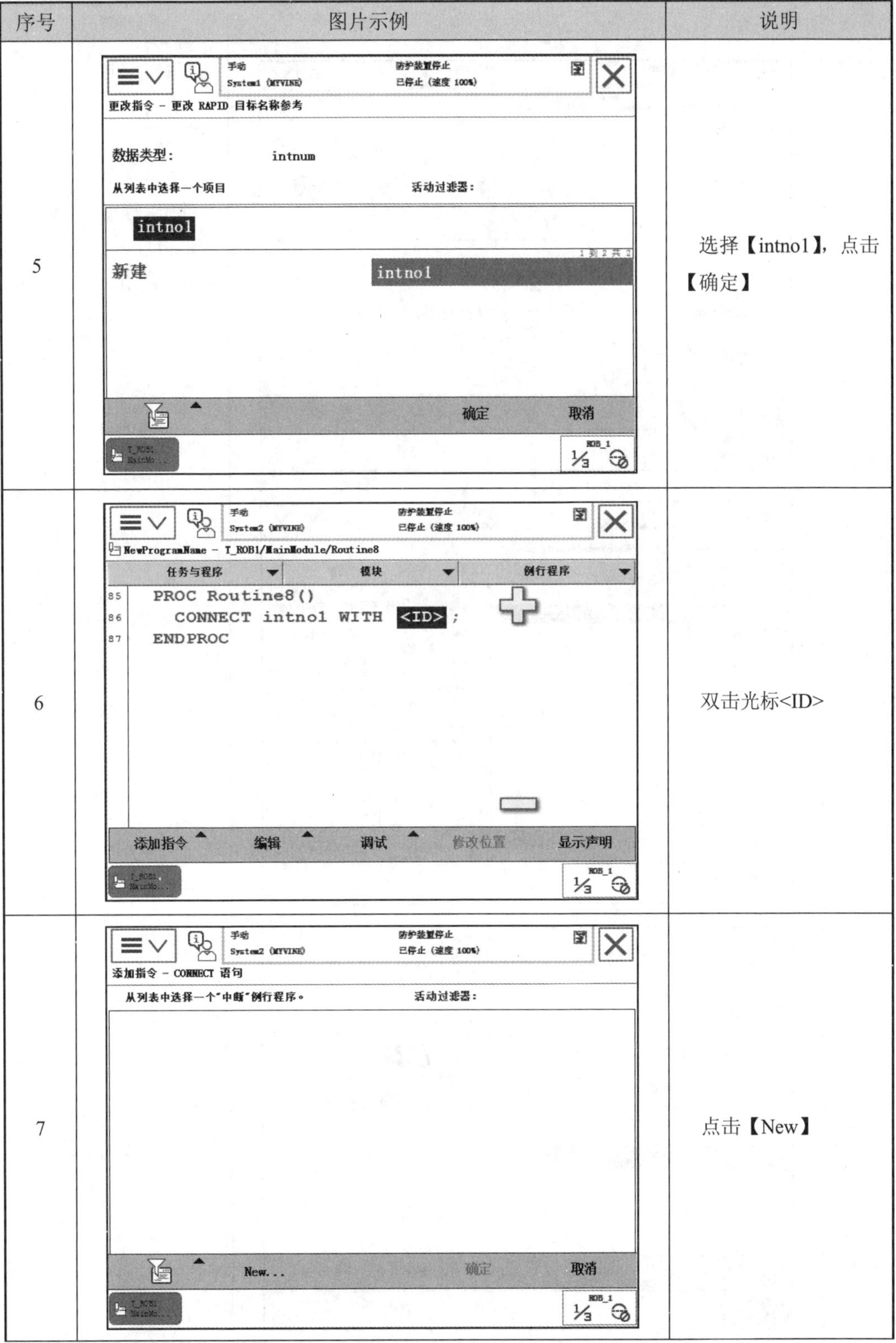

序号	图片示例	说明
5		选择【intno1】，点击【确定】
6		双击光标<ID>
7		点击【New】

续表 35.3

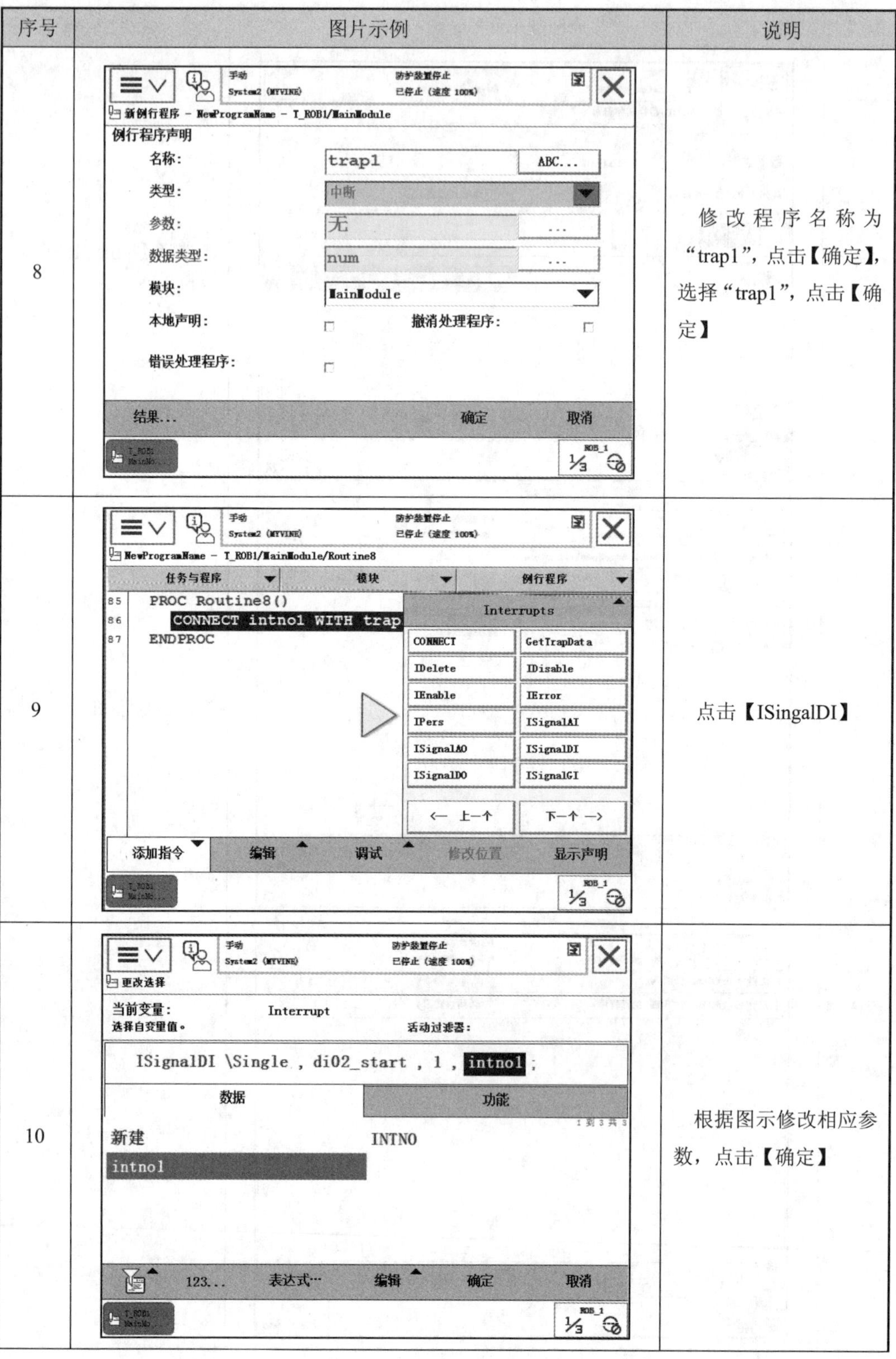

序号	图片示例	说明
8		修改程序名称为“trap1”，点击【确定】，选择“trap1”，点击【确定】
9		点击【ISingalDI】
10		根据图示修改相应参数，点击【确定】

续表 35.3

序号	图片示例	说明
11	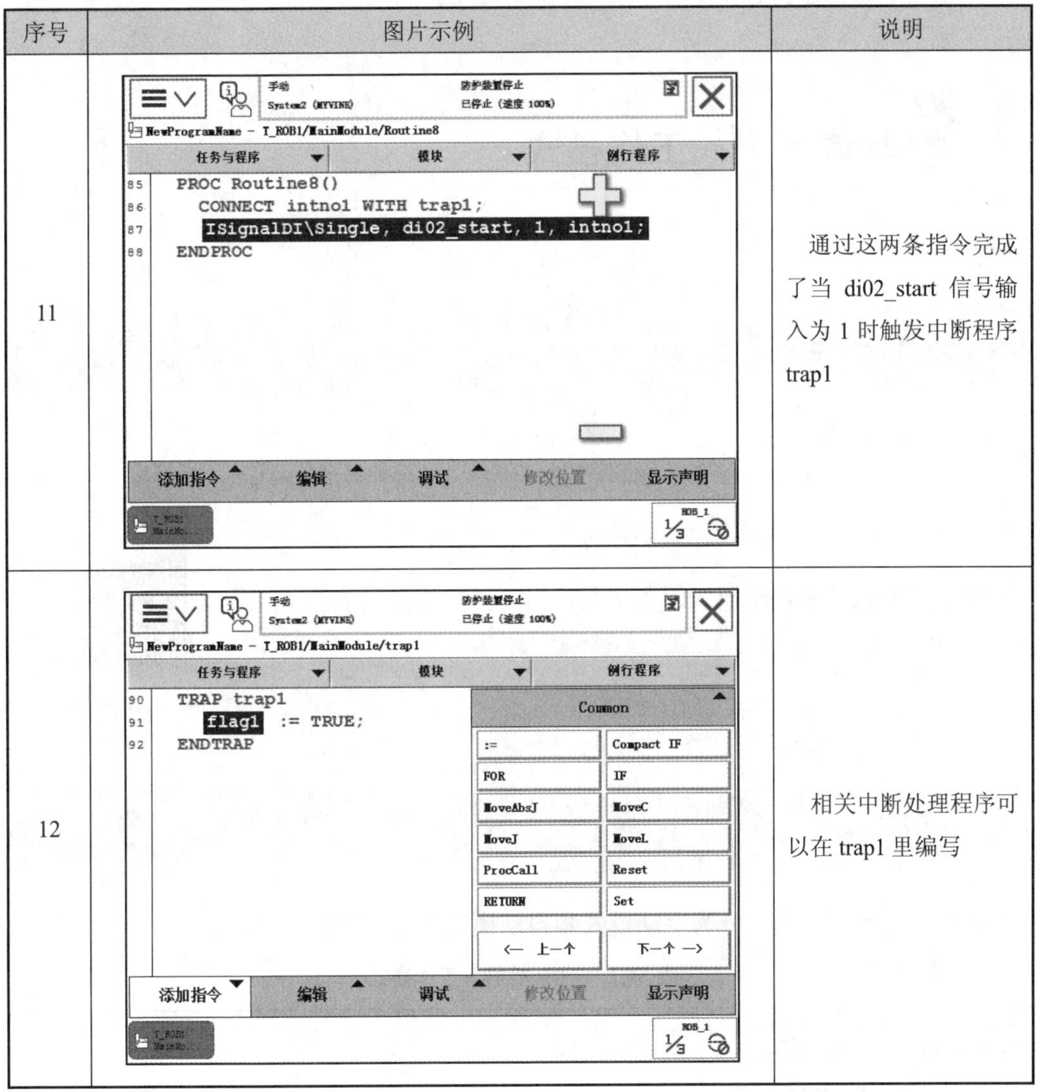	通过这两条指令完成了当 di02_start 信号输入为 1 时触发中断程序 trap1
12		相关中断处理程序可以在 trap1 里编写

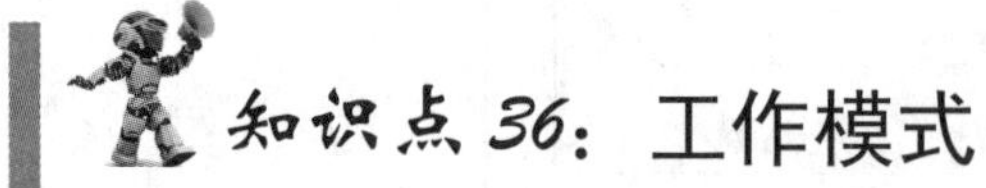

知识点 36：工作模式

36.1 本节要点

➢ 掌握手动模式和自动模式的概念及使用

※ 工作模式

36.2 要点解析

ABB 机器人工作模式分为手动模式和自动模式两种，见表 36.1。

表 36.1 ABB 机器人工作模式

序号	图片示例	说明
1		**手动模式**：主要用于程序调试，在手动减速模式下，运动速度限制在 250 mm/s 下。要激活电机上电，必须按下使动装置
2		**自动模式**：主要用于工业生产，机器人自动连续运行生产作业

36.3　操作步骤

36.3.1　手动状态运行

手动状态运行的操作步骤见表 36.2。

表 36.2　手动状态运行操作步骤

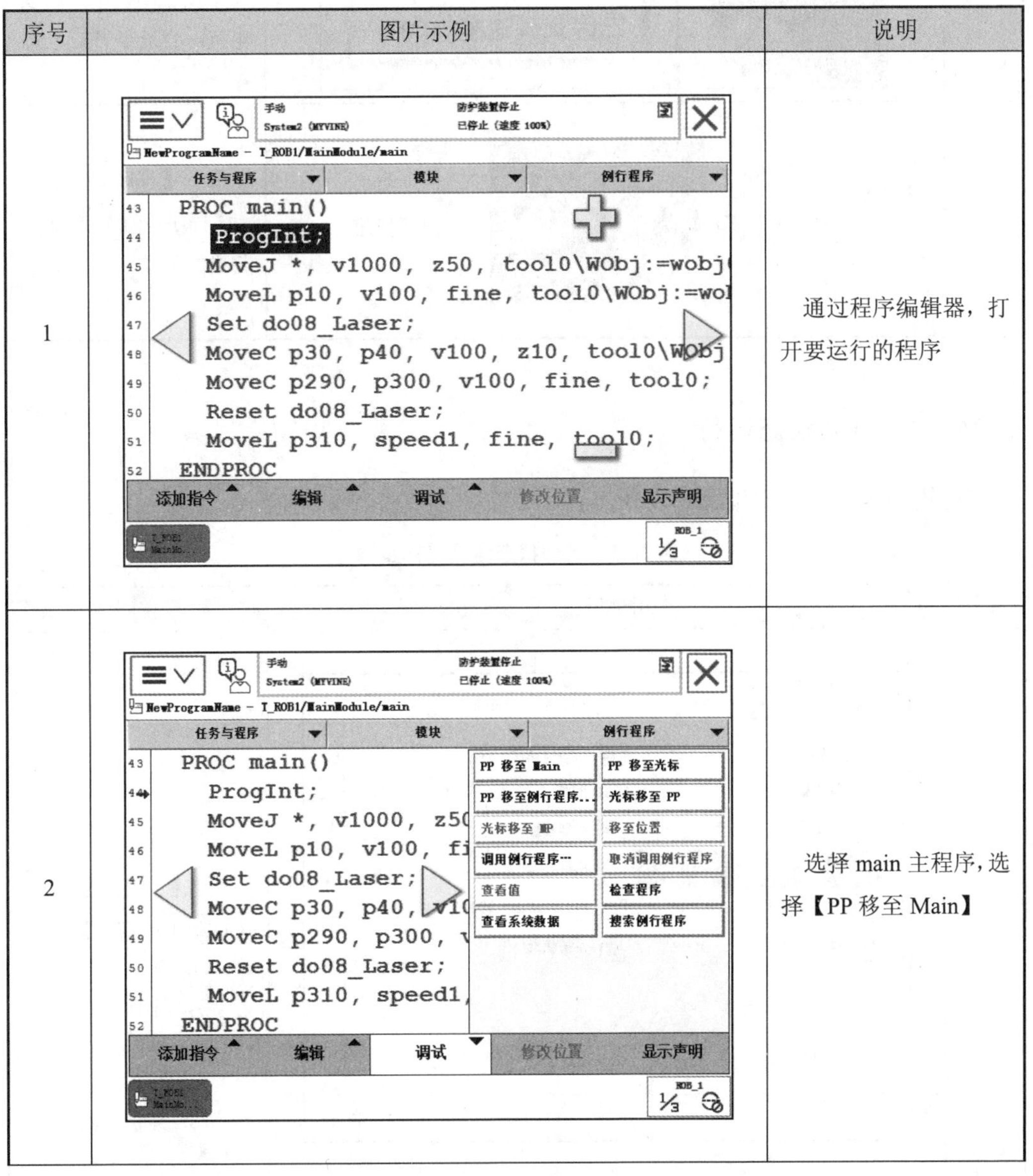

序号	图片示例	说明
1		通过程序编辑器，打开要运行的程序
2		选择 main 主程序，选择【PP 移至 Main】

续表 36.2

序号	图片示例	说明
3		将模式开关旋转至手动状态
4		半按使动键不放，使电机一直处于开启状态
5	程序步退 程序停止 程序启动 程序步进	按下【程序启动】或者【程序步进】，机器人将进行运动

36.3.2 自动状态运行

自动状态运行的操作步骤见表 36.3。

表 36.3 自动状态运行操作步骤

序号	图片示例	说明
1	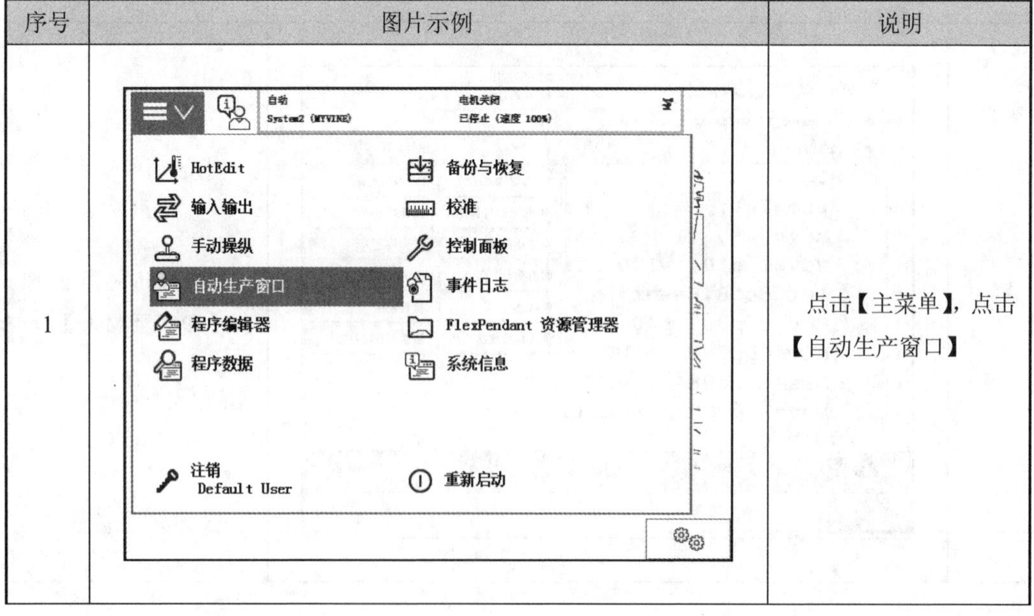	点击【主菜单】，点击【自动生产窗口】

续表 36.3

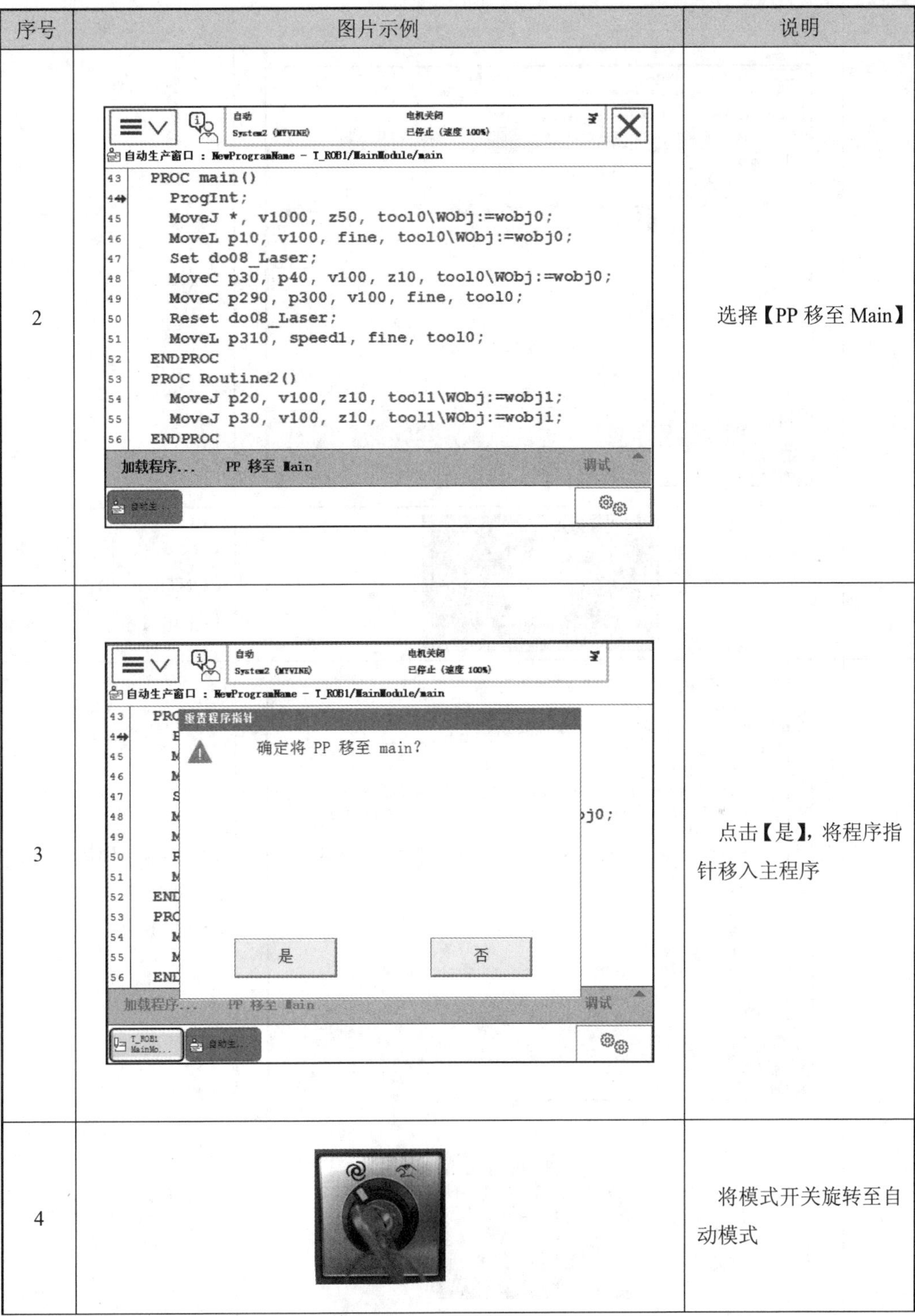

序号	图片示例	说明
2		选择【PP 移至 Main】
3		点击【是】，将程序指针移入主程序
4		将模式开关旋转至自动模式

续表 36.3

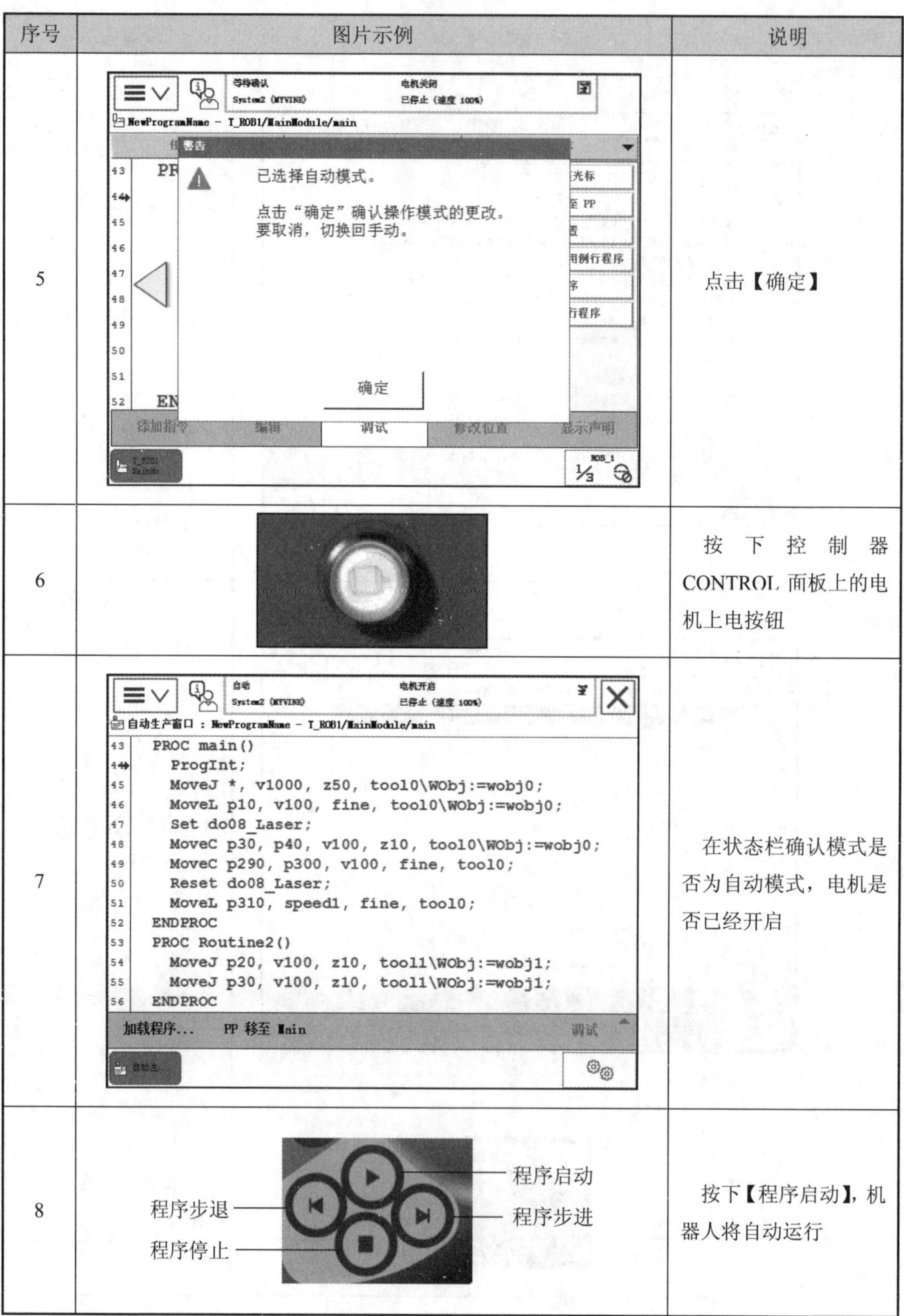

序号	图片示例	说明
5		点击【确定】
6		按下控制器 CONTROL 面板上的电机上电按钮
7		在状态栏确认模式是否为自动模式，电机是否已经开启
8		按下【程序启动】，机器人将自动运行

第 5 部分 示教器常用操作

知识点 37：系统备份与恢复

37.1 本节要点

➢ 掌握系统备份与恢复的方法

※ 系统备份与恢复

37.2 要点解析

备份系统：当完成机器人调试工作后，需要对程序进行备份处理，以方便后续维护。

恢复系统：当机器人出现问题时，需要返回到机器人正常工作程序，可以通过恢复系统的操作来实现。

37.3 操作步骤

37.3.1 备份系统

备份系统的操作步骤见表 37.1。

表 37.1　备份系统操作步骤

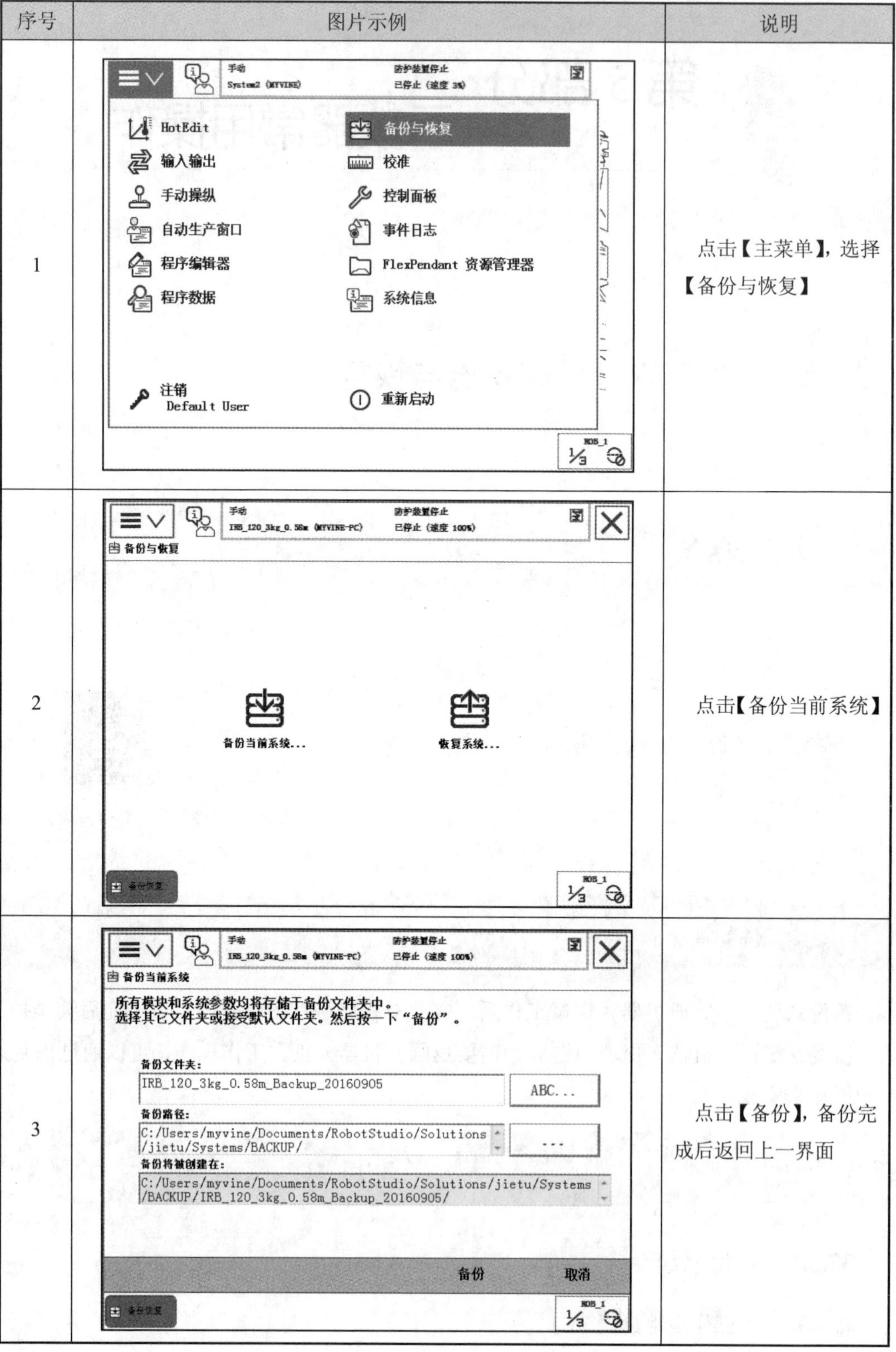

序号	图片示例	说明
1		点击【主菜单】，选择【备份与恢复】
2		点击【备份当前系统】
3		点击【备份】，备份完成后返回上一界面

37.3.2　恢复系统

恢复系统的操作步骤见表 37.2。

表 37.2　恢复系统操作步骤

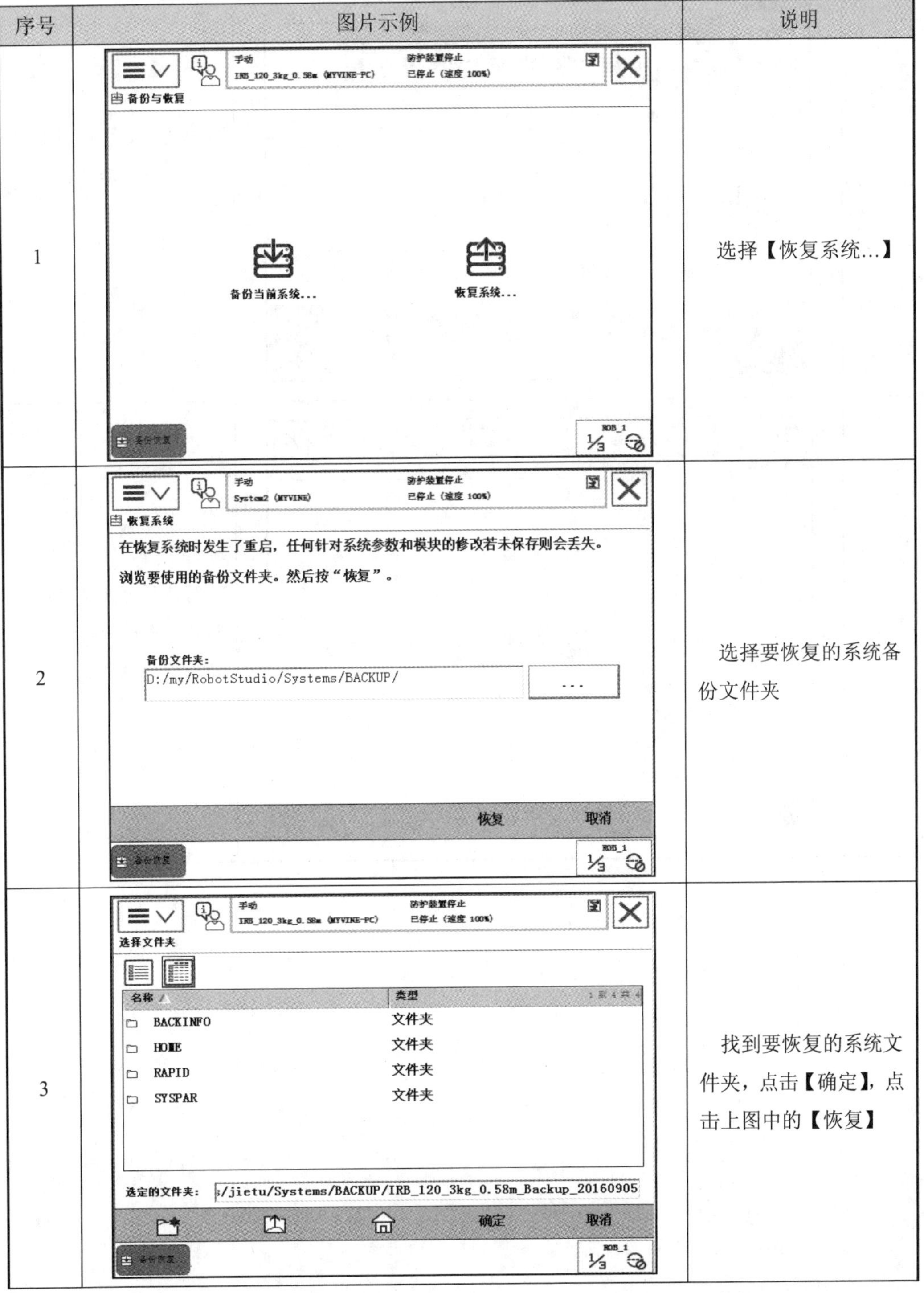

序号	图片示例	说明
1		选择【恢复系统...】
2		选择要恢复的系统备份文件夹
3		找到要恢复的系统文件夹，点击【确定】，点击上图中的【恢复】

表 37.2

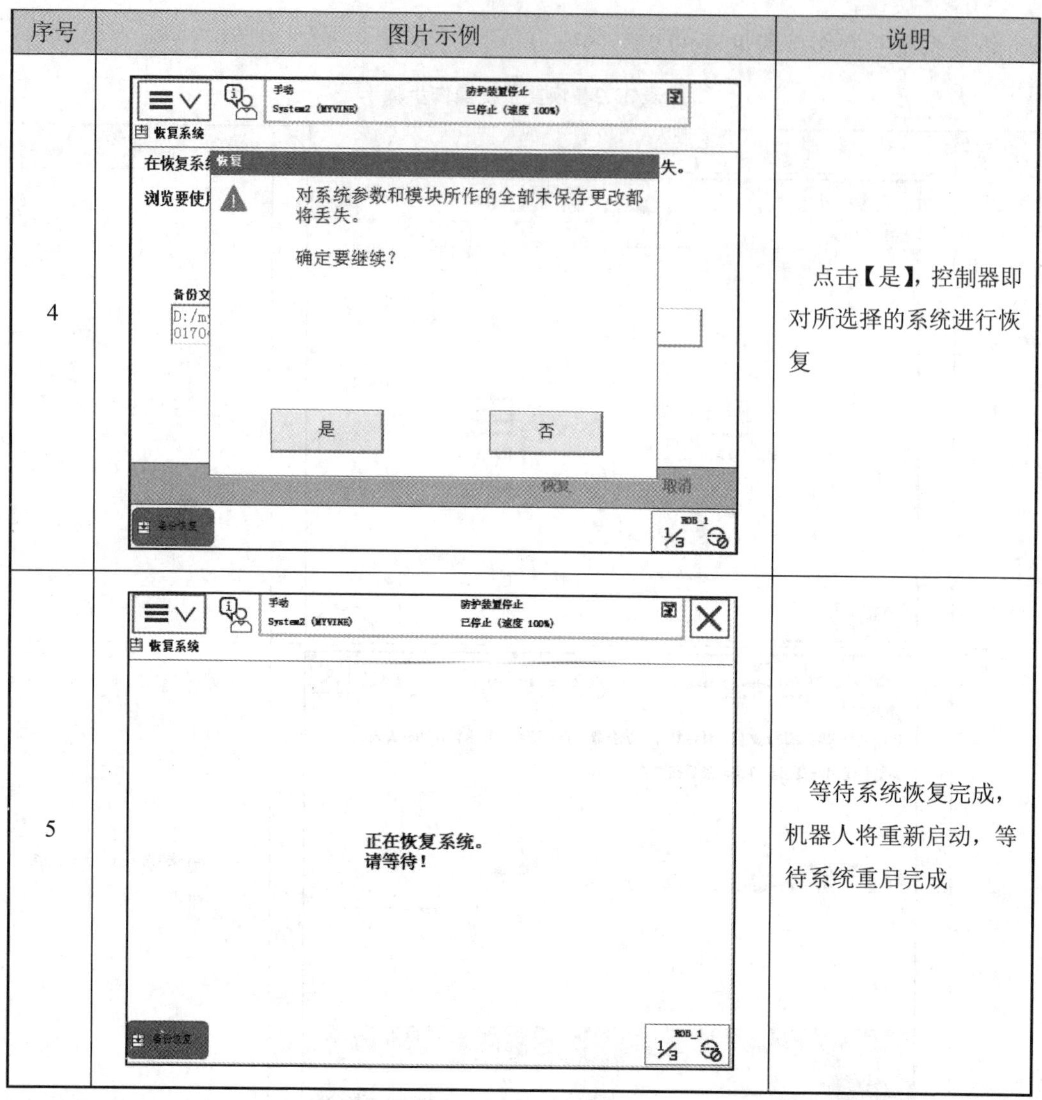

序号	图片示例	说明
4		点击【是】，控制器即对所选择的系统进行恢复
5		等待系统恢复完成，机器人将重新启动，等待系统重启完成

知识点 38：设定系统事件

38.1　本节要点

➢ 了解机器人系统事件的概念
➢ 掌握常用系统事件的使用方法

※ 设定系统事件

38.2　要点解析

机器人系统事件： 当系统发生一个动作时触发相应的例行程序，界面如图 38.1 所示。

点击【主菜单】，选择【控制面板】，选择【配置】，进入【I/O System】界面。点击【主题】，点击【Controller】，选择【Event】。

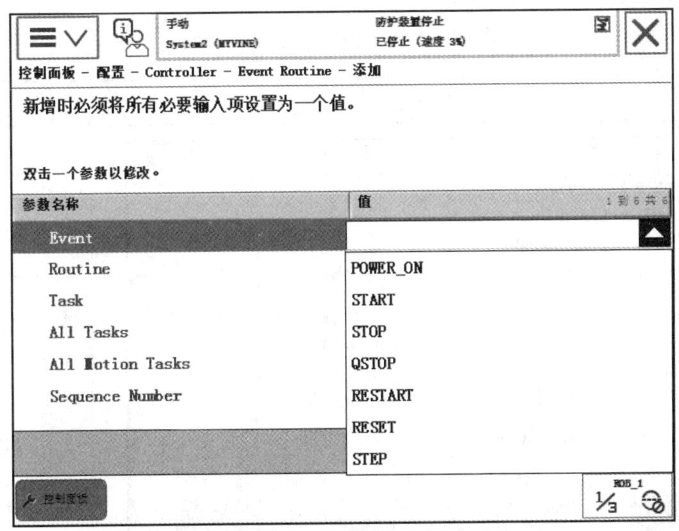

图 38.1　系统事件添加界面

系统事件添加界面各项说明见表 38.1。

表 38.1　系统事件添加界面各项说明

序号	事件	说明
1	POWER_ON	系统上电或重启触发事件，执行对应的例行程序
2	START	按下启动按钮或外部启动信号触发事件，执行对应的例行程序
3	STOP	按下停止按钮或外部停止信号触发事件，执行对应的例行程序
4	QSTOP	机器人迅速停止（即紧急停止）触发事件，执行对应的例行程序
5	RESTART	从停止位置开始执行时触发事件，执行对应的例行程序
6	RESET	先关闭，然后用示教器载入一则新程序触发事件，执行对应的例行程序
7	STEP	步进或步退触发事件，执行对应的例行程序

38.3　操作步骤

38.3.1　急停程序关联

急停程序关联的操作步骤见表 38.2。

表 38.2　急停程序关联操作步骤

序号	图片示例	说明
1	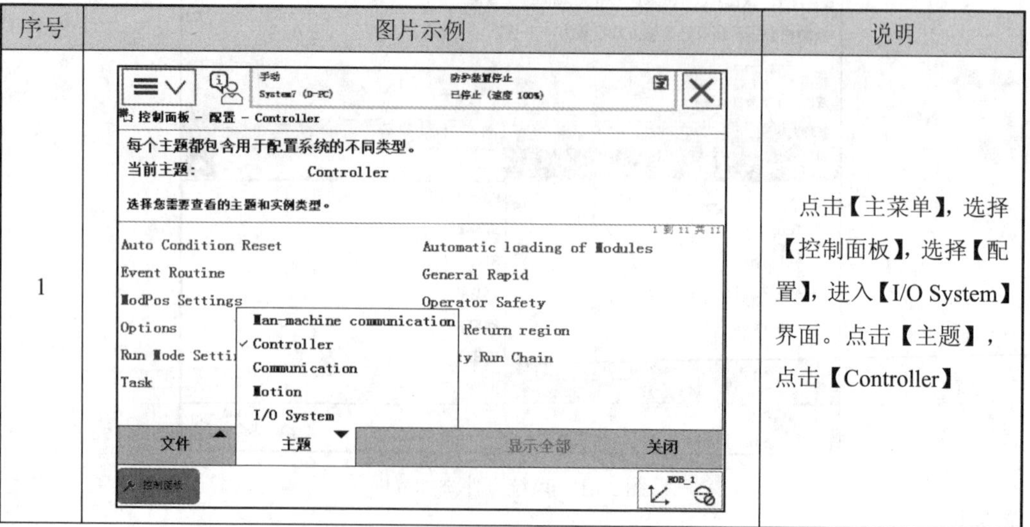	点击【主菜单】，选择【控制面板】，选择【配置】，进入【I/O System】界面。点击【主题】，点击【Controller】

续表 38.2

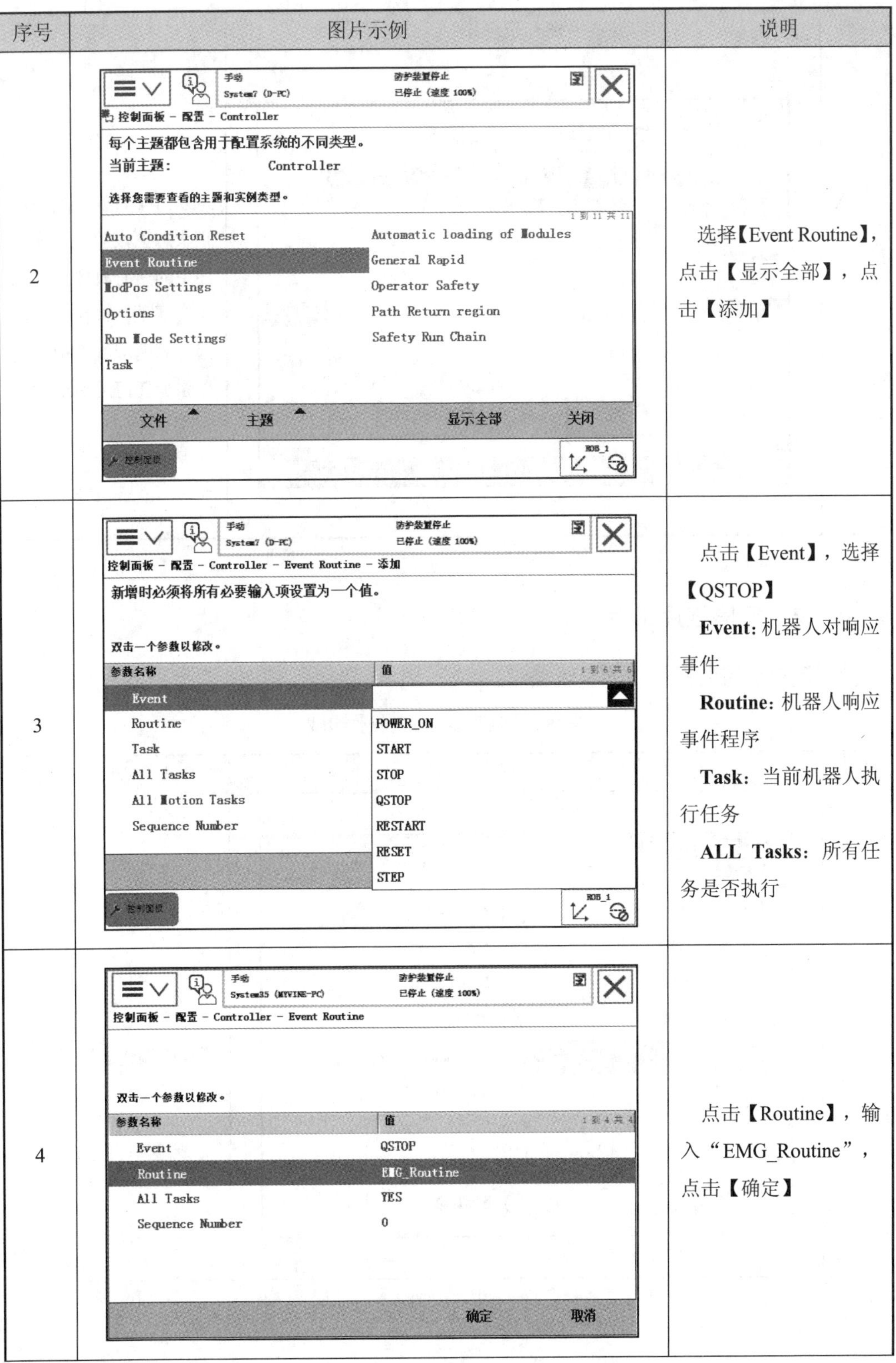

序号	图片示例	说明
2		选择【Event Routine】，点击【显示全部】，点击【添加】
3		点击【Event】，选择【QSTOP】 **Event:** 机器人对响应事件 **Routine:** 机器人响应事件程序 **Task:** 当前机器人执行任务 **ALL Tasks:** 所有任务是否执行
4		点击【Routine】，输入“EMG_Routine”，点击【确定】

续表 38.2

序号	图片示例	说明
5	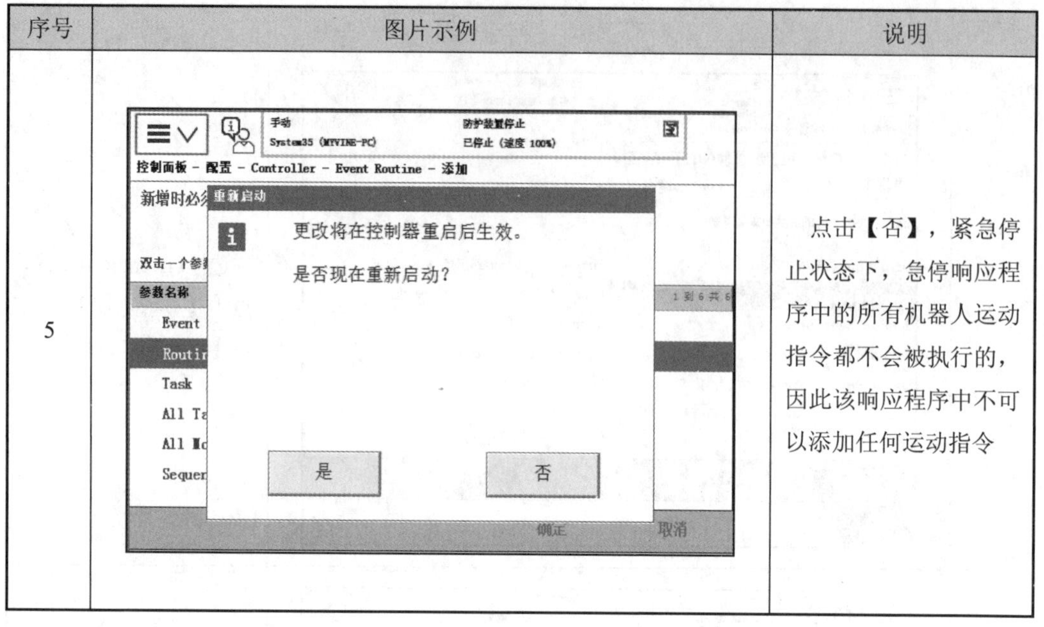	点击【否】，紧急停止状态下，急停响应程序中的所有机器人运动指令都不会被执行的，因此该响应程序中不可以添加任何运动指令

38.3.2　急停程序编写

急停程序编写的操作步骤见表 38.3。

表 38.3　急停程序编写操作步骤

序号	图片示例	说明
1	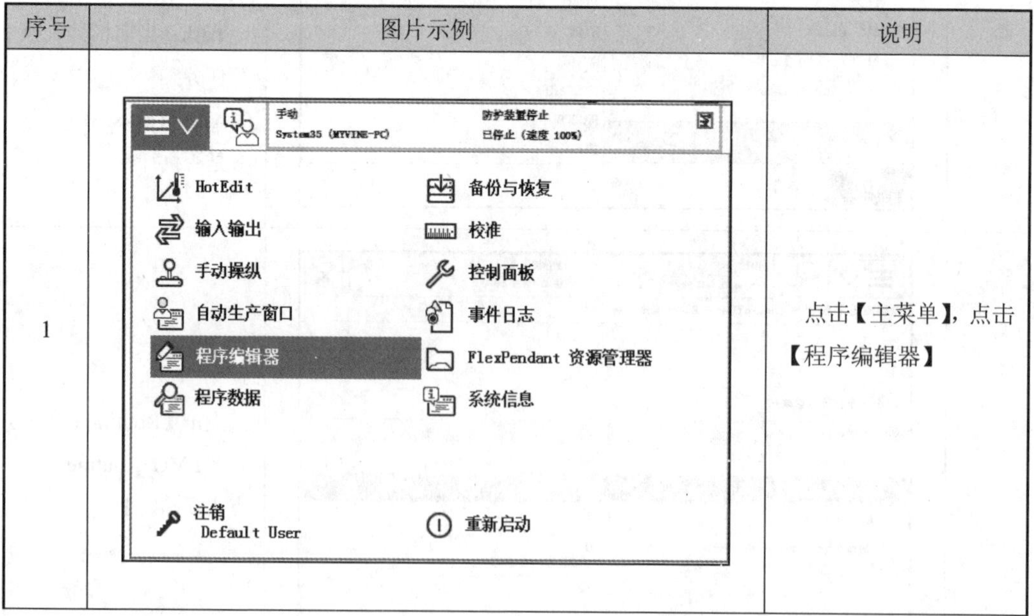	点击【主菜单】，点击【程序编辑器】

续表 38.3

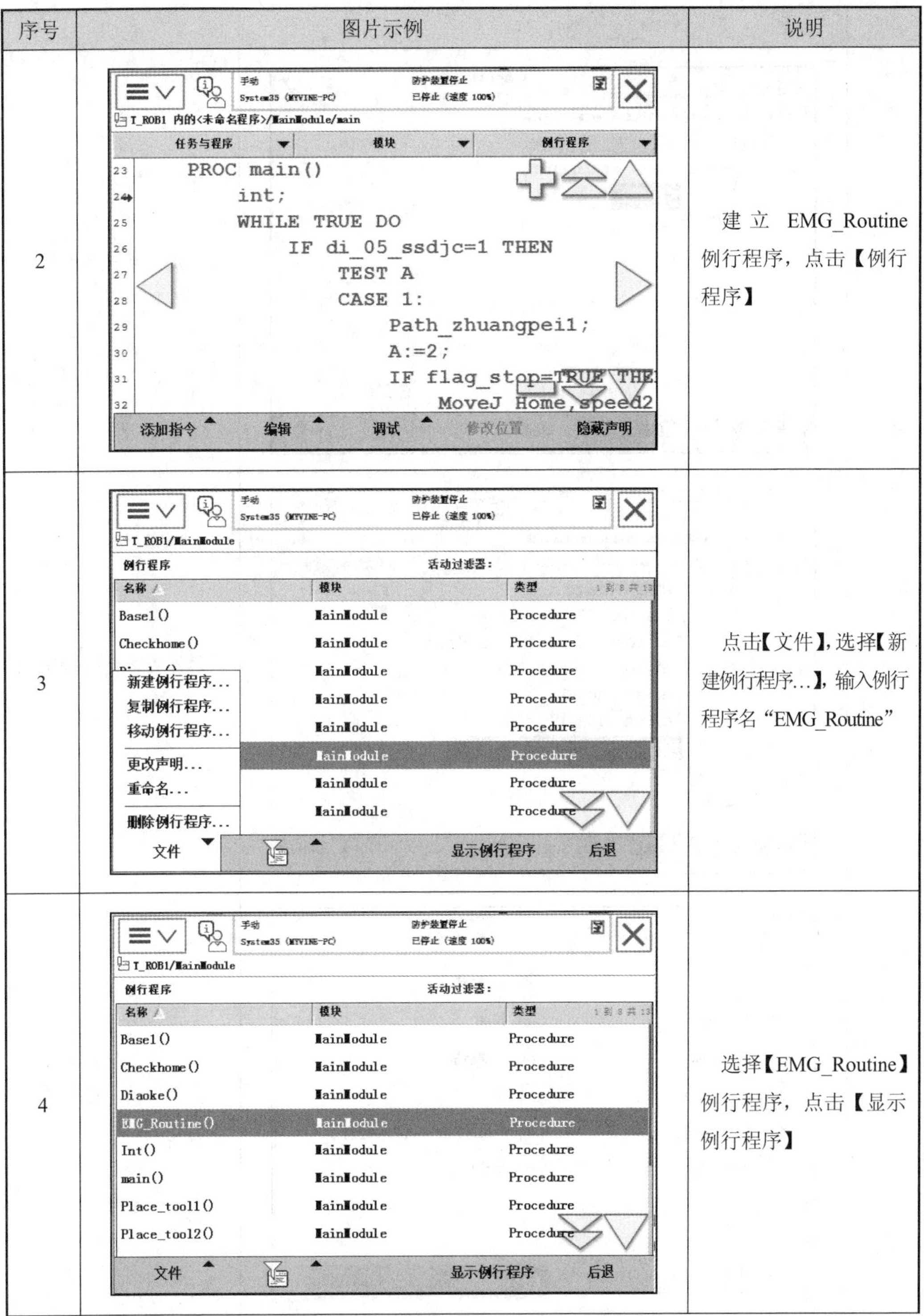

序号	图片示例	说明
2		建立 EMG_Routine 例行程序，点击【例行程序】
3		点击【文件】，选择【新建例行程序...】，输入例行程序名“EMG_Routine”
4		选择【EMG_Routine】例行程序，点击【显示例行程序】

续表 38.3

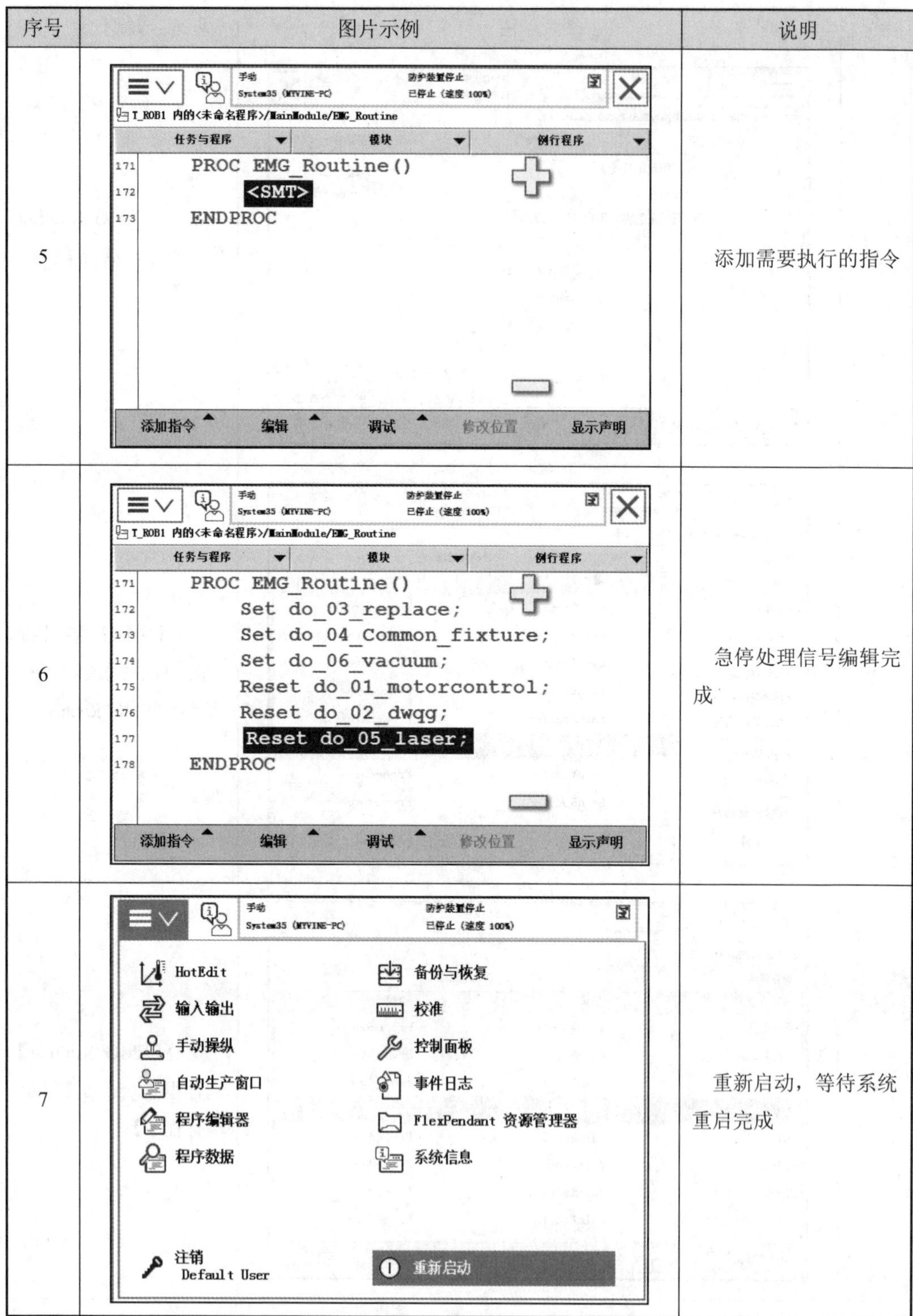

序号	图片示例	说明
5		添加需要执行的指令
6		急停处理信号编辑完成
7		重新启动，等待系统重启完成

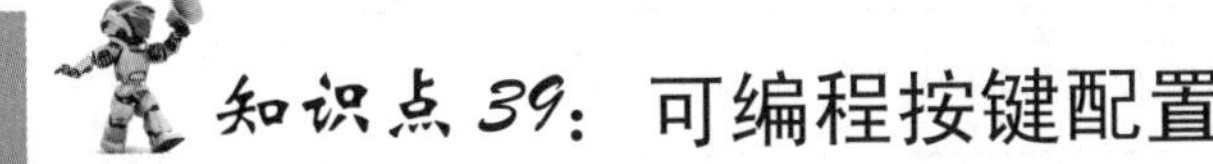

知识点 39：可编程按键配置

39.1　本节要点

➢ 掌握可编程按键的配置和使用

※ 可编程按键配置

39.2　要点解析

可编程按键：控制器预留了 4 个可编程按键，可以根据需要配置为多种功能，实现对 I/O 操作等功能。

点击【主菜单】，选择【控制面板】，点击【ProgKeys】，进入可编程按键配置界面，如图 39.1 所示。

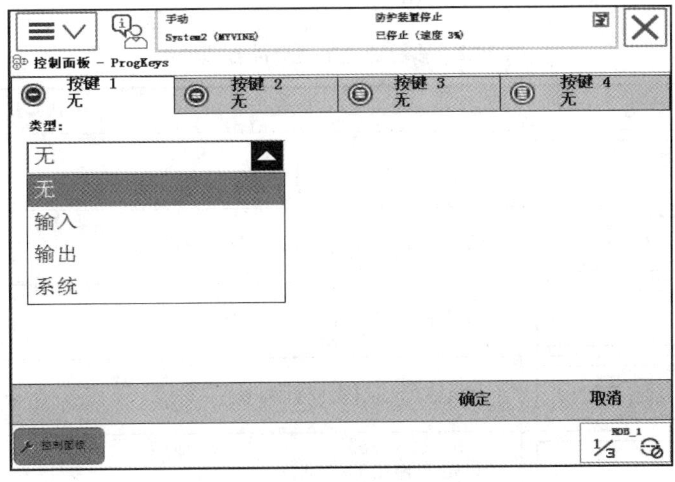

图 39.1　可编程按键配置界面

可编程控制键配置界面各项说明见表 39.1。

表 39.1　可编程控制键配置界面各项说明

序号	功能	说明
1	输入	设定对应按键为输入功能
2	输出	设定对应按键为输出功能
3	系统	设定对应按键为系统功能

输出功能配置界面如图 39.2 所示。

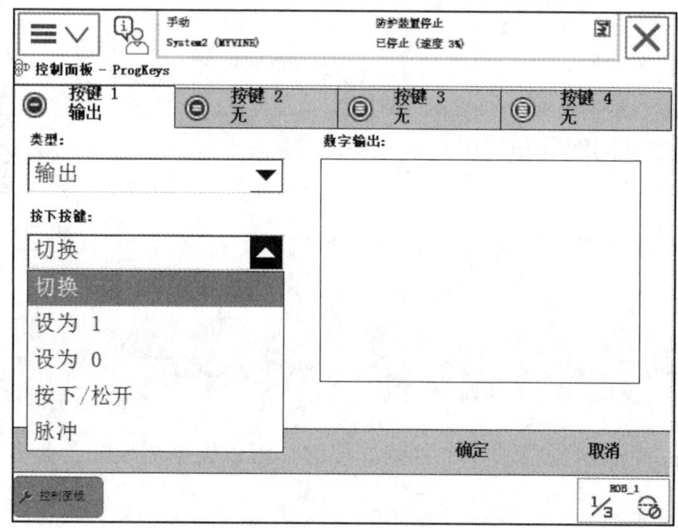

图 39.2　输出功能配置界面

输出功能配置界面各项说明见表 39.2。

表 39.2　输出功能配置界面各项说明

序号	功能	说明
1	切换	设定输出值为 0，1 交替
2	设为 1	设定输出值为 1
3	设为 0	设定输出值为 0
4	按下/松开	设定按下为 1，松开为 0
5	脉冲	设定为输出一个脉冲

39.3 操作步骤

可编程按键配置的操作步骤见表 39.3。

表 39.3 可编程按键配置操作步骤

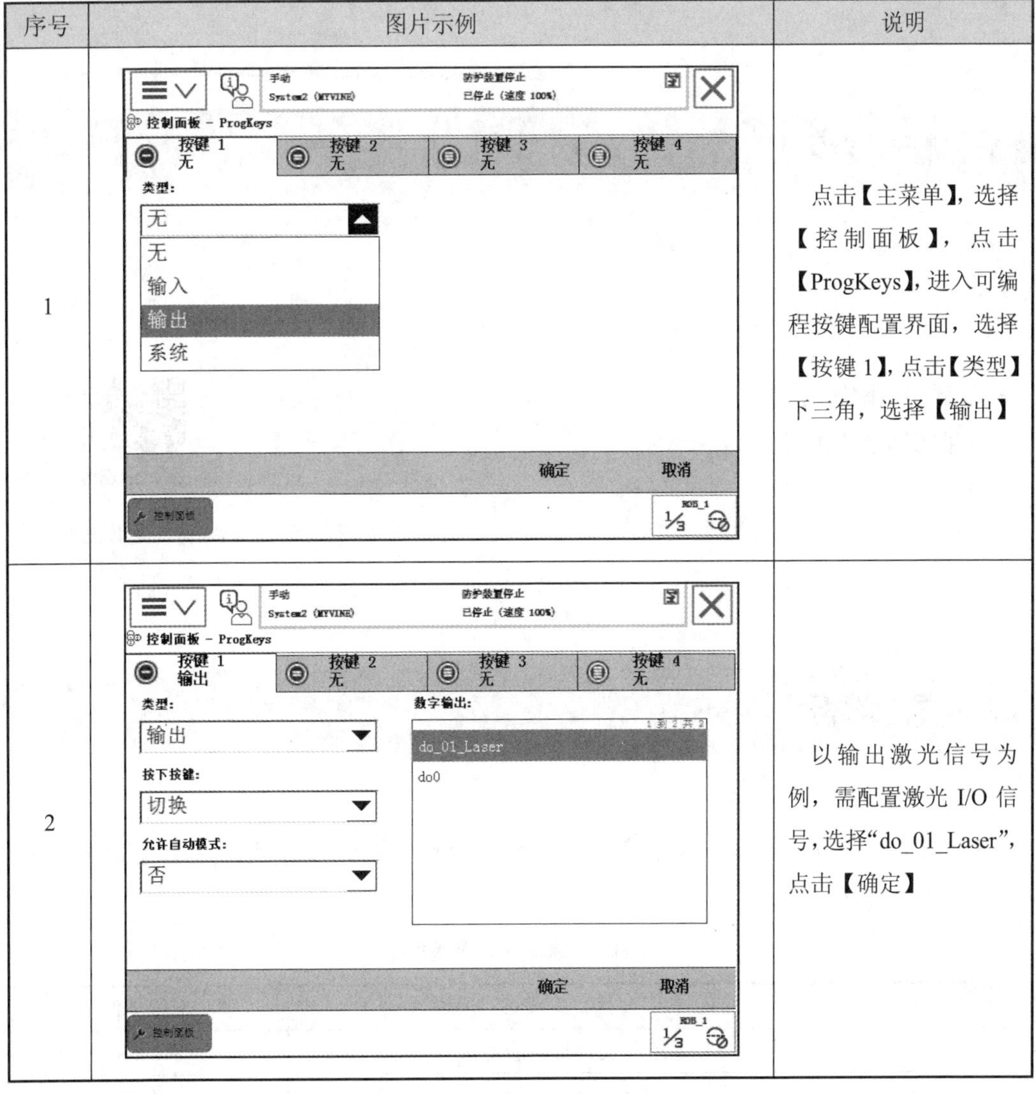

序号	图片示例	说明
1		点击【主菜单】，选择【控制面板】，点击【ProgKeys】，进入可编程按键配置界面，选择【按键 1】，点击【类型】下三角，选择【输出】
2		以输出激光信号为例，需配置激光 I/O 信号，选择"do_01_Laser"，点击【确定】

知识点 40：交叉连接配置

40.1　本节要点

➢ 了解参数配置分类

➢ 掌握交叉连接配置方法

※ 交叉连接配置

40.2　要点解析

（1）系统参数配置分类。

各个参数在系统中被编组为诸多不同的配置区域，称为主题，这些主题被划分为不同的参数类型，见表 40.1。

表 40.1　系统参数配置类型

主题	配置域	配置文件
Communication	串行通道与文件传输层协议	SIO.cfg
Controller	安全性与 RAPID 专用函数	SYS.cfg
I/O	I/O 板与信号	EIO.cfg
Man-machine communication	用于简化系统工作的函数	MMC.cfg
Motion	机器人与外轴	MOC.cfg
Process	工艺专用工具与设备	PROC.cfg

（2）Cross Connection 交叉连接。

交叉连接是数字（DO、DI）或编组（GO、GI）的 I/O 信号间的一种逻辑连接，可以使一个 I/O 信号自动影响到其他的 I/O 信号。可以通过运算符将最多 5 个不同的执行 I/O 信号组合起来，从而构成更加复杂的条件。

40.2　操作步骤

交叉连接配置的操作步骤见表 40.2。

表 40.2　交叉连接配置操作步骤

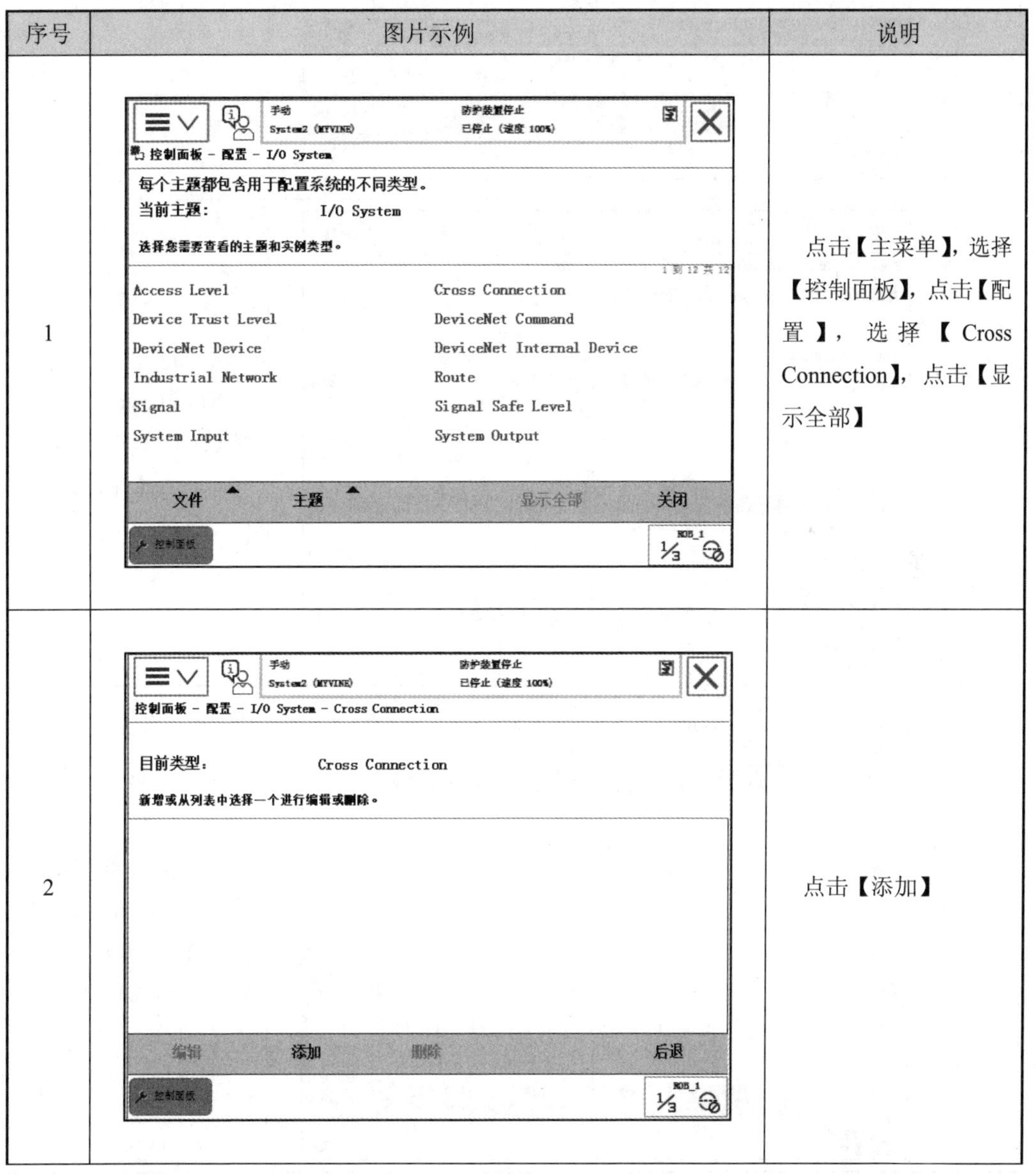

序号	图片示例	说明
1		点击【主菜单】，选择【控制面板】，点击【配置】，选择【Cross Connection】，点击【显示全部】
2		点击【添加】

表 40.2

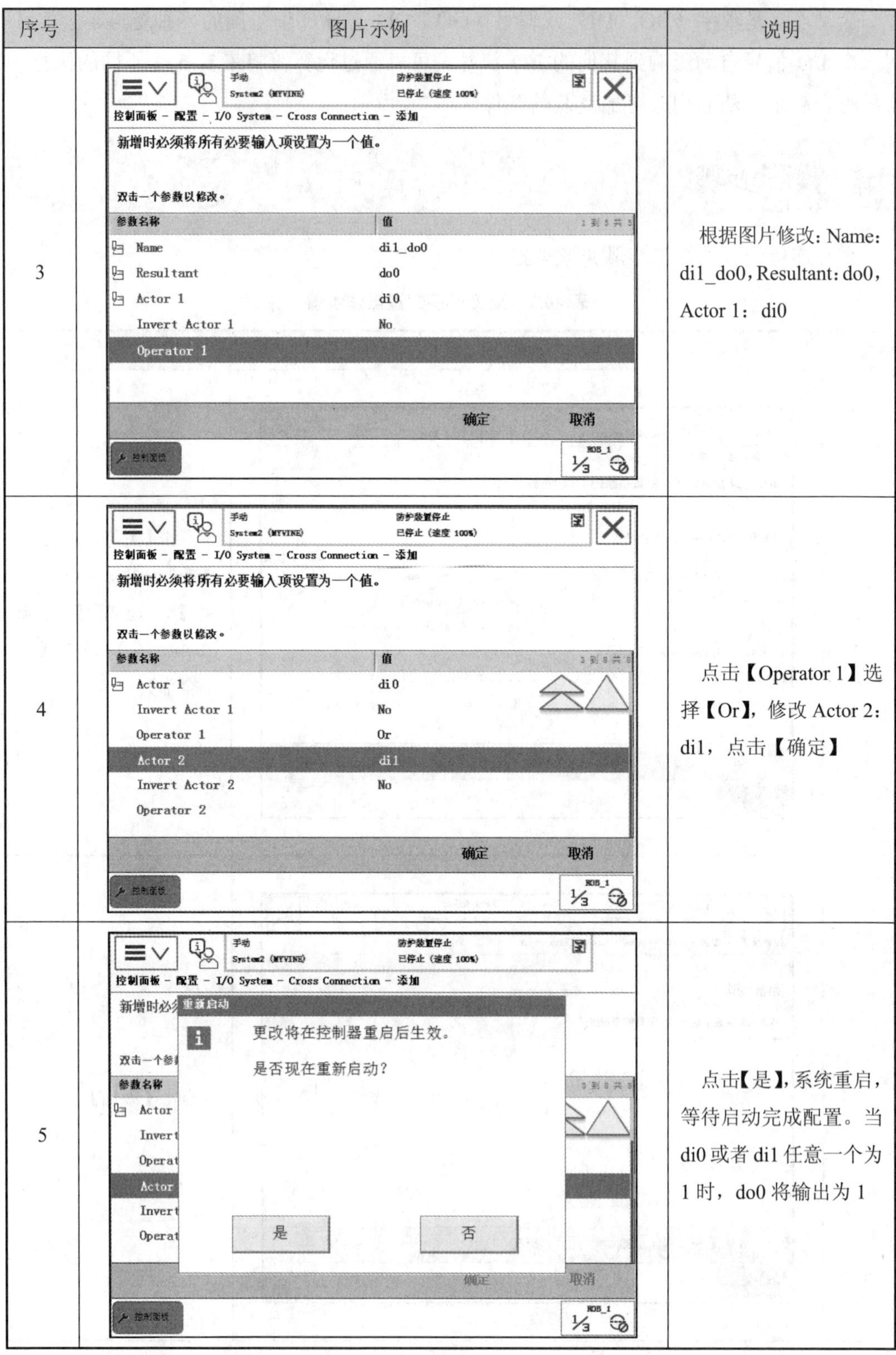

序号	图片示例	说明
3		根据图片修改：Name：di1_do0，Resultant：do0，Actor 1：di0
4		点击【Operator 1】选择【Or】，修改 Actor 2：di1，点击【确定】
5		点击【是】，系统重启，等待启动完成配置。当 di0 或者 di1 任意一个为 1 时，do0 将输出为 1

知识点 41：示教器其他配置

41.1　本节要点

- 掌握设置系统事件的方法
- 掌握校准触摸屏的方法
- 掌握屏幕锁定及解锁的方法

※ 示教器其他配置

41.2　要点解析

（1）设置系统时间。

设定控制器内部系统时间，方便处理。

（2）校准触摸屏。

如果触摸屏出现点击错位，那么就需要校准触摸屏。在校准的过程中要准确地点击校准点，不然会达不到校准的满意结果。

（3）锁定屏幕。

在清洁示教器屏幕或者防止触摸屏误操作时，可通过锁定触摸屏实现。

41.3　操作步骤

41.3.1　设置系统时间

设置系统时间的操作步骤见表 41.1。

表 41.1　设置系统时间操作步骤

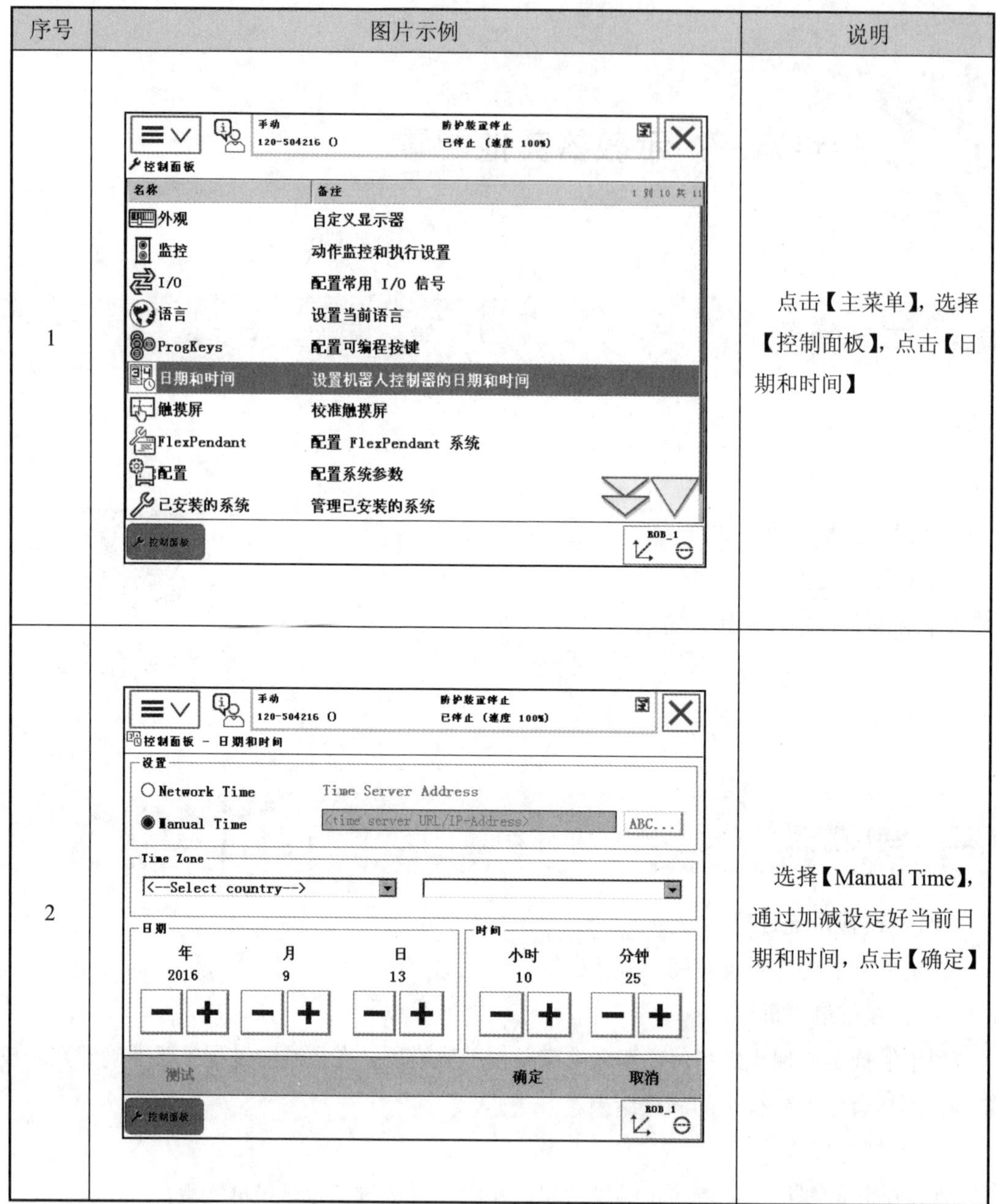

序号	图片示例	说明
1		点击【主菜单】，选择【控制面板】，点击【日期和时间】
2		选择【Manual Time】，通过加减设定好当前日期和时间，点击【确定】

41.3.2　校准触摸屏

校准触摸屏的操作步骤见表 41.2。

表 41.2　校准触摸屏操作步骤

序号	图片示例	说明
1	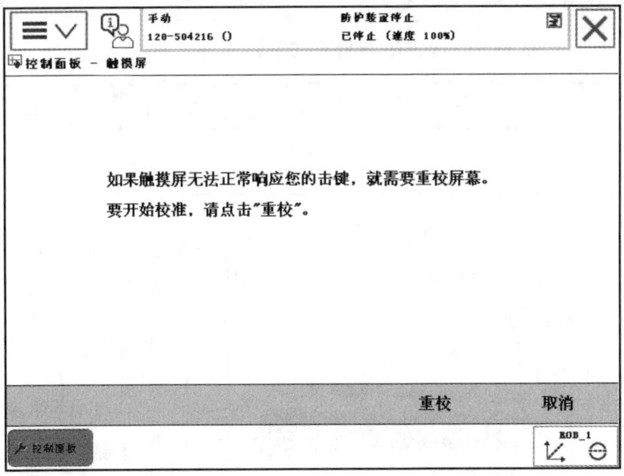 手动 120-504216 () 防护装置停止 已停止（速度 100%） 控制面板 － 触摸屏 如果触摸屏无法正常响应您的击键，就需要重校屏幕。 要开始校准，请点击"重校"。 重校　取消 控制面板　ROB_1	点击【主菜单】，选择【控制面板】，点击【触摸屏】，进入触摸屏校准界面，点击【重校】
2	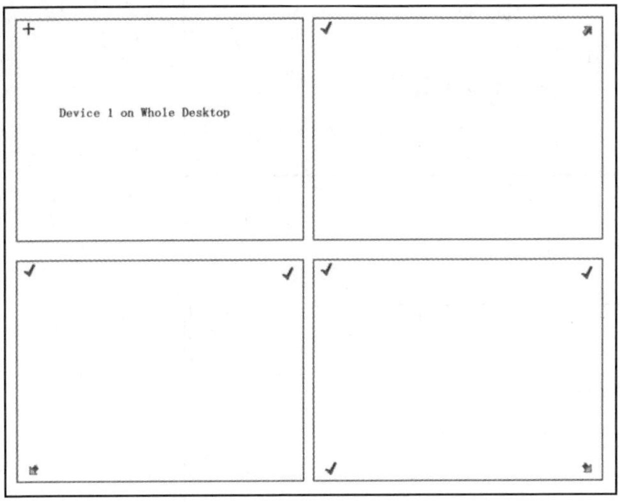 Device 1 on Whole Desktop	根据提示完成步骤2～5
3	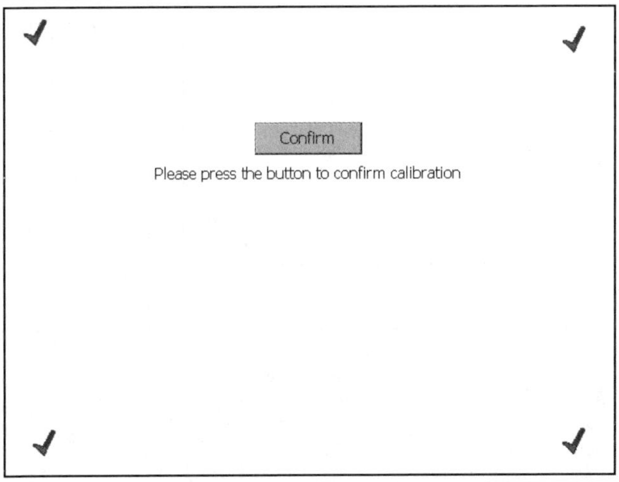 Confirm Please press the button to confirm calibration	点击【confirm】确认校准结果

41.3.3 锁定屏幕

锁定屏幕的操作步骤见表 41.3。

表 41.3 锁定屏幕操作步骤

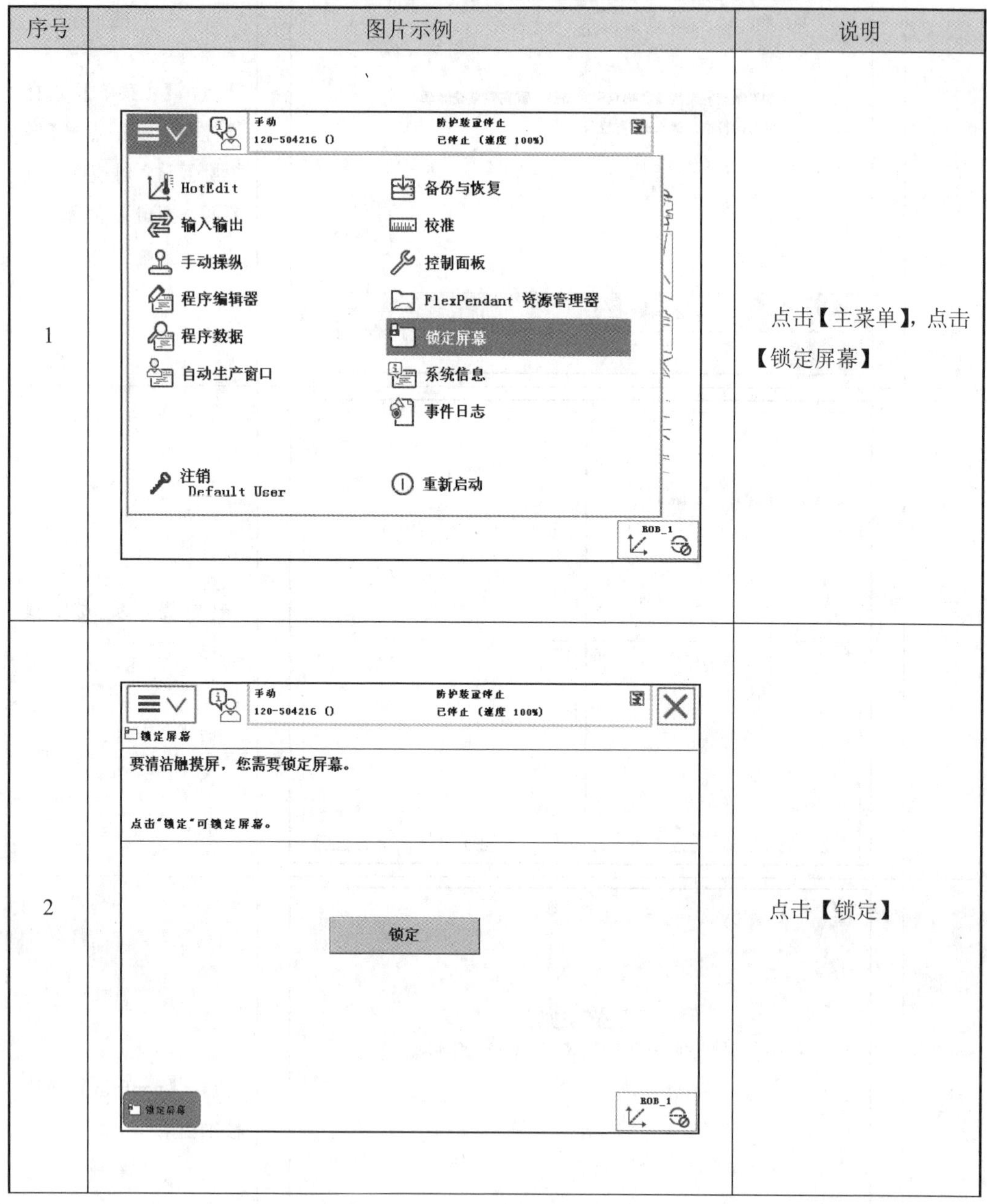

序号	图片示例	说明
1		点击【主菜单】，点击【锁定屏幕】
2		点击【锁定】

续表 41.3

序号	图片示例	说明
3	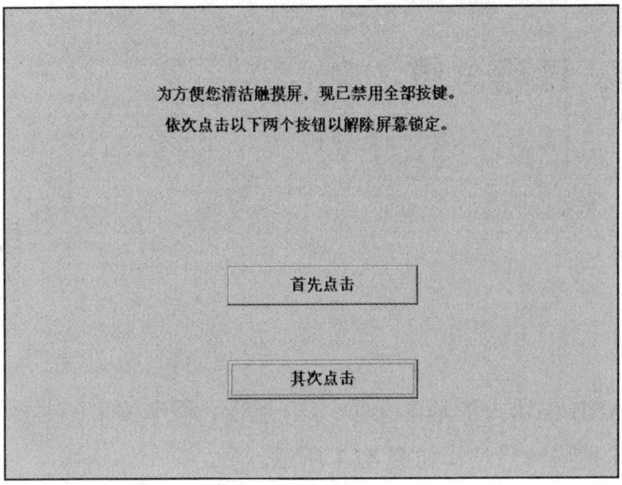 为方便您清洁触摸屏，现已禁用全部按键。 依次点击以下两个按钮以解除屏幕锁定。 首先点击 其次点击	解除锁定方法如下：点击【首先点击】，点击【其次点击】

知识点 42：课程总结

※ 课程总结

本门课程主要讲解了 ABB 机器人的基本操作、I/O 配置、程序编辑、主要指令的使用以及示教器的常用配置，其知识体系结构如图 42.1 所示。

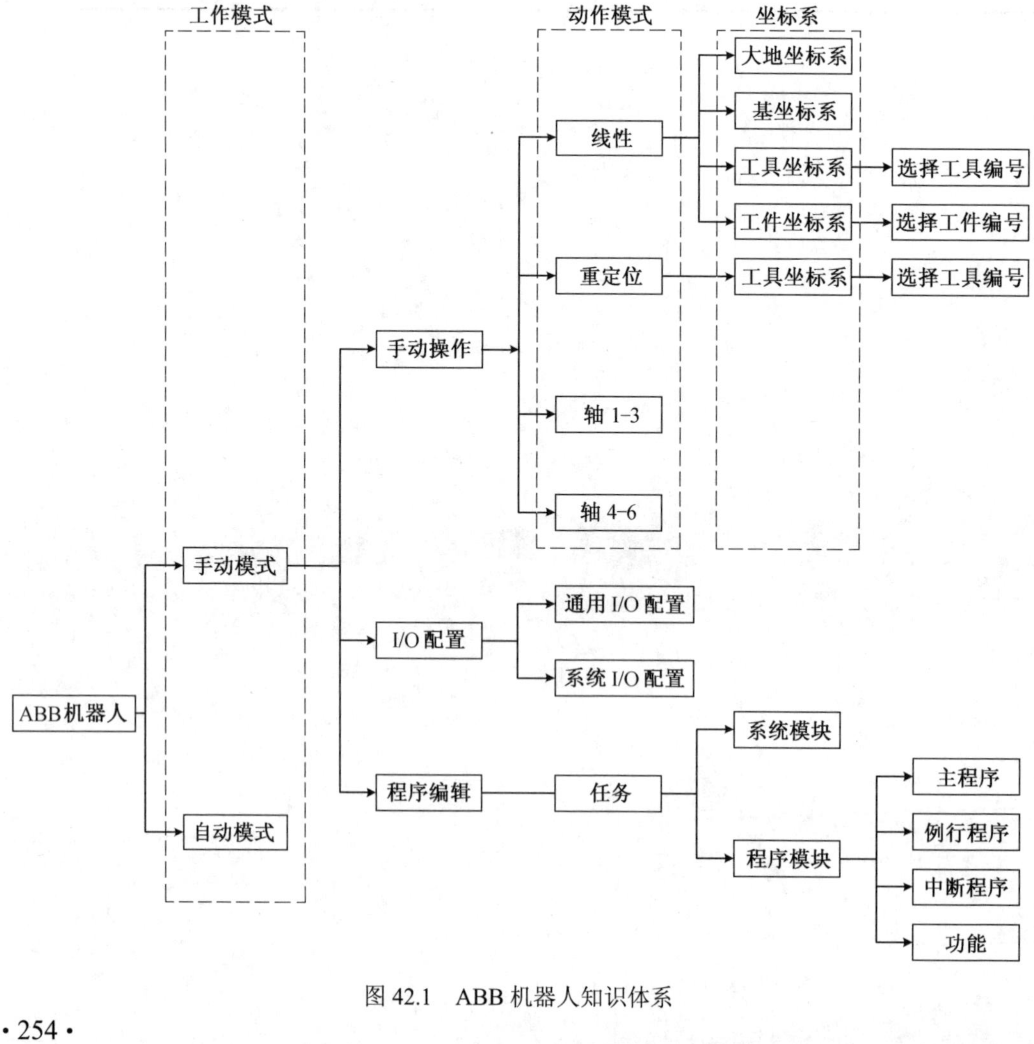

图 42.1　ABB 机器人知识体系

参考文献

[1] 张明文. ABB 六轴机器人入门实用教程[M]. 哈尔滨：哈尔滨工业大学出版社，2017.

[2] 张明文. 工业机器人编程及操作（ABB 机器人）[M]. 哈尔滨：哈尔滨工业大学出版社，2017.

[3] 叶晖. 工业机器人实操与应用技巧[M]. 北京：机械工业出版社，2010.

[4] 叶晖. 工业机器人典型案例精析[M]. 北京：机械工业出版社，2013.

[5] 胡伟，陈彬. 工业机器人行业应用实训教程[M]. 北京：机械工业出版社，2015.

[6] 张培艳. 工业机器人操作与应用实践教程[M]. 上海：上海交通大学出版社，2009.

[7] ABB 公司. ABB 机器人培训资料[M]. 北京：ABB 公司，2013.

[8] 兰虎. 工业机器人技术及应用[M]. 北京：机械工业出版社，2014.

教学课件下载步骤

步骤一

登录“工业机器人教育网”

www.irobot-edu.com，菜单栏单击【学院】

步骤二

单击菜单栏【在线学堂】下方找到您需要的课程

步骤三

课程内视频下方单击【课件下载】

咨询与反馈

尊敬的读者：

感谢您选用我们的教材！

本书有丰富的配套教学资源，在使用过程中，如有任何疑问或建议，可通过邮件（edubot@hitrobotgroup.com）或扫描右侧二维码，在线提交咨询信息。

全国服务热线：400-6688-955

（教学资源建议反馈表）

先进制造业人才培养丛书

工业机器人

教材名称	主编	出版社
工业机器人技术人才培养方案	张明文	哈尔滨工业大学出版社
工业机器人基础与应用	张明文	机械工业出版社
工业机器人技术基础及应用	张明文	哈尔滨工业大学出版社
工业机器人专业英语	张明文	华中科技大学出版社
工业机器人入门实用教程(ABB机器人)	张明文	哈尔滨工业大学出版社
工业机器人入门实用教程(FANUC机器人)	张明文	哈尔滨工业大学出版社
工业机器人入门实用教程(汇川机器人)	张明文、韩国震	哈尔滨工业大学出版社
工业机器人入门实用教程(ESTUN机器人)	张明文	华中科技大学出版社
工业机器人入门实用教程(SCARA机器人)	张明文、于振中	哈尔滨工业大学出版社
工业机器人入门实用教程(珞石机器人)	张明文、曹华	化学工业出版社
工业机器人入门实用教程(YASKAWA机器人)	张明文	哈尔滨工业大学出版社
工业机器人入门实用教程(KUKA机器人)	张明文	人民邮电出版社
工业机器人入门实用教程(EFORT机器人)	张明文	华中科技大学出版社
工业机器人入门实用教程(COMAU机器人)	张明文	哈尔滨工业大学出版社
工业机器人入门实用教程(配天机器人)	张明文、索利洋	哈尔滨工业大学出版社
工业机器人知识要点解析(ABB机器人)	张明文	哈尔滨工业大学出版社
工业机器人知识要点解析(FANUC机器人)	张明文	机械工业出版社
工业机器人编程及操作(ABB机器人)	张明文	哈尔滨工业大学出版社
工业机器人编程操作(ABB机器人)	张明文、于霜	人民邮电出版社
工业机器人编程操作(FANUC机器人)	张明文	人民邮电出版社
工业机器人离线编程	张明文	华中科技大学出版社
工业机器人离线编程与仿真(FANUC机器人)	张明文	人民邮电出版社
工业机器人原理及应用(DELTA并联机器人)	张明文、于振中	哈尔滨工业大学出版社
工业机器人视觉技术及应用	张明文、王璐欢	人民邮电出版社
智能机器人高级编程及应用(ABB机器人)	张明文、王璐欢	机械工业出版社
工业机器人运动控制技术	张明文、王璐欢	机械工业出版社
工业机器人系统技术应用	张明文、顾三鸿	哈尔滨工业大学出版社

智能制造

教材名称	主编	出版社
智能制造与机器人应用技术	张明文、王璐欢	机械工业出版社
智能控制技术专业英语	张明文、王璐欢	机械工业出版社
智能制造技术及应用教程	谢力志、张明文	哈尔滨工业大学出版社
智能运动控制技术应用初级教程(翠欧)	张明文	哈尔滨工业大学出版社
智能协作机器人入门实用教程(优傲机器人)	张明文、王璐欢	机械工业出版社
智能协作机器人技术应用初级教程(遨博)	张明文	哈尔滨工业大学出版社
智能移动机器人技术应用初级教程(博众)	张明文	哈尔滨工业大学出版社
智能制造与机电一体化技术应用初级教程	张明文	哈尔滨工业大学出版社
PLC编程技术应用初级教程(西门子)	张明文	哈尔滨工业大学出版社
智能视觉技术应用初级教程(信捷)	张明文	哈尔滨工业大学出版社

工业互联网

教材名称	主编	出版社
工业互联网人才培养方案	张明文、高文婷	哈尔滨工业大学出版社
工业互联网与机器人技术应用初级教程	张明文	哈尔滨工业大学出版社
工业互联网智能网关技术应用初级教程（西门子）	张明文	哈尔滨工业大学出版社

人工智能

教材名称	主编	出版社
人工智能人才培养方案	张明文	哈尔滨工业大学出版社
人工智能技术应用初级教程	张明文	哈尔滨工业大学出版社
人工智能与机器人技术应用初级教程（e.Do教育机器人）	张明文	哈尔滨工业大学出版社